선체구조학

오정철 지음

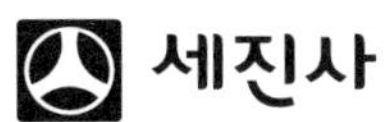

머리말

최근 선박의 대형화, 고속화에 따른 안전운항만이 아니라, 경제성을 기초로 하는 선박이 요구되고 있다. 이에 따라 공법은 Rivetting에서 Welding으로, 기관은 Steam에서 Diesel시대로, 연료는 석탄에서 석유시대가 되었으며 앞으로는 원자시대로 발전할 추세에 있고, 기관은 자동화에 의한 Remote Control화가 되고 있으며 합리적인 운항을 위해 선형의 변화 즉 특수선, 전용선화 등 아주 복잡하고 어려운 시점에 있다. 그러나 선박의 원리와 원칙만은 크게 변화하지 않고 있음을 알 수 있다.

본인이 30여 년간의 교직생활 중에서 반여를 해양계 학교에서 선체의 구조에 관해서 시간을 맡아온 바에 의하면 해운계의 발전에 큰 뜻을 품고 입학한 학생들 중에는 선체에 관한한 너무나 이해하고 있지 못함을 알게 되었다.

이런 입장에서 선체의 구조를 짧은 시간 내에 충분히 이해한다는 것은 매우 어려운 일일 것이다. 그러므로 조선학의 의미에 있어서의 선체의 구조가 아니라 항해자로서 알고 있어야 할 최소한의 일반적인 의미의 선체구조를 이해하는데 도움이 되도록 한 것이다.

또한 이 교재에서 선체의 구조에 대해서 전반적으로 이해함으로써 관련된 전문분야의 학과를 이해하는 기초가 되도록 한 것이다.

마치 훌륭한 의사가 되기 위해서는 인체의 각부조직이나 골격의 명칭을 잘 알고 있어야 하듯이 유능한 항해사가 되려면 선체의 구조와 각부의 명칭을 알아야 할 것이다. 그러기 위해서는 선박의 발전과정을 알아보고 형태의 변화와 특수성을 연구해서 중요한 구성부분과 여러 재료의 특성을 파악해야 합리적인 운항을 할 수 있을 것이며 유사시에 합당한 대응책을 강구해야 귀중한 인명의 안전과 막대한 재산을 보호할 수 있을 것이다.

이런 요구에 적합한 책을 쓴다는 것이 얼마나 어려운 일이라는 것을 이번에 실감했다. 더욱이 처음 해보는 일이라서 심신양면에 부담이 컸으나 그 만큼의 성과가 있을까 모르겠다. 내용구성에 있어서는 이해를 돕기 위해서 그림을 많이 넣었으며 한번 쓰여진 용어는 원어를 사용했고 난해한 글자는 상용한자를 괄호로 쓴다고 노력은 했으나 워낙 천학한 탓으로 미흡한 점이 많은 것으로 안다.

앞으로 선후배님들의 충고와 격려를 바라옵고 다행히 이 책을 필요로 하는 학생이나 해운계에 종사하는 여러분께 다소라도 도움이 된다면 더 이상의 영광이 없겠다.

저자

목 차

第 6 章 鋲接(Riveting)과 鎔接(Welding)

第 7 章 船體의 一般構造

第 8 章 Oil tanker

第1章
船舶의 槪說

1·1 선박의 정의

해운계(海運界)에서 일반적으로 대형선을 선박(船舶)이라 하며 소형선을 주정(舟艇)이라 한다. 그러나 법규상으로는 船舶이라 한다.

영어로는 대형선을 Ship, 소형선은 Boat라 하며, Ship과 Boat를 포함한 것으로 Vessel이라 부르기도 하나 모두가 엄밀한 구분은 되어 있지 않다.

Ship의 어원은 Mast가 세개이며 횡범(橫帆 ; Square sail)을 갖춘 항양범선(航洋帆船)이였으므로 대형선이라 생각된다.

Boat는 Life boat, 단정(端艇), 주정(舟艇), 항공모함(航空母艦 ; Aeroplane depot boat), Fishing boat 등과 같이 서로 혼돈(混沌)하여 사용되고 있다.

선박의 정의에는 상법(商法), 선박법(船舶法), 해상충돌예방규칙(海上衝突豫防規則) 등의 법률적인 해석이 있으나 일반적으로는 부양성(浮揚性)과 적재성(積載性) 및 이동성(移動性)의 세가지의 特性을 가지고 있는 것이라 생각할 수 있다.

1·1·1 해상법(海商法)상의 정의

상행위, 즉 영리를 목적으로 항행하는 것을 말하므로 단정(短艇)이나 노도선(櫓櫂船)과 공용선(公用船)은 이에 포함되지 않는다.

1·1·2 선박법(船舶法)상의 정의

부양성(浮揚性)과 적재성(積載性)을 갖고 해상을 자항(自航)할 수 있는 것을 말한다. 따라서 Barge, Dredger 등과 같이 추진기관을 갖지 않은 것은 선박법상으로는 선박으로 인정하지 않는다.

1·1·3 해상충돌예방규칙(海上衝突豫防規則)상의 정의

수상운송(水上運送)에 제공될 수 있는 가동체(可動體)를 총칭한다. 그러나 자력(自力)이건 예항(曳航)이건 이동할 때만 적용을 받는다.

따라서 Barge, Dredger, Light house Ship, Floating dock 등도 본법(本法)의 선박으로 간주한다.

1·2 선박의 변천 과정

선박의 변천 과정을 추정해 보면 원시적인 형태로는 통나무에서 시작해서 원시적인 뗏목(Ancient raft)이나 짐승의 가죽을 물위에 뜰 수 있게 만든 것(Float)에서 노를 이용하게 된 뗏목(Raft)을 거쳐 다시 안정성과 저항을 적게 하기 위해서 통나무에 홈을 파서 마치 나막신 모양을 한 Dogo-ut에서는 노나 삿대를 이용했고 6천여년전에 Egypt의 Nile강에서는 갈대와 같은 것을 엮어서 타고 다녔으며 대나무나 나무토막으로 골격을 만들고 여기에 나무껍질이나 짐승 가죽을 입혀 배를 만들게 되었고 다시 나무골격에 목판을 붙인 선박(Ancient Ship in Egypt)으로 발달하게 되었다. 지금도 남양 토인들이 사용하고 있는 Canoe는 통나무를 파서 만든 것이고, Eskimo인이 사용하고 있는 Kayak라는 배는 나무의 골격에 해수(海獸)의 가죽을 입힌 것이다.

Egypt시대에 이어 Phoenicia인들은 지중해에서 북해까지 해외 무역을 했으며, 그 후 Greece와 Rome시대에는 120인승의 3층 전함도 조선되었다.

선박의 추진 방법으로는 노(櫓)를 사용한 인력 추진 시대에서 풍력을 이용하는 범선 시대를 맞이해서 15세기 초에는 Mast가 세개인 큰배가 활약했으며, 1492년 Columbus가 타고 신대륙을 발견했던 Santa Maria 호는 전장이 29m, 만재 배수톤이 233톤이나 되는 3본(本) Mast 범선(帆船)이었다.

17～18세기경에는 일본이나 구미제국에서는 Mast가 4개가 되는 대형범선이 세계의 전해상을 누비고 다녔으며, 따라서 범선 운용법도 크게 발달하였다.

1801년에 기선(汽船)이 출현했으나 19세기 중엽까지는 범선의 황금시대를 이루고 있었다. 그러나 그후 기선의 발달에 따라 범선은 쇠퇴하였고, 1821년에 처음으로 Iron Ship이 조선되었고 1851년에는 목철교조선(木鐵交造船)이 출현했으며, 마침내 1873년에 Steel Ship을 건조하게 되었으며 Engine의 힘을 이용한 기범선(機帆船)과 외륜차선(外輪車船 ; Paddle wheel ship), Rotor ship에서 근년에 와서는 특수강을 사용한 호화대형여객선으로 Bremen호〔(獨) 1929년 건조, 51,656ton, crew950명, 여객 2,500명, L=281m〕, Normandy호〔(佛) 1935년 건조, 79,280ton, crew 1,300명, 여객 2,000명, 30knots, 309m〕, Queen Mary호〔(英) 1936년 건조, 80,773ton, crew 1,100명, 여객 2,139명, 30knots, 305m〕가 조선되었고, 최근에는 쾌속연안여객선으로 Catamaran쌍동선(雙胴船), Hovercraft, Hydrofoil Boat 등이 출현했으며 여러 종류의 특수전용화물선과 Nuclear Powered merchant ship까지 조선되었으며, 선체는 물론 기관이나 항해계기 등의 경이적인 진보발전과 함께 항해술 및 선박운용의 기술도 큰 발전을 계속하여 오늘날과 같은 훌륭한 설비를 갖춘 선박의 활약을 보게 된 것이다.

그림 1－1 선박의 변천과정

1. Ancient raft 2. Float 3. Raft 4. Dugout 5. Rowing boat 6. Ancient ship in Egypt 7. Four masted galleon 8. Paddle wheel ship 9. Rotor ship 10. Sailing vessel with auxiliary engine 11. Steamer 12. Catamaran 13. Hydrofoil boat 14. Hovercraft 15. Nuclear powered merchant ship 16. Passenger boat

1·3 선박의 분류

1·3·1 재료(材料)에 의한 분류

1. 목선(木船 ; Wooden ship)

선체의 주된 부분은 나무로 하고 접합시키기 위한 극히 적은 부분에 한해서 금속을 사용한 것이다. 근년에는 소형선, 어선 및 Barge 등이 조선될 뿐이다.

● 목선의 결점(欠點)

① 동형(同型)의 강선(鋼船)에 비하여 중량이 크므로 재화중량이 감소하고 속력도 저하한다.
② 재료의 접합이 불완전하다.
③ 재료의 부식과 마모가 빠르다.
④ 알맞는 재료의 구입이 어렵다.
⑤ 건조에 장기일이 요하므로 목선 건조에 장기간이 걸린다.
⑥ 항양선의 건조에 부적합하다.
⑦ 진동에 약하며 내구력도 약하여 기관선 건조에 부적합하다.

2. 합판선(合板船 ; Laminated wooden ship)

엷은 목재나 목판을 요소수지(尿素樹脂)등의 접착제로 접합시켜 선체를 만든 것이다.

● 목선에 비하면 다음과 같은 장점이 있다.

① 작은 재료를 이용해서 큰 재료를 만들 수 있다.
② 건조기간 단축으로 건축비가 싸다.
③ 선체 중량을 목선의 반 정도로 할 수 있다.
④ 강도가 강하다.
⑤ 곡선을 쉽게 만들 수 있어 어떠한 선형도 만들 수 있다.
⑥ 목선 보다 대형의 선박을 건조할 수 있다.

이상과 같은 이점이 있는 반면에 강도, 방수, 내용년수 및 보존정비 등에 대한 확신은 없으나 목선에 비하면 우수한 편이다.

3. 목철교조선(木鐵交造船 ; Composite ship)

목선이 대형화 됨에 따라 선체의 국부적 재료인 Frame과 Beam을 결합시키는 Bracket에 철재를 사용했으며, 19세기 중엽에는 선체의 주된 골조(骨組)인 Beam, Frame, Floor, Pillar 및 종통재 등에 철재를 사용하고 Keel, 선수미재(船首尾材), 외판 및 갑판 등에는 목재를 사용한 목철교조선이 출현했다.

이와같이 선체의 일부만이라도 철재를 사용하므로 구조가 견고해지고 자체의 중량이 경감됨으로써 재화중량을 증가시킬 수 있는 이점이 있다.

4. 철선(鐵船 ; Iron ship)

1783년 영국의 Henry Cort가 제철방법을 발명하므로써 철선이 출현하였으며, 19세기말에 전성시대를 이루었으나 1873년에 강선의 출현에 밀려서 현재에는 거의 자취를 감추고 말았다.

● 목선(木船)에 비하면 다음과 같은 이점(利點)이 있다.

① 강도가 크므로 자료를 경감할 수 있고 동형(同型)의 목선에 비하면 1/3의 중량을 경감할 수 있다. 따라서 재화중량을 증가시킬 수 있다.

② 구조가 견고하고 접합이 쉬우므로 대형선박을 건조할 수 있고 진동에 견딜 수 있어 기관선으로 적합하다.

③ 열처리에 의해서 복잡한 형상도 만들 수 있고, 건조나 수리가 용이하다.

④ Double bottom이나 Watertight bulkhead의 구조도 가능하므로 강도와 안전을 증가시킬 수 있다.

⑤ 보존정비 여하에 따라서 수명을 30년 이상 기할 수 있다.

5. 피복선(被覆船 ; Sheathed ship)

철선이 해수에 잠기면 해초나 패류가 부착하여 속력이 감소되므로 외판에 동판이나 황동판을 입혀 여기에서 생기는 녹청에 의해서 이들의 부착을 막기 위함인데 해수중에 철과 동이 잠기면 전식작용(電蝕作用 ; Galvanic action)이 생겨 철판이 심히 부식하게 되므로 이를 방지하기 위해서 철판인 외판과 동판 사이에 목판을 끼워 건조한 선박을 말한다.

그러나 자체중량이 너무 커지므로 재화중량과 속력의 감소 등의 불이익 때문에 군함에서 채용되었을 뿐이었으며, 또 특수도료인 선저도료(A/F Paint)의 출현으로 군함에서도 자취를 감추고 말았다.

6. 강선(鋼船; Steel ship)

1858년 Bessemer에 의하여 제강법이 발명되므로써 다음과 같은 장점이 있어 현존하는 선박은 거의 강선이 되고 말었다.

● 강(鋼)의 장점은 다음과 같다.

① 철재의 4/5의 재료로 같은 강도를 얻을 수 있다. 따라서 선체중량을 경감시킬 수 있으며, 재화중량을 증가시킬 수 있다.

② 철보다 저열로서 용이하게 작업할 수 있다.

③ 철선과 강선의 건조비는 별차이가 없다.

강선이라 하면 연강으로 건조된 선박을 말한다. 현재에 거선에는 특수강이나 고장력강(High tensile steel), 고탄성강(High elastic limit steel)등을 상부구조나 선저 외판 등에 사용하므로써 선체의 중량을 더욱 경감시키려 하고 있으나 이들 특수강은 값이 너무 비싸고 가공이 힘들어 일반선박에 일반화되지는 못하고 있다.

7. Concrete선(船; Concrete ship)

선체의 내외의 양형(型)을 목재로 만들고 그 사이에 철근을 엮은 다음 Concrete를 넣어서 굳은 후에 목재의 틀을 떼어내어 선체를 만든 선박을 말한다.

제1차세계대전중 철강재의 궁핍으로 Concrete선이 다량 건조되었다. 1920년에 미국에서 건조한 유조선 Selma호는 길이 128.02m, 재화중량이 6,380톤이나 되는 대형선도 건조 되었다.

이 선박은 다음과 같은 장단점을 가지고 있다.

● 장점

① 건조비가 절감된다.

② 건조기간이 단축된다. 강선의 2/3의 기간이면 가능하다.

③ 공장설비가 간단하고 고가의 기계나 설비가 필요치 않다.

④ 재료를 쉽게 구할 수 있다.

⑤ 유지비가 강선의 1/2이하 목선의 1/3정도면 된다.

⑥ 내화 및 내구성이 크다.

⑦ 진동이 적고 횡요의 주기가 크다.

● 단점

① 선체중량이 크기 때문에 재화중량이 감소한다.

② 속력이 저하하므로 마력을 높여야 하기 때문에 연료의 소비가 많다.

③ 국부 강력이 약하므로 충격에 약하고 균열이 생기기 쉽고 따라서 침수의 염려가 따른다.

④ 부분적인 수리가 어렵다.

⑤ 완전한 수밀성(水密性)을 얻기 어렵다.

가장 큰 결점은 위의 ①에 관한 것이며, 이 결점이 개선되지 않는 한 항양선(航洋船)으로는 부적합하므로 장래성은 적다.

8. 경금속선(輕金屬船 ; Light metallic ship)

대형선에서 상부구조, Boat davit, 연돌, 통풍통 및 거실의 의장 등에 Al의 합금이 채용될 뿐아니라 Life boat, 순시선, 어선 등의 소형선에 경금속선이 많이 출현하고 있다.

● 경금속을 사용하면 다음과 같은 이점이 있다.

① 선체중량을 감소시키므로 재화중량을 크게 한다.

② 상부구조에 사용하므로 중심(重心)을 하강시켜 복원성이 좋아진다.

③ Al 합금은 비자성(非磁性)이므로 자기 compass의 오차를 적게 한다.

④ 불연성(不燃性)이므로 화재의 위험이 없다.

⑤ 가공 및 내식성(耐蝕性)이 좋다.

상기와 같은 이점이 크므로 선체, 기관 및 의장 등 여러곳에 그 사용범위가 확대될 것이다.

※ 상기(上記)의 8가지 외에도 조선 재료로서 합성수지 공업의 진보에 따라 Plastic, Glass섬유, Polyestel, FRP(Fiberglass Reinforced Plastics)등이 선체의 일부 및 주정이나 소형 어선 등에 많이 이용되고 있다.

1·3·2 추진원동력(推進原動力)에 의한 분류

1. 인력(人力)에 의한 것

(1) 노도선(櫓櫂船 ; Rowing ship)

인력으로 노를 저어 배를 추진시키는 것으로 평수(平水)의 소형선이나 구명정, 전마선(傳馬船), Cutter 등이 있다.

※ 추진력을 내는 것으로써 노(櫓)는 추진과 키의 역할을 한자루로 하는 것을 말하며, Boat(단정)에 사용하는 것을 Oar라 하고 수심이 옅은 곳에서 배를 밀어내는 것은 삿대라 한다. 두팔로 하나씩 잡고 젓는 소형의 것은 Scull이라 한다.

2. 풍력(風力)에 의한 것

(1) 범선(帆船 ; Sailing ship)

풍력을 이용하여 돛(帆)으로 항행하는 배를 말한다. 서기 6,000년 전에 Egypt에서 출현했으며, 19세기 중엽에 범선의 항금시대를 이루었으나 철강선이 출현하므로써 점차 쇠퇴하여 지금은 소형어선, Boat, 연습선 등이 있을뿐 대형선에는 사용되지 않고 있다.

(2) 기범선(機帆船 ; Sailing ship with auxiliary machinery)

범선에 추진기관을 보조적으로 갖추고 있는 선박을 말한다. 100～250톤의 소형선이 있으며 선박법에서는 범선으로 간주한다.

(3) 풍통선(風筒船 ; Rotor ship)

1924년 독일의 Flettner가 Magnus의 효과, 즉 원통을 유체 중에서 회전시키면 풍향과 직각 방향으로 압력이 작용한다는 법칙을 응용하여 만든 선박이다.

돛 대신에 장대(長大)한 원통 2～3개를 수직으로 세우고 바람이 불때 이를 회전시키면 추진효과를 얻는다. 이 효과는 같은 면적의 돛의 10～15배에 달하며 풍상(風上)을 향해서 약 2 point(22°30′)까지 거슬러 올라갈 수 있는 장점도 있으나 원통을 회전시키는데는 동력이 필요할 뿐만 아니라 적당한 바람이 없을 때는 사용불가능한 결정적인 결점이 있으므로 현재는 볼 수 없다.

3. 기계력(機械力)에 의한 것

Steam이나 Cylinder내에서 연료의 폭발로 발생하는 힘을 추진력으로 해서 Propeller를 회전시켜 추진력을 얻는 선박을 말하며 다음과 같은 종류가 있다.

(1) 기선(汽船 ; Steamer, Steam ship)

(a) 왕복동기기선(往復動汽機船 ; Reciprocating engine steamer)

Boiler에서 발생된 증기를 Cylinder내로 보내어 그 압력으로 Piston을 움직이게 하고, 이의 직선운동을 Crank에 의하여 회전운동으로 바꾸어 Shaft를 통해서 추진력을 내는 Propeller를 회전시키는 선박을 말한다. 신조선(新造船)에서는 거의 볼 수 없게 되었다.

(b) Turbine기기선(汽機船 ; Turbine steamer)

Boiler에서 발생된 증기를 Nozzle을 통해서 압력이 낮은 곳으로 분출시켜 이 힘을 회전 원통의 외면에 달린 날개에 가해서 회전시켜 이를 Shaft를 통해 추진력을 내는 Propeller를 회전시키는 선박을 말한다.

Turbine선은 Diesel선의 발전에 따라 점차 감소하고 있으나 다음과 같은 이점이 있기 때문에 아직도 대형선에서 채용되고 있다.

① 고마력(高馬力)을 용이하게 얻을 수 있다.

② 진동이 적다.

③ 조작이 용이하다.

④ 설치 비용이 싸다.

(2) 발동기선(發動機船 ; Motor ship) 또는 내연기관선(內燃機關船 ; Internal combustion engine ship)

연료를 Cylinder안에서 직접 폭발 또는 연소시켜, 이때 발생하는 팽창력으로 Piston을 움직이게 하는 것을 총칭하여 내연기관이라 한다. 내연기관선은 기선(機船)이라고 부르기도 하며, 다음과 같은 기관을 갖춘 선박을 말하나 보통 Diesel기관선을 말한다.

(a) Diesel기관(機關)

초대형 기관으로는 부적합하고 고급유를 써야 하며, 설치비가 비싸다는 등의 결점도 있으나 최근에는 4만마력 이상의 대형 Diesel기관도 제작하고 있으며, 여과기의 사용으로 고급유를 쓰지 않아도 되며 과급기(過給機 ;

Super charger)에 의해서 마력을 증가시킬 수 있어 설치비가 절감되는 등의 원인으로 Diesel기관의 전성기를 이루고 있다.

(b) Hot-bulb기관(機關; Semi-diesel engine)

제작이 간단하지만 연료의 소비가 크기 때문에 소형선이나 목선 등에 사용되거나 보기(補機)로 사용되고 있다.

(c) Gas turbine기관(機關)

내연기관과 Turbine기관의 원리를 병용한 것이다. 현재는 소형기관만 제작하고 있으나 앞으로는 대형기관도 제작 가능할 것으로 본다.

(3) 전기추진선(電氣推進船; Electric driving ship)

Electric motor ship이라 하며, Turbo electric motor ship과 Diesel electric motor ship의 두 종류가 있다. Turbine기관이나 Diesel기관으로 발전(發電)하여, 이 전력으로 전동기를 회전시켜 추진력을 얻는 선박이다.

(4) 원자력선(原子力船; Atomic powered ship, Nuclear ship)

원자력을 이용한 것으로 주로 군함에 많이 채용되고 있으며, 상선으로는 미국이 개발한 화물선인 Savannah호가 최초였으며, 소량의 Uranium을 연료로 고성능이며 장거리를 항해할 수 있고 적재량도 크지만 조선비가 너무 비싸 아직은 상선으로는 보편화되지 못하고 있으나 앞으로 발전의 여지가 많다.

1·3·3 추진기(推進器)에 의한 분류

1. 외륜(外輪; Paddle wheel)

수차형(水車形)의 추진기를 선체의 양측 또는 선미에 설치하고 이것을 기계력으로 회전시켜 추진력을 얻는 선박을 외륜선(Paddle steamer)이라 하며, 다음과 같은 종류가 있다.

(1) 선측외륜선(Side-wheel steamer, Side wheeler)

(2) 선미외륜선(Stern-wheel steamer, Stern wheeler)

2. 나선추진기(螺線推進器; Screw propeller)

(1) 나선추진기선(Screw propeller ship)

선풍기의 날개와 같은 Screw propeller를 회전시켜, 이때 생기는 추진력으로 추진되는 선박을 말하며 propeller의 수에 의하여 다음과 같이 부른다.

① Single screw ship(1軸船)

② Twin screw ship(2軸船)

③ Triple screw ship(3軸船)

④ Quadruple screw ship(4軸船)

※ Bow propeller : Ferry boat나 Ice breaker 등과 같이 propeller가 선수쪽에 있는 것을 말한다.

(2) 공중(空中)propeller선(船 ; Aero-propeller ship)

선미의 상갑판상에 공중propeller를 설치한 선박으로 소형선에서 볼 수 있다.

(3) 수중익선(水中翼船 ; Hydrofoiler or Hydrofoil boat)

선저에 좌우로 뻗은 특수 날개를 장치한 것으로 속력을 내며는 선체가 수면에 부상하며 선미쪽의 propeller는 수중(水中)으로 들어가 저항이 작고 추진효율이 좋으며 Rolling이 적어 평수구역을 항행하는 여객선으로 적합하다.

(4) 공기부양선(空氣浮揚船 ; Air cushion vehicle, Hovercraft)

선체가 추진할때 선저부의 Tank에서 강력하게 공기를 밀어내므로써 선체를 부상시키므로써 물의 저항을 적게하고 동요를 적게 하므로써 속력이 빠르고 쾌적하므로 평수구역의 여객선으로 적합한 선박이다.

(5) 분사추진기(噴射推進器 ; Jet propeller)

선수의 선저나 현측에서 해수를 흡입하여 강력한 압력을 가하여 선미나 현측에서 후방으로 분사시킬때 생기는 추진력으로 항진하는 선박을 말하며 소형선박에서 일부 이용되고 있다.

(6) 익차추진기선(翼車推進器船 ; Voith schneider ship)

선미의 선저에 4～6개의 수직 Blade를 갖는 Wheel의 조작방법에 따라 선체를 전진, 후진, 좌우회전할 수 있으므로 propeller와 Rudder가 따로 없다. 기동성이 좋으므로 Tug Boat 등에 이용되고 있다. 이는 1929년 Austria의 Erunst Schneider가 고안한 것을 독일의 Voith회사가 권리를 매수해서 연구 완성한 것이라 일명 Voith Schneider propeller ship이라고도 한다.

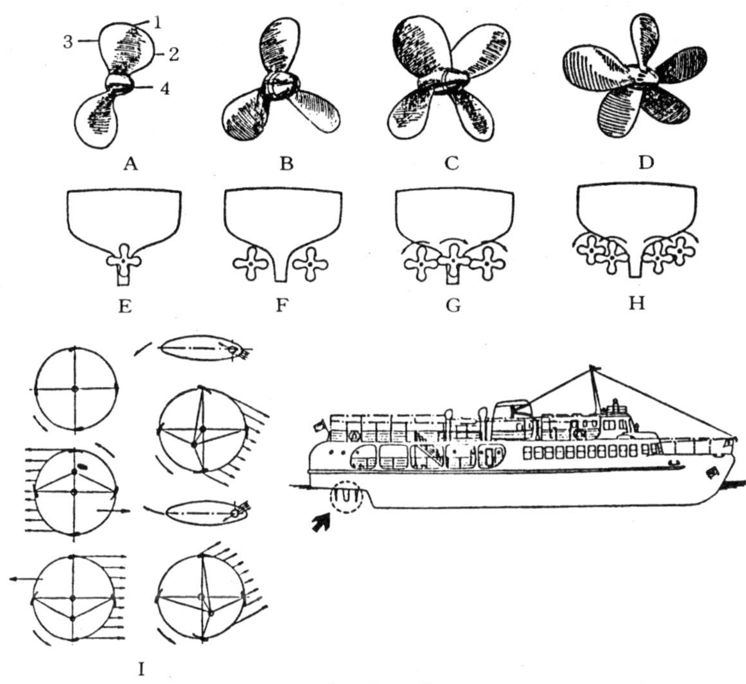

그림 1－2 추진기의 종류(Type of propellers)

A. 2-blade propeller(2 枚翼추진기)
   1. Tip, 2. Leading edge, 3. Following edge, 4. Cap
B. 3-blade propeller(3 枚翼추진기)
C. 4-blade propeller(4 枚翼추진기)
D. 5-blade propeller(5 枚翼추진기)
E. Single screw propeller
F. Twin screw propeller
G. Triple screw propeller
H. Quadruple screw propeller
I. Voith schneider propeller

1·3·4 사용목적에 의한 분류

1. 상선(商船 ; Merchant ship)

여객이나 화물을 운송해서 수입을 얻는 것을 목적으로 하는 선박을 말한다.

(1) 여객선(Passenger ship)

주로 여객만을 운송하는 상선으로 객선 또는 여객전용선이라 한다. 그리고 여객선은 우편물이나 신속한 운송을 요하는 소량의 고급화물을 적재할 수 있는 설비도 갖추고 있으며, 주로 정기선(Liner)이다.

(2) 화객선(貨客船 ; Semi-cargo ship)

여객과 화물을 함께 운반하는 선박을 말한다. 그러나 법규상으로는 여객 정원이 13인 이상이면 여객선으로 간주한다.

(3) 화물선(貨物船 ; Cargo ship or Freighter)

화물의 운송을 목적으로 하는 선박으로 선박안전법상의 비여객선의 대부분은 화물선이다. 잡화선은 취항 상태에 따라 정기선(Liner)과 부정기선(不定期船 ; Tramper)이 있다.

이상의 것을 분류하면 아래표와 같다.

표 1－1 사용목적에 의한 상선의 분류

Division	Section
Passenger ship	Passenger ship(with some cargo) Passenger and car ferry Passenger and train ferry
Cargo ship	Car(or bulk) carrier Vehicle carrier Container carrier Lighter carrier General cargo carrier Refrigerated cargo carrier Timber carrier Chip carrier Cement carrier Collier Bulk(or oil) carrier Ore(or oil) carrier
Tanker	Crude oil carrier Product carrier Liquefied petroleum gas carrier Liquefied natural gas carrier

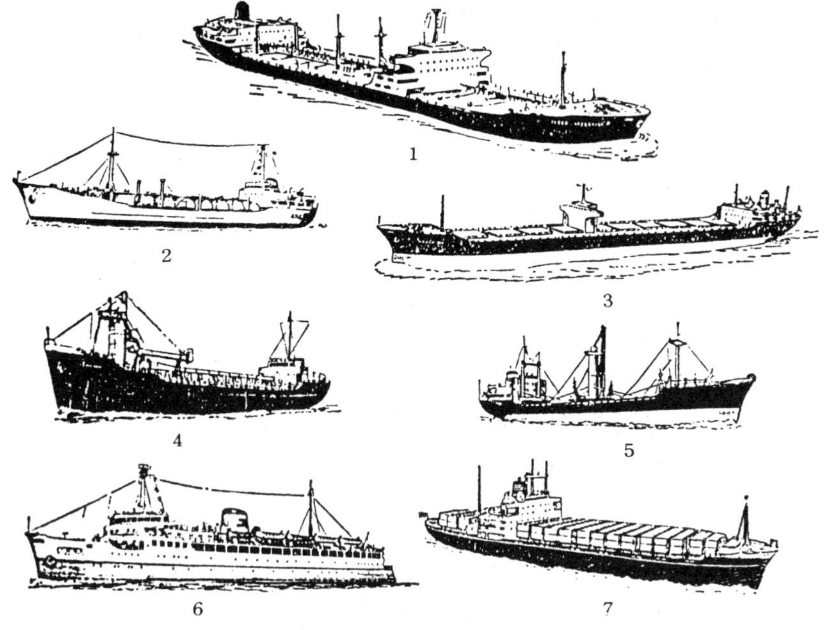

그림 1 — 3 선박의 종류(Kinds of ships)

1. Oil tanker
2. L. P. G. tanker
3. Ore carrier
4. Cement carrier, Cement tanker
5. Heavy cargo carrier
6. Cross channel vessel
7. Container ship

2. 군함(War-ship)

해전을 효율적으로 수행하기 위해서 다음과 같이 형태나 크기 등이 서로 다른 것들이 있다.

(a) 전투함(Battle ship)

(b) 순양전함(Battle cruiser)

(c) 순양함(Cruiser)

(d) 경순양함(Light cruiser)

(e) 구축함(Destroyer)

(f) 잠수함(Submarine)

(g) 잠수모함(Submarine depot boat)

(h) 원자력 잠수함(Nuclear submarine)

(i) 항공모함(Aeroplane depot boat)

(j) 소해정(Mine sweeper)

(k) 수뢰정(Torpedo boat)

(l) L.S.T.(Landing ship tank)

(m) L.S.M.(Landing ship medium)

상기의 것 외에 해군 보조함정으로서 공작함, 수송함, 쇄빙함, 측량함 등 많은 종류가 있다.

그림 1－4 군함의 종류(Kinds of war ship)

1. Aircraft carrier 2. Battle ship 3. Cruiser
4. Escort vessel 5. Submarine chaser 6. Torpedo boat
7. Submarine 8. Mine sweeper

3. 어선(漁船 ; Fishing boat)

법규상 어선이라 하면 직접 어로에 종사하는 선박 이외에, 어획물의 운반, 가공 및 특수임무에 종사하는 모든 선박을 포함한다.

선박안전법에서는 어선의 구조설비에 관해서 일반선박과 취급을 달리하고 있다.

그림 1 – 5 어선의 종류(Kinds of fishing boats)

1. Whale mother ship 2. Whale catcher boat 3. Trawlar
4. Ocean fishery boat 5. Fisheries guidance boat
6. R[illegible]igerated ship

어선의 종류를 대별하면 다음과 같다.

(1) 어로선(漁撈船 ; Catcher boat)

(2) 공선(工船 ; Factory ship)

(3) 모선(母船 ; Mother ship)

(4) 운반어선(運般漁船 ; Fish carrier)

(5) 특수어선(特殊漁船)

(a) 어업조사선(Fisheries research boat)

(b) 어업취채선(Fisheries inspection boat)

(c) 어업지도선(Fisheries guidance boat)

(d) 어업시험선(Fisheries examination boat)

(e) 어업연습선(Fisheries training boat)

(f) 어장경비선(Fisheries guard boat)

4. 특수업무선(特殊業務船 ; Special service ship)

(a) 항해연습선(Nautical training ship)

(b) 해양관측선(Marine research ship)

(c) 정점기상관측선(Ocean weather ship)

(d) 해양기상관측선(Meteorological observatory ship)

(e) 수로측량선(Surveying ship)

(f) 해저전선부설선(Cable ship, Cable layer)

(g) 공작선(Factory ship, Repair ship)

(h) 기중기선(Floating crane)

(i) 우편선(Mail boat)

(j) 병원선(Hospital ship)

(k) 해난구조선(Salvage boat)

(l) 소방선(Fire fighting boat)

(m) 도선선(Pilot boat)

(n) 검역선(Quarantine vessel)

(o) 순시선(Patrol boat)

(p) 등대선(Light ship)

(q) 등대보급선(Light house tender)

(r) 유빙감시선(Ice-patrol boat)

(s) 쇄빙선(Ice breaker)

(t) 예인선(Tug boat, Tow boat)

(u) 도선(Ferry boat)

① 해협연락선(Channel ferry, Channel boat)

② 철도연락선(Railway ferry)

③ 열차도선, 차량도선(Train ferry, Car ferry)

④ 자동차도선(Motor car ferry, Vehicle ferry)

⑤ 하천도선(River boat)

(v) 부선(Barge, Lighter)

(w) 급수선(Water boat, Water tender)

(x) 쓰레기선(Garbage boat)

(y) 준설선(Dredger)

① Bucket type,

② Grab type,

③ Dipper type,

④ Suction type

(z) 발전선(Generating boat)

(a′) 쇄암선(Rock cutter)

(b′) 파일드라이버선(Pile driver)

(c′) 통선(Sampan)

(d′) 요트(Yacht)

(e′) Launch

① Motor launch

② Steam launch

③ Custom launch

④ Police launch

1
2
3
4
5
6
7
8
9
10
11
12
DIAMOND
13
14

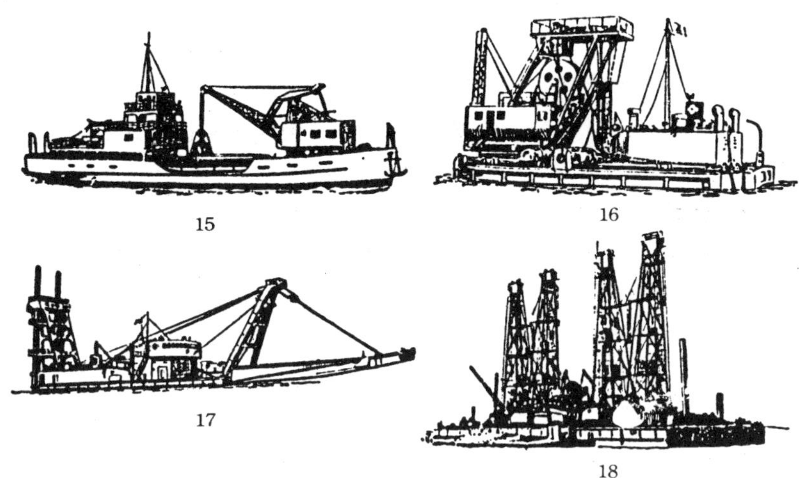

그림 1 — 6 특수업무선의 종류(Kinds of special service ships)

1 . Training ship	2 . Patrol boat	3 . Medical boat
4 . Icebreaker	5 . Cable ship	6 . Fire boat
7 . Tug boat	8 . Salvage boat	9 . Pleasure boat
10. Water boat	11. Car ferry	12. Floating crane
13. Light ship	14. Bucket dredger	15. Grab dredger
16. Rock cutter	17. Pump dredger	18. Pile driver

1·3·5 법규에 의한 선박의 분류

1. 선박법 및 그 관계법규상의 분류

(1) 한국선박과 외국선박

한국선박이라 함은 다음 설명과 같이 한국의 국적 또는 선적을 가진 선박을 말하며, 그렇지 않은 선박을 외국선박이라 한다. 즉 다음 각호에 해당하는 선박을 대한민국 선박이라 한다(法 2 條).

① 국유 또는 공유의 선박

② 대한민국 국민이 소유하는 선박

③ 대한민국의 법률에 의하여 설립된 상사법인(商事法人)으로서 출자(出

資)의 과반수와 이사회(理事會)의 의결권(議決權)의 5분의 3 이상이 대한민국 국민에 속하는 법인이 소유하는 선박, 이 경우에 그 법인의 대표이사(代表理事)는 대한민국 국민이어야 한다.

④ 대한민국에 주된 사무소를 둔 제3호(第3號) 이외의 법인으로서 그 대표자(공동대표인 경우에는 그 전원)가 대한민국 국민인 경우에 그 법인(즉, 회사 이외의 법인)이 소유하는 선박

한국선박의 특권은 ① 국기게양권, ② 불개항장(不開港場) (관세법상 외국과의 무역이 허용되지 아니하는 항구)의 기항권과 연안무역권이 있다.

(2) 등부선과 부등부선

등부선(登簿船)이란 등기와 등록을 할 수 있고, 또 이를 해야하는 선박이며 총톤수 20톤 이상이어야 한다(法8條, 商法, 743條). 부등부선(不登簿船)은 등기와 등록을 할수없는 선박이다(法26條).

(3) 기선과 범선, 압항부선(押航艀船)

(a) 기선(汽船)

기관을 사용하여 추진하는 선박을 말한다(規則2條1項1號). 기름, 전기, 가스, 원자력으로 항행하면 비록 steam을 사용하지 않아도 모두 기선이다.

(b) 범선(帆船)

돛을 사용하여 추진하는 선박을 말한다(規則2條1項2號).

(c) 압항부선(押航艀船)

기선과 결합되어 밀려서 추진되는 선박(Pusher barge)이다.(規則2條1項3號). 그리고 기관과 돛을 사용하여 추진하는 선박으로서 주로 기관을 사용하는 것을 기선으로 보고 주로 돛을 사용하는 것은 범선으로 본다(規則2條2項)

2. 선박 안전법 및 그 관계법규상의 분류

(1) 용도에 의하여

(a) 여객선(Passenger ship)

13인 이상의 여객을 탑재할 수 있는 선박을 말한다(令2條7號).

(b) 비여객선(非旅客船 ; Non-passenger ship)

여객 정원이 12인 이하이거나 여객 정원을 갖지 않는 선박으로 보통화물

선은 모두 이에 속한다. 다만, 선원, 선박소유자, 1세 미만의 자와 도선사, 세관, 검역공무원, 기타 선원 업무 이외의 업무에 종사하는 자는 여객이 아니다(令 2 條 6 號).

(c) 어선(Fishing boat) (어선법 2 條 1 項)

다음 각호에 해당하는 것을 말한다.

① 어업에 전용(專用)되는 선박

② 어획물의 보장(保藏) 및 제조설비를 갖춘 선박

③ 어획물 및 제조공장으로부터 전용으로 운반하는 선박

④ 어업에 관한 시험, 조사, 지도, 단속 및 연습에 종사하는 선박

(2) 항행구역(航行區域)에 의하여

해운관청은 정기검사를 행할때에 선박의 구조, 재료, 건조방법 기타 현상과 다음 표 1 - 2와 같이 길이 및 최고 속력 등을 기준으로하여 항행구역을 지정한다. 다만, 특수선과 해난구조 등 특수용도에 종사하는 선박에 대하여는 해운관청이 따로 정할 수 있다(規則28條 1 項).

표 1 - 2 항행구역

船 種	길 이	최고 속력	항행구역
기 선 범 선	60m 이상 25m 이상	10노트 이상	원양구역
기 선 범 선	30m 이상 20m 이상	8 노트 이상	근해구역
기 선 범 선	20m 이상 무제한	6 노트 이상	연해구역
기 선 범 선	무제한	무제한	평수구역

모든 선박은 지정된 항행구역을 넘어서 운항할 수 없다. 따라서 항행구역은 다음 4종으로 나눈다.

(a) 평수지역(平水區域)

호수, 하천 및 항내(港內)의 수역(水域)과 지정된 18區의 해역이다(令 2 條 9 號).

(b) 연해구역(沿海區域)

한반도와 제주도로부터 20마일(1마일은 1,852m) 이내의 수역과 지정된 6구역의 해역을 말한다(令2條10號).

(c) 근해구역(近海區域)

동은 동경 175도, 서는 동경 94도, 남은 남위 11도, 북은 북위 63도의 선으로 둘러싸인 수역을 말한다(令2條11號).

(d) 원양구역(遠洋區域)

지구상의 모든 수면을 포함한 수역이다(令2條12號) 상기의 4가지 항행구역은 넓은 구역은 좁은 구역을 포함한다.

(3) 종업제한(從業制限)에 의하여

추진장치에 의하여 구분하면

(a) 무동력 어선

총 톤수 1톤 이상으로서 추진기관을 갖추지 아니하였거나 기관을 갖추었다 하더라도 주로 돛으로 운항하는 어선

(b) 동력 어선

추진기관을 선체에 고착하고 전, 후진이 가능한 어선

상기(上記)의 (a), (b) 이외에 또, 종업제한에 의하여 1종에서 3종까지 구분한다.

왜냐하면 어선은 그 업무상태가 일반선박과 다르므로 자격에 따라 항행구역을 한정시킬 수 없다. 따라서 어업의 종류를 그 내용으로 한 종업제한을 설정한다.

(4) 선박구명설비 규정에 의하여

다음의 5종(種)으로 구분하여 그 종류에 따라 구명설비의 종류와 정도를 달리하고 있다.

(a) 제1종선(第1種船)

국제항해에 종사하는 여객선

(b) 제2종선(第2種船)

국제항해에 종사하지 아니하는 여객선으로서 제5종선 이외의 선박

(c) 제3종선(第3種船)

국제항해에 종사하는 총 톤수 500톤 이상의 선박으로서 제1종선 및 어로선 이외의 선박을 말한다.

(d) 제 4 종선(第 4 種船)

국제항해에 종사하는 총 톤수 500톤 미만의 선박으로서 제 1 종선 및 제 5 종선과 어선 이외의 선박

(e) 제 5 종선(第 5 種船)

총 톤수 5 톤 미만의 선박으로서 여객운송에 종사하는 것.

(5) 선체구조의 강약(強弱)에 의하여

강선구조 규정에 의해서 선체구조의 종류를 구별하면 아래와 같다.

① 단층 갑판선

(a) 중구선(重構船 ; Full scantling vessel)

표준 강력의 선박으로 각부의 구조 촌법(寸法)이 강선구조규정 또는 그 이상의 강력한 촌법 구조를 갖는다. 최상층의 전통갑판하(全通甲板下)의 선체가 충분한 강력을 가지고 있어 선체의 형상이 허용하는 한 최대의 만재흘수를 부여하므로 재화중량이 크다. 따라서 중량물의 운반에 적합한 선박이다. 이를 중갑판선(重甲板船 ; Heavy deck vessel)이라 부르기도 한다.

(b) 경구선(輕構船 ; Light scantling vessel)

중구보다 가벼운 촌법 구조를 갖는 선박으로 만재흘수는 선체의 형상에 의하여 제한을 받는 동시에 선체의 강력에 의해서도 제한을 받는다.

2 층 이상의 갑판을 갖는 선박은 제 2 갑판을 선체의 주체로 보아 자유로 중량화물을 적재할 수 있으나 그 위의 갑판은 여객 전용으로만 사용할 수 있다. 이 선박은 객선이나 화객선으로서 일정한 항로를 가지며 경량의 잡화인 경우에 적합한 선박이다. 경갑판선(輕甲板船 ; Spar deck vessel)이라 부르기도 한다.

② 2 층 이상의 갑판선

이에는 상기 ①의 (a), (b)선 이외에 다음의 전통선루선(全通船樓船 ; Complete superstructure vessel)이 있다.

전통선루선이란 중구선의 상갑판위에 다시 또 한층의 선수에서 선미까지 전통하는 가벼운 구조의 선루갑판(船樓甲板 ; Superstructure deck)을 증설한 선박이다. 선루갑판은 경구선의 제 2 갑판위의 구조보다 경장(輕裝)이므로 만재흘수는 경구선 보다 한층 더 제한된다. 여객선이나 화객선에 채용된다.

3. 국제해상충돌예방 규칙상의 분류

(1) 동력선(動力船 ; Power driven vessel)

기계, 즉 기관을 사용하여 추진되는 선박을 말하며 동력을 사용하고 있으면 돛의 사용여부에 관계 없이 이를 동력선으로 간주한다. 따라서 인력이나 자연력에 의해서 추진되는 선박은 동력선이 아니다.

(2) 범선(帆船 ; Sailing vessel)

돛만을 사용하여 추진되고 있는 선박은 선박법상의 기선일지라도 이를 범선으로 간주한다.

4. 관세법(關稅法)상의 분류

(1) 외국무역선(外國貿易船 ; Foreign trade vessel)

외국무역을 위하여 우리 나라와 외국간을 왕래하는 선박으로 한국선박이라도 불개항장의 출입과 국내항간의 내국화물의 운송에 종사할 수 없는 것이 원칙이다. 개항의 출입, 화물의 선적(船積) 및 양륙(揚陸)에 관세법상의 수속을 해야 한다. 간단히 외항선(外航船)이라 부르기도 한다.

(2) 내항선(內航船 ; Home trade vessel)

외국 무역선 이외의 선박을 말하며 관세법의 적용을 받지 않고 또 불개항장에도 자유로 출입할 수 있다. 따라서 원양구역선(遠洋區域船)일지라도 외국 무역선으로서의 자격을 얻지 않으면 내항선으로 취급한다.

1·3·6 선형(船型 ; Type of ships)에 의한 분류

1. 선루(船樓) 및 갑판실의 배치방법에 의하여

(1) 평갑판선(平甲板船 ; Flush deck vessel)

상갑판(上甲板)이 Freeboard deck인 각종 선형의 원형(原型)이라 할 수 있는 선박이다. 선루는 없고 Machinery casing이나 Deck house와 같은 것이 있을 뿐이다(그림 1 - 7).

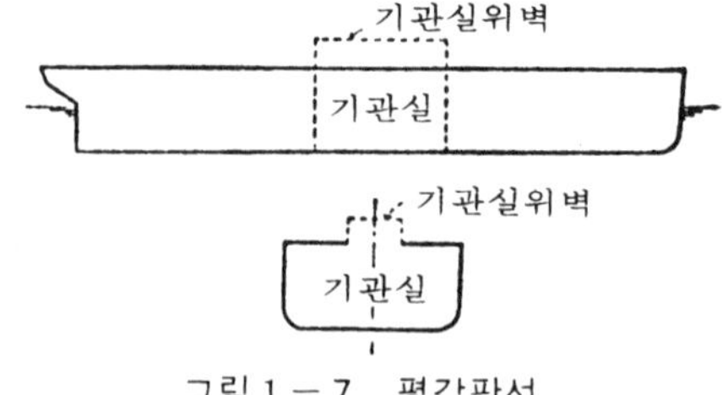

그림 1 - 7 평갑판선

(2) 삼도형선(三島型船 ; Three islander, Three island vessel)

상갑판상에 선수루(Forecastle), 선교루(Bridge) 및 선미루(Poop)의 3개의 선루를 갖는 선박이다 (그림1 － 8).

그림1－8 삼도형선

(3) 변형 삼도형선(Modified three islander)

삼도형선이 변형하여 선수루만 있는 것(그림1 － 9의 A). 선수루와 선교루만 있는 형(그림1 － 9의 B) 및 선수루, 선미루와 중앙에 기관실위벽으로써 갑판실을 갖는 형(그림1 － 9의 C)이 있다.

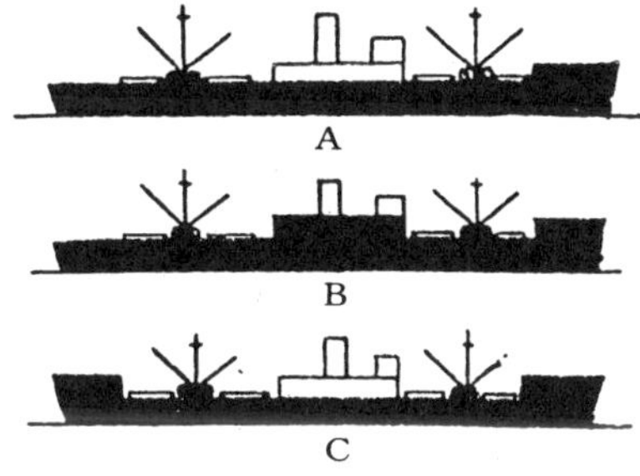

그림1－9 변형삼도형선

(4) 장선수루선(長船首樓船 ; Long forecastle vessel)

선수루와 선교루가 합쳐진 형으로 소형선에서 볼 수 있다. 해난구조선이 이 형이다.

(5) 저선수루선(低船首樓船 ; Sunken forecastle vessel)

상갑판상에 1m 정도의 높이를 갖고 상갑판은 그 부분에서 1m정도 낮게하여 약 2m정도의 선수루를 만든 것을 저선수루(Sunken or monkey forecastle)라 한다(그림1 －10의 A).

그림1－10

(6) 저선미루선(低船尾樓船 ; Raised quarter deck vessel)

기관실 후방의 선창(船艙)은 Shaft tunnel이 종통하므로 전부 선창보다 용적이 부족하여 균질의 화물을 만재했을 때 선수 Trim의 경향이 생기므로 이것을 방지하기 위해서 후부의 상갑판을 약 1m정도 높여 후부 선창의 용적을 크게 만든 형이며, 외부에서 보았을 때 마치 선미루의 높이를 낮춘것과 같이 보이므로 이를 저선미루선이라 한다(그림 1－10의 B).

(7) 요갑판선(凹甲板船 ; Well deck vessel)

선교루와 선미루를 연결한 것과 같은 것을 요갑판선이라 한다. 마치 긴 선미루를 갖는 모양이므로 장선미루선(長船尾樓船 ; Long poop vessel)이라고도 한다(그림 1－11).

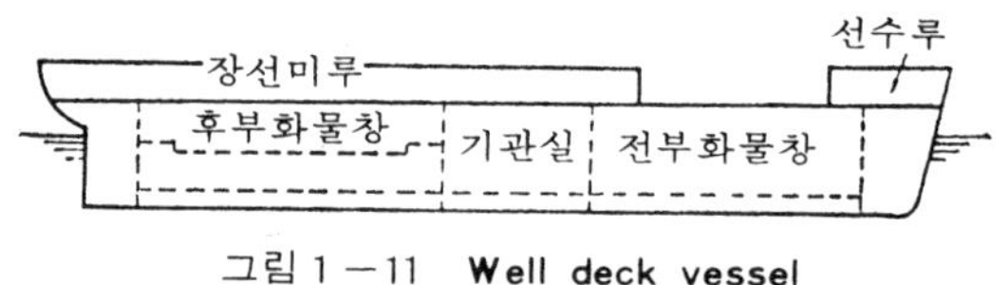

그림 1－11 **Well deck vessel**

(8) 차양갑판선(遮陽甲板船 ; Shade deck vessel)

선루와 선루 사이를 갑판만으로 연결한 형의 것을 차양갑판선이라 한다. 이는 상갑판과 제 2 갑판간의 선측외판에 큰 통풍용의 개구가 있다(그림 1－12의 A).

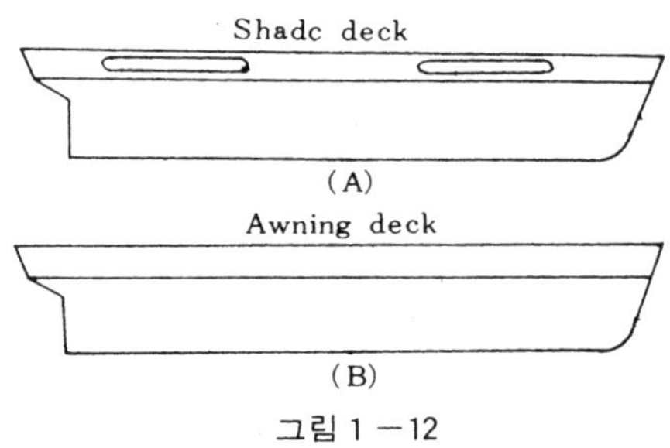

그림 1－12

(9) 복갑판선(覆甲板船 ; Awning deck vessel)

보통의 선루보다 가벼운 구조의 선루가 선수에서 선미까지 전통한 선형을 말한다. 이때, 최상층의 갑판을 복갑판이라 한다(그림 1－12의 B).

(10) 차랑갑판선(遮浪甲板船 ; Shelter deck vessel)

외관은 복갑판선과 같으나 최상층의 전통갑판의 폭로부에 상설폐쇄장치가 되어 있지 않은 개구를 가진 선박을 말한다. 이 개구를 감톤개구(Tonnage opening)라 한다. 이 폭은 1 Frame 거리이고 길이는 선폭의 약 반이다.

이형은 총톤수를 감소할 수 있어 유리하지만 만재흘수는 제 2 갑판을 기준으로 하여 산정되므로 중량화물의 적재에는 불리하다. 따라서 흘수를 크게 하고 싶을 때는 감톤개구를 폐쇄하여 보통의 선형으로 변경시킨다. 이때, 이 개구를 폐쇄하면 Closed shelter deck vessel이라하고 폐쇄하지 않은 것은 Open shelter deck vessel이라 한다.

감톤개구를 갖지 않은 차량갑판선은 복갑판선과 다른 점이 없으므로 이 둘을 다같이 Complete superstructure vessel이라 부르기도 한다(그림 1 —13).

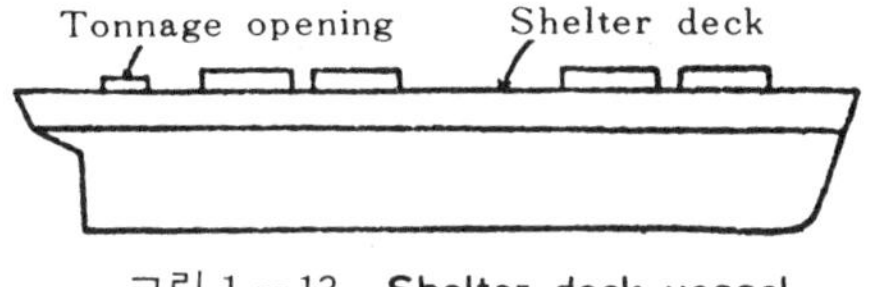

그림 1 —13 **Shelter deck vessel**

2. 특수구조에 의하여

(1) **Turret**갑판선(Turret deck vessel)

선측의 외판의 상부가 내측으로 굴곡되고 Well deck의 중심선상에 Turret라고 하는 구조물이 종통하고 있다. 이때 Turret는 Side coaming의 높이는 2 ~ 3 m로 하고 그 폭은 선폭의 60%를 최대로 하여 마치 Hatchway를 길게 연결한 모양이다. 이 형은 톤수의 경감을 꾀하여 만들었으나 현재는 이 창구에 의한 톤수의 경감은 총톤수의 5 % 이내로 제한하였으므로 건조비에 비하면 효용이 적어 빛을 보지 못했다(그림 1 — 14).

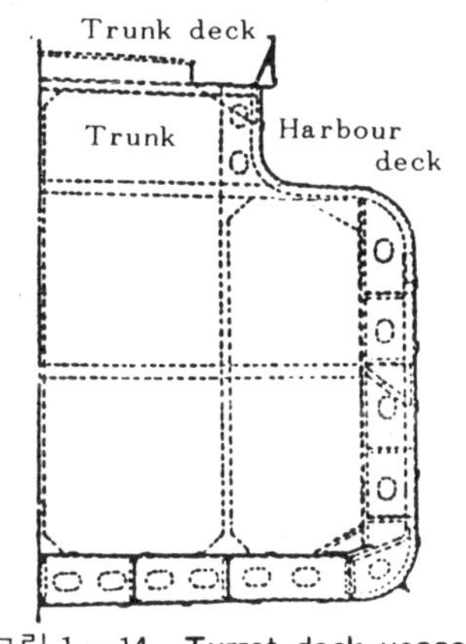

그림 1 — 14 **Turret deck vessel**

(2) **Trunk**갑판선(Trunk deck vessel)

상갑판상에 철자(凸字)모양의 구조물을 갖는 것을 말하며 Turret갑판선과 다른점은 외판이 굴곡을 이루지 않고 각형을 이룬 점이 다르다. 중소형(中小型)의 유조선에 더러 채용되고 있다(그림 1 — 15).

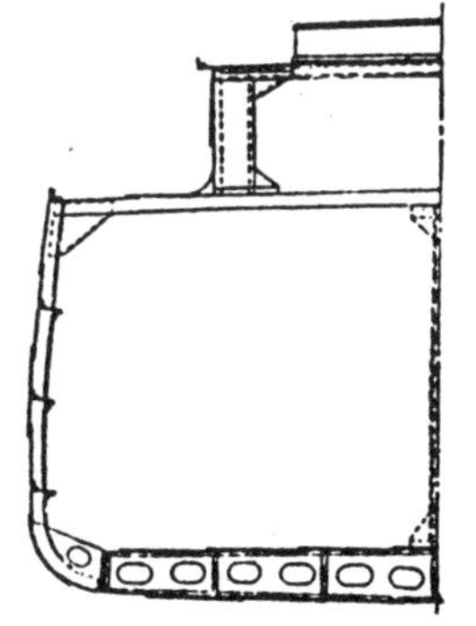
그림 1 —15 **Trunk deck vessel**

(3) **Cantilever선**(Cantilever framed vessel)

산적화물(撒積貨物)의 적재시에 공간을 없애고 Rolling에 의한 화물의 이동을 방지하기 위해서 창내의 양현(兩舷)의 상부 구석에 Cantilever tank(Top side tank)를 갖춘 자연적화선(自然積貨船 ; Self-trimming vessel)의 일종이다.

이 선은 Frame이 완목(腕木 ; Cantilever)형을 하고 있어 Cantilever선이라 했다(그림 1 -16의 1).

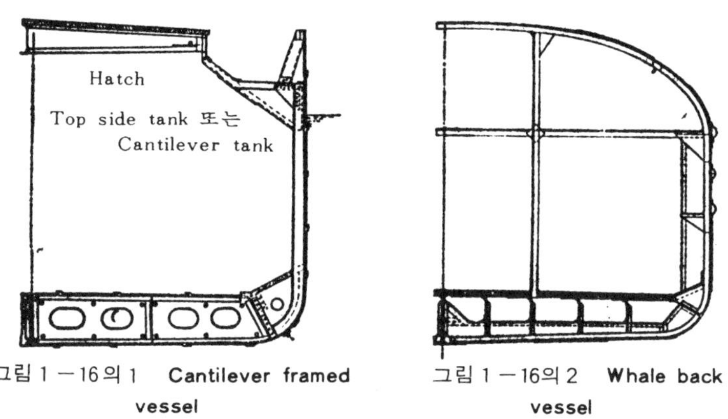

그림 1 -16의 1 **Cantilever framed vessel**

그림 1 -16의 2 **Whale back vessel**

(4) 경배선(鯨背船 ; Whale back vessel)

상갑판과 외판의 접합부가 둥글며, Sheer가 없는 선박으로 수면상의 형상이 마치 고래등과 같이 보인데서 이런 이름이 붙은 선박이다. 북미의 5대호(大湖) 특유의 평수항행선(平水航行船)이다(그림 1 -16의 2).

(5) **Arch형선**(Arch vessel)

수선 상부에서 외판과 상갑판이 Arch형을 이루고 있으므로 이런 이름이 붙었다. 자연적화선의 일종이다. 이 선박의 특징은 역의 Sheer를 가지는 것으로 중앙부에서 깊이가 최대이므로 종강력이 현저히 증가하므로 강재를 경감할 수 있다. 이때 동형의 선박에 비하여 강재의 중량을 18% 감소할 수 있다(그림 1 -17).

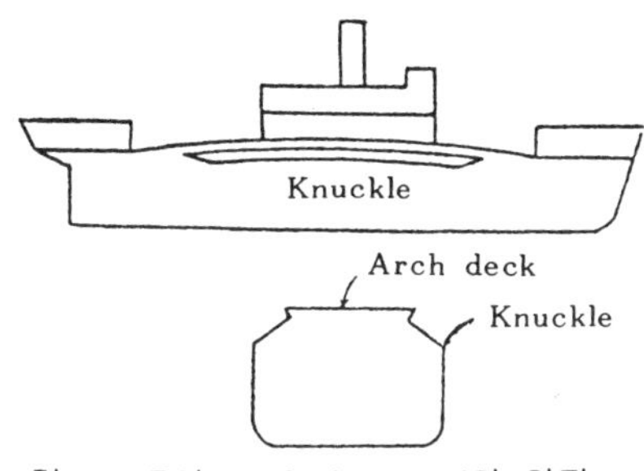

그림 1－17의 1 **Arch vessel**의 외관

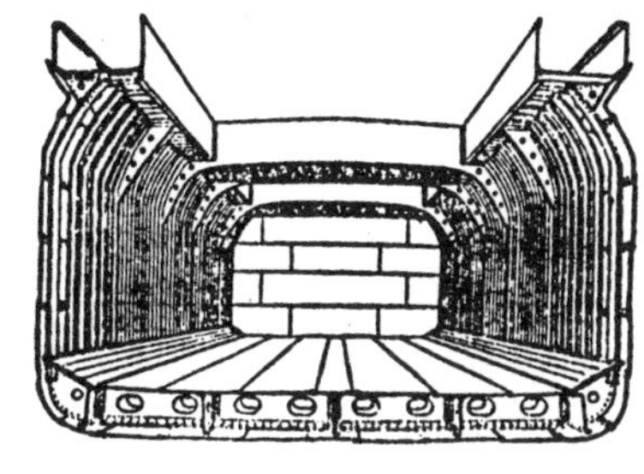

그림 1－17의 2 **Arch vessel**의 내부구조

(6) 파형외판선(波形外板船 ; Corrugated vessel)

만재흘수선 하방의 선측외판이 2 ～ 3 개의 파형을 이룬것으로 이때 파형의 길이는 배의 길이의 약 1/2에 달하며, 선수미부에서는 보통의 선박과 같은 형으로 된다. 이 형은 배수량이 약 2 % 증가하는데 마력이 약 16% 감소하며, 적화중량이 약 3.5% 증가한다(그림 1 －18).

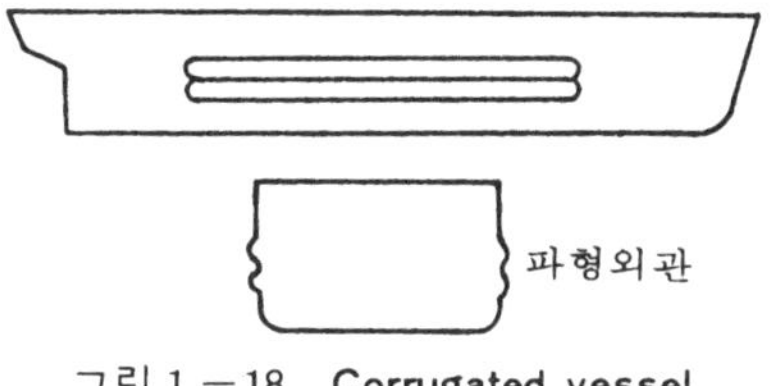

그림 1－18 **Corrugated vessel**

(7) **Arc**형선(Arc form vessel)

배의 폭을 넓히고 중앙부 횡단면의 만곡부를 큰 원호로 한 것이다. 추진상의 효과는 비척계수를 작게한 것으로 저항을 감소시킨 것이다. 그러나 Frame이 직선부가 적어 건조비가 증가하며 폭이 너무 넓어 하역상 불리한 결점이 있다(그림 1 －19).

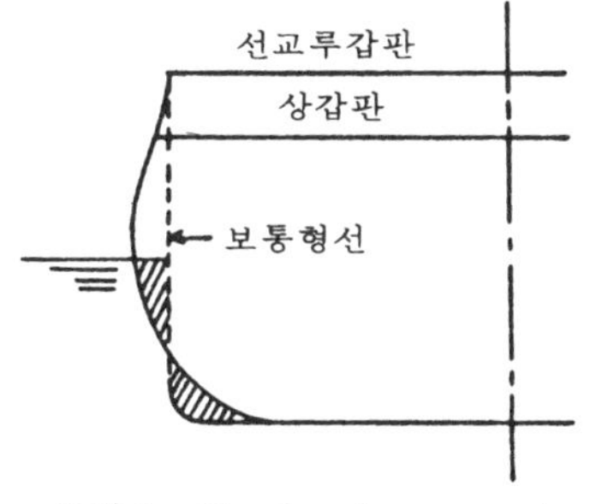

그림 1－19 **Arc form vessel**

3. 기관실(機關室)의 위치에 의하여

(1) 중앙기관선(Midship engined vessel)

공선이나 만재시에 흘수를 조절할 필요성이 없어 편리하므로 상선의 표준형이다.

(2) 선미기관선(船尾機關船 ; Aft engine vessel)

유조선, 소형선 및 산적화물선(撒積貨物船)등 기관을 선미에 설치한 것을 말한다. 근래에 선창(船艙) 한 개에 창구(艙口) 한 개를 갖는 선미기관선이 Marine truck이라는 명칭으로 건조되어 연안항로에 취항되고 있다.

이는 Propeller shaft가 짧아서 Shaft tunnel을 생략할 수 있는 이점이 있으나 공선시에는 심한 선미 Trim이 되므로 이를 조절하기 위해서 선수쪽에 Water tank를 설치하여 Ballast로서 해수를 적재해야 하며 전체로써 선체를 보강해야 한다.

(3) 반선미기관선(半船尾機關船 ; Semi-aft engine vessel)

기관을 선체의 중앙에서 약간 선미쪽 위치에 설치한 선박을 말한다.

4. 선교(船橋)의 위치에 의하여

(1) 중앙선교선(中央船橋船 ; Midship bridge vessel)

중앙기관선의 대부분이 항해선교(航海船橋 ; Navigation bridge, Flying

Location E. R. = Engine room D. H. = Deck house	After engine room	Semi-after engine room	Midship engine room
Fore and after deck houses	D.H. / E.R. / D.H.		
Midship and after deck houses	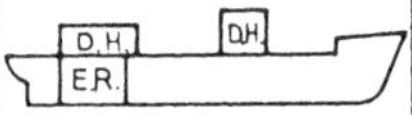 D.H. / E.R. / D.H.		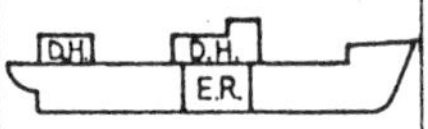 D.H. / D.H. / E.R.
Midship deck house			 D.H. / E.R.
Semi-after deck house		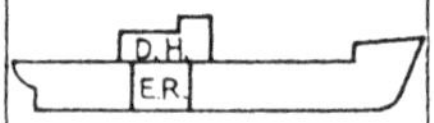 D.H. / E.R.	
After deck house	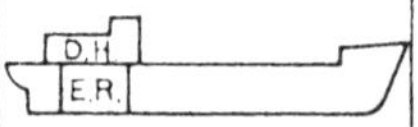 D.H. / E.R.		

그림 1-20 기관실과 항해선교의 위치에 의한 분류

bridge)를 선체의 중앙부에 두고 있다. 그러나 선미기관선에서도 볼 수 있다.

(2) 선미선교선(船尾船橋船 ; Aft bridge vessel)

소형 및 중형화물선중 선미기관선의 대부분은 항해선교를 선미에 두고 있다. 근래에는 점차 대형화되어 산적화물선, 유조선, 광석운반선 등의 전용선에 많이 채용되는 선박이다.

(3) 선수선교선(船首船橋船 ; Fore bridge vessel)

선수에 가까운 위치에 항해선교를 설치한 선박으로 일반화물선에서는 보기 어려우며 경공선(鯨工船 ; Whale factory ship), 준설선 등의 일부 특수 업무선에서 볼 수 있는 선박이다.

5. 범장(帆裝)에 의하여

돛에는 Mast에 직각인 Yard에 매는 사각의 것으로 그면이 선체에 대하여 횡으로 놓이는 횡범(橫帆 ; Square sail)과 Stay 또는 Gaff에 걸린 삼각이나 사각형의 것으로 종 방향으로 위치하는 종범(縱帆 ; Fore-and-aft sail)이 있다.

(1) 횡범선(橫帆船 ; Square rigger)

횡범만을 갖거나 횡범과 종범을 병용한 것으로 다음 그림과 같은 것들이 있다(그림 1-21).

그림 1-21 횡범선(Square rigger)의 종류

1. Topsail schooner
2. Brig
3. Brigantine
4. Barquentine
5. Ship
6. 5-Masted ship
7. Barque, Bark
8. 4-Masted bark

(2) 종범선(縱帆船 ; Fore-and-aft rigger)

종범만을 범장한 범선으로 다음 그림과 같은 것들이 있다(그림 1 －22).

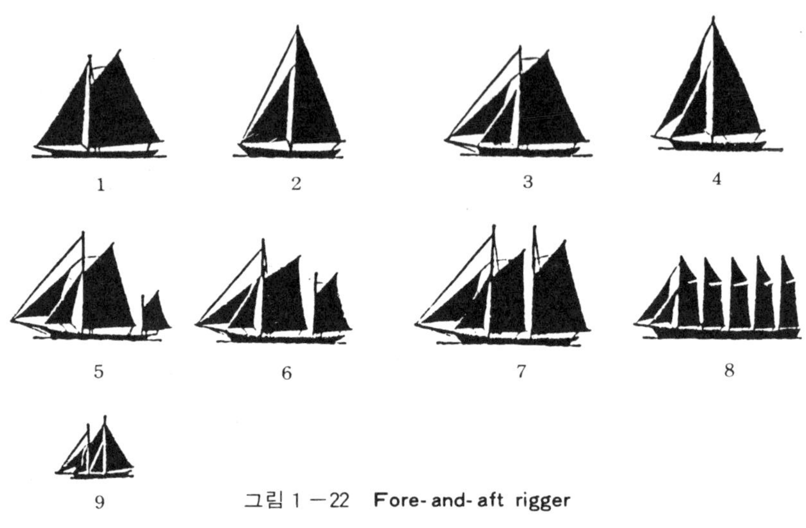

그림 1 －22 **Fore-and-aft rigger**

1 . Gaff sloop
2 . Bermudian sloop
3 . Gaff cutter
4 . Bermudian cutter
5 . Gaff yawl
6 . Gaff ketch
7 . Schooner
8 . 5-Masted schooner
9 . Staysail schooner

※ Ketch는 후부 Mast가 타주(舵柱)의 전방에 있고 Yawl은 타주의 후방에 있다.

※ Cutter는 Bowsprit가 있으며, Sloop는 이것이 없다.

※ Mast는 선수쪽부터 Fore mast, Main mast, Mizzen mast, Jigger mast라 부르며, 5본(本) Mast인 경우는 Main mast와 Mizzen mast 사이에 After main mast를 하나 더 넣는다. 특히, Ketch와 Yawl에서는 앞의 것을 Main mast 뒤의 것을 Spanker mast라 한다.

※ 장대(長大)한 Mast를 연결했을 경우 하방에서부터 Lower, Top, Topgallant, Royal mast라 한다.

※ 3본(本) Mast스쿠너(Three masted schooner)의 각 위치와 모양에 따른 명칭은 그림 1 －23과 같다.

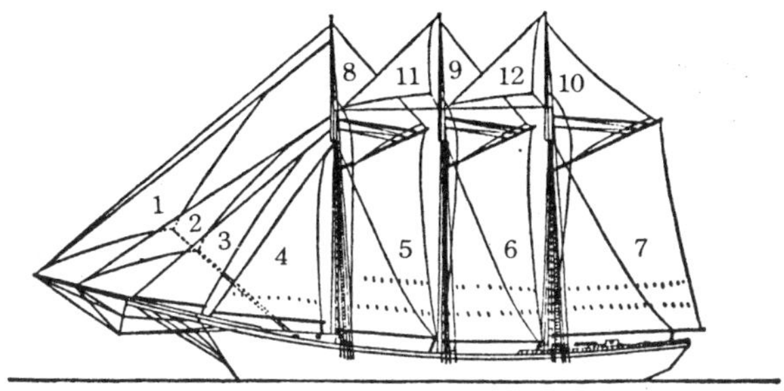

그림 1 -23 Three masted schooner의 돛의 명칭

1. Flying jib
2. Outer jib
3. Inner jib
4. Fore staysail
5. Fore sail
6. Mainsail
7. Mizzen, Spanker
8. Fore gaff topsail
9. Main gaff topsail
10. Mizzen gaff topsail
11. Main masthead staysail
12. Mizzen masthead staysail

1·4 선박의 요목(要目) 및 측도(測度)

미인 선발대회에서 신장은 얼마, Bust는, Waist는, Hip는 얼마 등으로 재는 방법이 있드시 선박도 여러 목적에서 그 크기를 나타내야 할 필요가 있다. 이때, 주요척도는 다음과 같다.

1·4·1 주요척도(主要尺度 ; Principal dimensions)

선박의 크기를 비교하거나 구성재료의 치수 및 배치 등을 결정할 때, 표준으로서 선박의 길이, 폭 및 깊이가 사용되는데 이것을 말한다.

1. 길이(Longitudinal dimensions) (그림 1 -24)

(1) 전장(全長 ; Length over all) 약자로는 Loa, L. O. A. 로 표시한다.

선체에 고정적으로 부착된 돌출물을 포함해서 선수의 최전단으로부터 선미의 최후단까지의 수평거리를 말하며 안벽계류나 입거시 등에 필요하다. 이는 해상충돌예방규칙에서의 길이는 이 전장을 말한다.

(2) 수선간장(垂線間長 ; Length between perpendicular) 약자로는 Lpp, L. B. P. 로 표시한다.

계획만재흘수선상의 선수재의 전면과 타주(舵柱)의 후면에 Base line에서 각각 수선(垂線)을 세워 이 양수선간의 수평거리를 말한다. 이때 세운 수선을 선수쪽은 전부 수선(Fore perpendiculer, F.P.)이라하며 선미쪽을 후부 수선(After perpendicular, A.P.)이라 한다. 이때, 타주가 없을 때는 타두재(舵頭材)의 중심까지 측정한다.

이것은 배의 길이를 대표하는 것으로 강선구조규정이나 만재흘수선규정 및 선박구획규정 등에서 사용되며 기호로는 L로 표시하며 단위는 m로 한다.

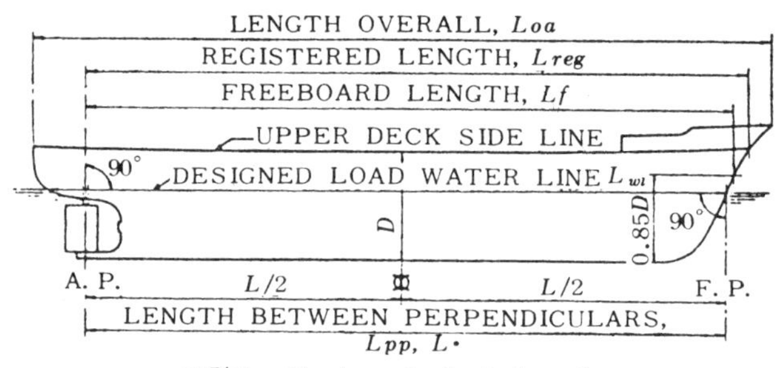

그림 1-24 Longitudinal dimentions

(3) 수선장(水線長 ; Length on load water line) 약자로는 Lwl, L.W.L로 표시한다.

하기만재흘수선상의 선주재의 전면에서 선미후단까지의 수평거리를 말하며, 선체의 운동을 음미할 때 이용되는 길이이다.

(4) 등록장(登錄長 ; Registered length) 약자로는 Lr로 표시한다.

상갑판 Beam상의 선수재 전면으로부터 선미재후면까지의 수평거리로서 선박국적증서에 기재된다.

2. 폭(幅 ; Transverse dimensions) (그림 1-25)

(1) 전폭(全幅 ; Extreme breadth) 약자로는 Bex로 표시한다.

선체의 최광부에서 측정한 외판의 외면에서 외면까지의 수평거리로서 Docking시에 이용되며, 해상충돌예

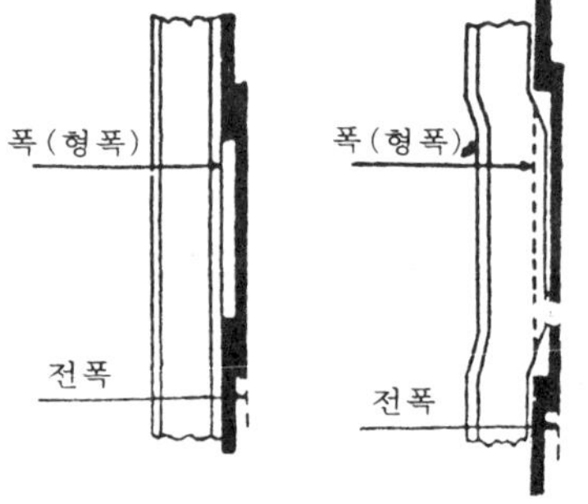

그림 1-25 Transverse dimensions

방규칙에서의 폭은 이를 말한다.

(2) 형폭(型幅 ; Moulded or Moulded breadth) 기호로는 B를 쓴다.

선체의 최광부에서 측정한 Frame의 외면에서 외면까지의 수평거리를 말한다. Frame이 Joggle된 경우는 내측 외판의 내면에서 내면까지의 수평거리이다.

강선구조규정, 선박만재흘수선규정 및 선박법상의 폭은 이 형폭을 말하며 기호는 B이고 단위는 m이다.

3. 깊이(Vertical dimensions) (그림 1 -26)

(1) 깊이(Depth) 약자로는 D이며 흘수(Draft or Draught는 d로 표시한다)

선체의 중앙에서 상갑판 Beam의 현측에 있어서의 상면에서 Keel의 상면(Base line)까지의 수직거리를 말하며 D로 표시하고 단위는 m를 쓴다. 이때, 차량갑판선인 경우는 제 2 갑판을 기준으로 한다. 선박법, 강선구조규정 및 선박만재흘수선 규정상의 배의 깊이는 이것으로 표시하며, 형심(型深 ; Molded or Moulded depth)이라고도 한다.

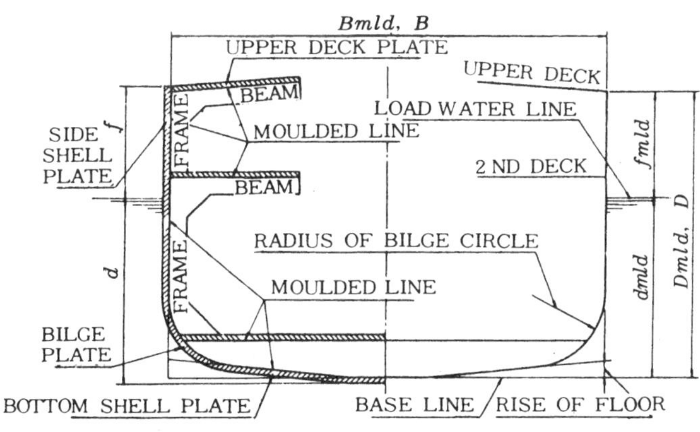

그림 1 -26 Vertical dimensions

※ 형선(型線 ; Molding line)이란 가장 안쪽의 선을 말하는 것으로써 선측에서는 내판의 내측, 선저에서는 Keel의 상면을 통하는 선이다. Garboard strake가 있는 선박에서는 이의 상면이 형선이다.

※ 일반화물선에서 B와 L의 관계는 $B=\frac{L}{9}+3.30(m)$ 단, L< 160m일 때

또, 더욱 간단하게 $\frac{L}{B}=7\sim8$로 나타내기도 한다.

배의 깊이는 $D=\frac{L}{10}$(화물선에서)로 본다.

또, $d=\frac{L}{20}+1.60m$, $\frac{d}{D}=0.75\sim0.9$(보통의 화물선에서)정도로 본다.

1·4·2 흘수(吃水)와 Trim

1. 흘수(Draft, Draught)

선체가 물에 잠기는 부분의 깊이를 흘수라 하며, 다음 2종류가 있다.

(1) 형흘수(型吃水 ; Moulded draft)

선체(船體) 길이의 중앙부에 있어서 Base line에서 만재흘수선까지의 수직거리를 말한다. 이때, 기선이란 Keel의 상면을 통하는 수평선을 말하는데 미국에서는 Garboard strake의 상면을 말한다. 이 형흘수는 만재흘수 표시에 필요한 것이다.

(2) Keel draft

일반적으로 Draft하면 이 Keel draft를 말하는 것으로써 Keel의 하면에서 수면까지의 수직거리를 말한다.

이것은 선체조선상(船體操船上)이나 선적량의 산출시 필요한 것으로 선박법상 그 표시를 규정하고 있다.

2. 흘수표(吃水標 ; Draft mark) (그림 1-27)

이는 선박법 시행에 의해서 선수 및 선미의 외부양측에 선저로부터 최대흘수 이상까지 m법에서는 20cm마다 10cm의 Arabia숫자로 하고 ft식으로는 1ft마다 6in의 Arabia 또는 Roma숫자로 표시하며, 이때 기준은 표시하는 숫자의 하단이 된다.

선수흘수를 전부흘수(Fore draft, df)라 하고 선미흘수(Aft draft, da)라 하며 중앙부의 것을 중앙부흘수(Midship draft, dm)라 한다.

중앙부흘수는 대형선에서 편의상 표시하는 것이지 법규상 규정된 것은 아니다. 전부와 후부흘수의 평균은 평균흘수(Mean draft)라 한다.

※ Tipping center : 배의 전부(후부)에 중량물을 적재하면 선수부(선미부)가 침하하며 선미부(선수부)가 부상하는데, 이때 중량물 적재 이전의 흘수선과 적재한 후의 흘수선의 교점을 말한다. 이는 대략 배의 길이의 중앙에서 그배의 길이의 1/30～1/50 정도 후방에 있다.

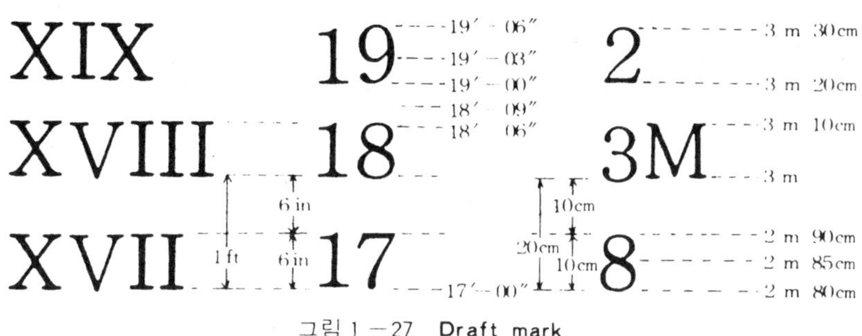

그림 1－27 Draft mark

3. Trim

배가 선수미 방향의 어느쪽으로 기우는 것을 말한다.

즉, t ＝da～df

da＞df를 Trim by the stern이라 하며, da＜df를 Trim by the head, stem, bow 등으로 표시하며, da＝df를 Even keel이라 한다. 상선은 1～2m정도의 Trim by the stern이 조선상 가장 유리하다.

적당한 Tirm by the stern인 경우는 내항성과 타효율과 추진효율이 좋으며 Trim by the head가 되면 속력이 감소되고 타효율이 나빠 직진할 수 없고 따라서 실항속력이 감소하게 된다.

특히, 선미기관선의 공선시(空船時)에는 너무 심한 Trim by the stern이 되면 항해에 지장을 초래하게 되므로 이를 조절하기 위해서 선수부에 Trimming ballast tank를 설치한다.

1·4·3 건현(乾舷)과 만재흘수선(滿載吃水線)

1. 건현(Freeboard)

배가 안전 항해를 위해서는 예비부력(Reserve of buoyancy)이 있어야 한다. 이 예비부력이란 선체가 물에 침하하지 않은 부분의 높이를 말한다.

이 건현은 선체의 중앙부에서 건현갑판의 상면의 연장선과 외판의 외면을 지나는 선과의 교점에서 만재흘수선까지의 수직거리를 말한다.

2. 만재흘수선(Load line)

안전 항해를 위해서 계절이나 해역에 따라 허락되는 최대의 흘수를 만재흘수라 하며, 이때 수면과 선체와의 교선을 만재흘수선이라 한다.

3. 만재흘수선표(滿載吃水線標 ; Load line mark) 또는 건현표(乾舷標 ; Freeboard mark)

선주의 욕심이나 국제간의 경쟁으로 화물의 과적 현상이 심해져서 국제적으로 많은 해난사고가 발생하므로써 국제적인 문제가 생기게 되어 국가는 흘수를 제한하여 인명과 재산을 보호하지 않으면 안되게 되었고 나아가서는 국제적으로 통일할 필요성을 느끼게 되었다. 이것이 곧 국제만재흘수선조약(International convention on load lines)이다.

이것은 영국의 하원의원인 Samuel plimsoll씨가 의회에서 주장하여 1876년에 제정된 Plimsoll act에서 시작되어 1930년 5월 영국 London의 국제만재흘수선 회의에서 세계의 주요해운국 30개국의 서명을 얻어 이를 체결했다. 그러나 이 조약은 조선기술의 진보발전으로 개정할 필요가 생겼다. 그래서 1966년 정부간 해사협의기관(Inter-Governmental maritime consultative organization, IMO)이 주최한 London의 회의에서 참가 52개국의 동의를 얻어 1966년 국제만재흘수선조약을 체결하였다. 이때 우리 나라도 대표가 참가했었다.

우리 나라는 1962년 4월3일 각령으로 공포하여 현재 선박안전법의 선박만재흘수선 규정으로 시행되고 있다. 이에 따라 선박은 선체 중앙부 양현에 이를 표시해야 한다.

※ 만재흘수선표를 Plimsoll mark라 부르기도 한다.

(1) 만재흘수선을 표시해야 하는 선박

다음 선박은 선박안전법 제3조에 의하여 만재흘수선의 표시를 요한다.

① 원양구역 또는 근해구역을 항행하는 선박

② 연해구역을 항행하는 길이 24m 이상의 선박

단, 잠수선 기타 교통부령으로 정하는 선박은 그러하지 아니한다 (1983년 7월15일 개정, 교통령770).

이에 해당되는 선박은 어로, 예인, 해난구조, 준설 또는 측량에 종사하는 선박 이외에 수중익선과 에어쿳숀선이 추가되었다.

(2) 만재흘수선표의 종류

선박의 항행구역 및 탑재화물에 따라 다음과 같은 것이 있다.

(a) 원양구역 또는 근해구역을 항행구역으로 하는 선박(만재흘수선규정 제36조)이 표시해야 하는 것(그림 1-28의 1). 다만 길이가 100m를 넘는 선박, 근해 및 연해구역을 항행구역으로 하는 선박은 WNA를 표시하지 아니한다(그림 1-28의 2).

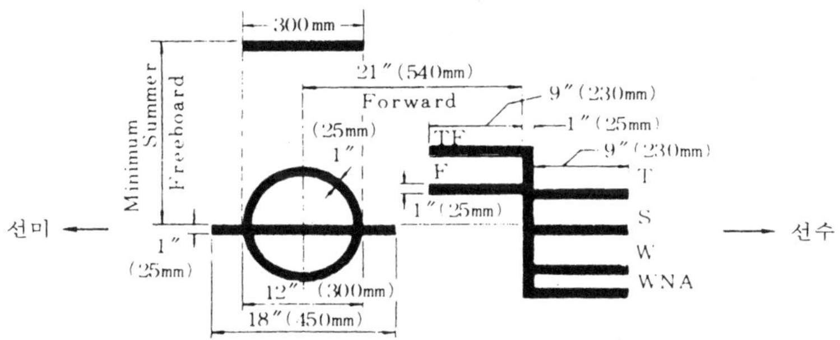

Load Line Mark & Lines To Be Used With This Mark

그림 1-28의 1

갑판선(Deck line) 또는 법정갑판선(法定甲板線 ; Statutory deck line)을 나타내는 선은 다음 그림과 같다(그림 1-29).

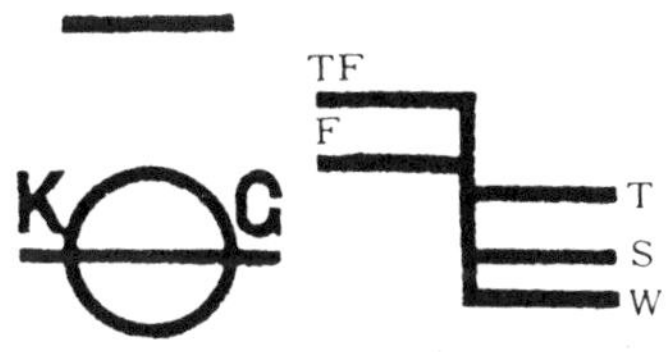

그림 1-28의 2

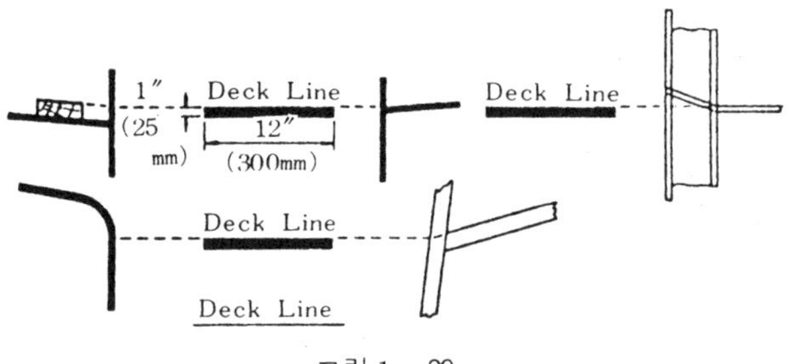

그림 1-29

(b) 갑판적 목재를 운반하는 선박(만재흘수선규정 제59조)이 표시해야 하는 것은 그림1 —30과 같다. 단, 길이가 100m를 넘는 선박, 근해 및 연해구역을 항해구역으로 하는 선박은 WNA를 표시하지 아니한다.

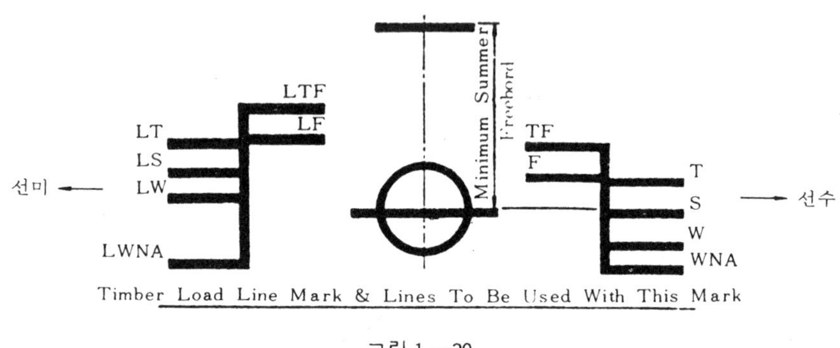

그림 1 —30

(c) 연해구역을 항행구역으로 하는 선박(만재흘수선규정 제66조)이 표시해야 하는 것은 그림1 —31과 같으며 만재흘수선의 종류, 적용되는 구역 및 이에 대응하는 건현은 표1 —3과 같다.

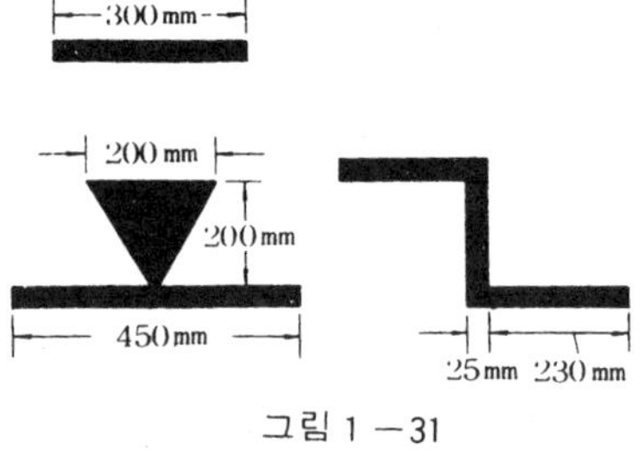

그림 1 —31

표 1 — 3

종 류	적용되는 구역	건 현
해수만재흘수선	해 면	해 수 건 현
담수만재흘수선	비중이 1.000의 수면	담 수 건 현

(3) 선박에 표시하는 만재흘수선

선박에 표시하는 만재흘수선은 해수와 담수로 나뉘며, 또 항행하는 해역과 계절에 따라 여러 종류로 구별된다. 또, 이들에 대한 건현은 다음(표1 —4)과 같다.

표 1 — 4

종　　류	기　호	건　　현
Summer load line 하기만재흘수선	S	Summer freeboard 하기건현
Winter load line 동기만재흘수선	W	Winter freeboard 동기건현
Winter north Atlantic load line 동기북대서양만재흘수선	WNA	Winter north Atlantic free-board 동기북대서양건현
Tropical load line 열대만재흘수선	T	Tropical freeboard 열대건현
Fresh water load line in summer 하기담수만재흘수선	F	Fresh water freeboard in summer 하기담수건현
Tropical fresh water load line 열대담수만재흘수선	TF	Tropical fresh water free-board 열대담수건현

(4) 선급협회(Classification society)

선박의 구조, 검사, 선급의 등록 등에 대한 규정을 만들고, 설계도면의 승인, 구조 및 형상의 검사, 건현의 지정 등을 행하며, 선박원부를 비치하여 선급을 등록하고 또, 증서를 발행하며 선급을 준 선박의 선명록을 편찬하여 선주, 해상보험업자, 조선업자 등 해운업과 관계가 있는 대상의 이익을 도모하려는 목적으로 설립된 기관을 선급협회라 한다. 이 선급협회의 지정을 받은 선박은 당해 선급협회의 기호를 표시하게 되어 있다. 유명한 선급협회는 다음과 같다.

영　국	Lloyd's Register of Shipping	LR	(1760년)
미　국	American Bureau of Shipping	AB	(1918년)
독　일	Germanischer Lloyd	GL	(1867년)
프랑스	Bureau Veritas	BV	(1828년)
이태리	Register Italiano	RI	(1861년)
노르웨이	Norske Veritas	NV	(1864년)
일　본	Nippon Kaiji Kyokai	NK	(1919년)

이상의 것을 7대선급협회라 하며, 여기에 소련(RS)과 폴란드(PR)를

합하여 9대선급협회라 하며 이들이 국제선급협회연합회(International Association of Classification Societies, IACS)를 결성했다.

우리 나라는 한국선급협회(Korean Register of Shipping, KR)가 1960년 창설했고 현재 IACS준회원국으로 1990년대에 정회원국이 될 전망이다.

4. 만재흘수선의 적용

세계의 수면을 열대(Tropical zone), 계절열대(Seasonal tropical area), 하기대(Summer zone), 계절동기대(Winter seasonal zone)의 4종류로 크게 나누며, 다시 계절 동기대는 년간을 동기와 하기의 계절의 범위를, 또 계절 열대는 하기와 열대의 계절의 범위를 정하고 있다.

각종 만재흘수선이 적용되는 대역과 계절구역은 다음(표 1 - 5)과 같다.

표 1 - 5

기 호	적 요
S	하기대에서는 일년을 통하여, 계절열대 및 계절동기대에서는 각각 그 하기계절기간, 해수에 적용된다.
W	계절동기대에서 동기계절간, 해수에 적용된다.
WNA	북위 36°이북의 북대서양을 그 동기계절간에 횡단하는 경우, 해수에 적용된다.
T	열대에서는 일년을 통하여, 계절열대에서는 그 열대계절간, 해수에 적용된다.
F	하기대에서는 일년을 통하여, 계절열대 및 계절동기대에서는 각각 그 하기계절간, 담수에 적용된다.
TF	열대에서는 일년을 통하여, 계절열대에서는 그 열대계절간, 담수에 적용된다.

5. 건현(乾舷)의 결정

선박의 3요소를 예비부력(Reserve Buoyancy), 능파성(Sea kindness)과 선체의 강력이라 한다. 선박의 안전 항해를 위해서는 상기의 3요소를 갖추어야 하겠다.

따라서, 선박의 안전을 보증하는 건현은 이들의 요소에 의하여 결정된다. 건현은 먼저 하기건현을 정하고 여기에 수정을 가하여 다른 건현을 정한다. 즉, 배의 길이에 따라서 정해지는 표정건현(表定乾舷) 또는 수정표정건현(修正表定乾舷)에 다음의 산식으로 산정한 값을 곱하여 얻어지는 기준건현(基準乾舷)을 구한다.

식은 $\frac{C_b+0.68}{1.36}$ 이때, C_b의 값이 0.68 미만일 때는 0.68로 한다.

여기에서 구한 기준건현에 만재흘수선 규정 제51조에서 제57조까지의 규정에 의한 다음의 수정을 행한다.

① 배의 깊이에 의한 수정

② 선루 및 Trunk의 유효길이에 의한 수정

③ 현호에 의한 수정

④ 선수의 높이에 의한 수정

기준건현에 상기의 수정을 행한 것이 하기건현(夏期乾舷)이다.

하기건현은 배의 길이가 길수록, 방형계수가 클수록 커진다. 또 배의 깊이가 깊을수록 크고 선루와 Trunk의 유효길이가 길수록 건현은 작아진다. 또, 현호가 표준 보다 크면 건현은 감소하고, 선수의 높이가 표준 보다 작을 때는 건현은 증가한다.

※ Block coefficient(C_b) (方形肥瘠係數)

$$C_b=\frac{V}{L\times B\times d}$$

이때, V =만재배수용적　　B =배의 형폭

L =배의수선간장　　d =배의 형흘수(型吃水)

表 1－6

艀船과 같은 極肥滿船	0.85～0.90
極肥滿船	0.80～0.85
肥滿船	0.76～0.82
大型貨物船	0.70～0.76
貨客船, 高速貨物船	0.65～0.70
大型客船	0.60～0.65
高速客船, 渡峽船	0.50～0.60
트롤어선	0.56～0.60
戰艦	0.60～0.65
驅逐艦	0.40～0.48
Steam yacht	0.45～0.60
Sailing yacht	0.15～0.42

또, 이 C_b는 주요 치수, 배수량, 재화중량 등에 크게 관련되고 있으며, 또한 배의 길이가 속력에 관계되는 것과 같이 저항, 즉 속력에 크게 영향을 준다. 즉, C_b는 배의 크기, $D.W.$, 속력 등이 비슷한 자매선(姉妹船)에서 추정(推定)되나 이의 평균값은 여러 학자들에 의해서 표(表) 또는 곡선형(曲線形)의 그림으로 주어진다. 이 값의 예를 들면 다음(표 1 − 6)과 같다.

※ d(하기만재흘수)의 결정은 L, B, D 및 C_b가 결정되면 $d=\frac{L}{20}+1.60$m 등으로 간단하게 추정하기도 하지만 좀더 상세하게 알고자 할때는 $d=\alpha\times D+\beta$와 같은 경험식(經驗式)이 있다. 이때 α, β의 계수(係數)는 다음(표 1 − 7)과 같다.

표 1 − 7 L 및 β의 표

$C_b=0.725$		β			
L	α	(船樓의 有効長의 合/L)			
		0.4	0.6	0.8	1.0
90	0.811	0.270	0.434	0.695	0.915
100	0.790	0.334	0.509	0.786	1.019
110	0.768	0.408	0.593	0.887	1.134
120	0.750	0.467	0.663	0.974	1.236
130	0.750	0.366	0.564	0.876	1.137
140	0.750	0.266	0.464	0.776	1.040

α의 수정 : C_b의 변화 ±0.005에 대해 $\left\{\begin{array}{l} L=90\text{m때} \pm 0.0040 \\ L=140\text{m때} \pm 0.0085 \end{array}\right.$

동기건현은 하기건현에 $\frac{d}{48}$를 가한다.

동기북대서양건현은 배의 길이가 100m 이하인 선박은 동기건현에 50 mm를 가한것으로 하고 100m를 넘는 선박은 동기건현과 같다.

열대건현은 하기건현에서 $\frac{d}{48}$를 감한다.

하기 담수건현 및 열대 담수건현은 각각 하기건현 및 열대건현에서, $\frac{W}{40T}$(cm)를 감한다.

단, 이때 W는 하기만재흘수선에 있어서의 해수배수량으로 단위는 톤

T는 하기만재흘수선에 있어서의 매cm 배수톤

6. 구획만재흘수선(區劃滿載吃水船 ; Subdivision load line)

이것은 국제해상인명안전조약(The International Convention for the Safety of Life at Sea, SOLAS)에 근거를 두어 정해진 것으로 만약 선박의 어느 부분에 손상을 받아 침수할 때, 그 부분의 수밀구획에 의하여 침수의 정도를 한정하여 수선이 일정한 한계선을 넘지 않도록 흘수를 제한한 수선이다.

여객선은 건조시 미리 이의 위치를 결정해 두고 여기에 따라, 각 구획실의 길이를 산출하여 배의 길이에 대한 구획수를 결정한다.

한구획의 침수에는 안전한 선박을 1구획선(One compartment ship)이라 하고 두구획의 침수에도 안전한 선박은 2구획선(Two compartment ship)이라 한다.

국제항해에 종사하는 여객선은 최소한 1구획선이어야 하며, 길이가 증가함에 따라 2구획, 3구획선 등으로 된다.

구획만재흘수선은 일반선박의 만재흘수선에 부가하여 C의 기호로 표시하며 증가에 따라 C_1, C_2등으로 표시하며 표시방법은 선박만재흘수선 규정에 정하는 방법에 준한다. 즉 원표의 전방의 수직선의 후면에서 후방으로 향하는 길이 230mm, 폭 25mm의 수평선의 상면을 가지고 표시하며 선저로 부터 C_1, C_2 등을 기입한다(그림 1－32).

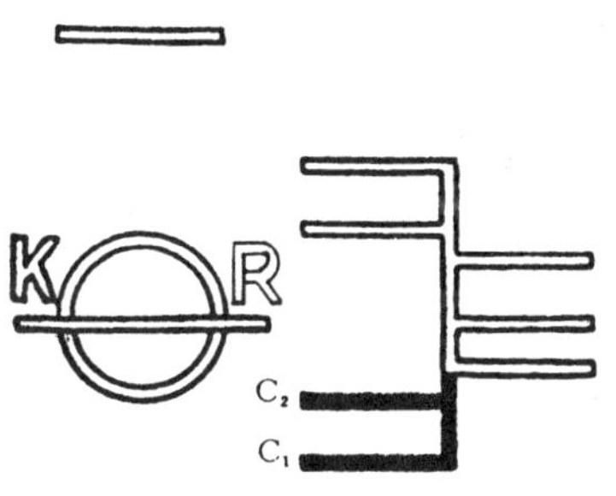

그림 1－32 구획만재 흘수선

1·4·4 선박의 톤수(噸數 ; Vessel tonnage)

1. 선박의 톤수(噸數)

선박의 톤수는 선박의 크기나 유용능력을 나타내기 위하여 사용되는 것으로서, 그 사용목적에 따라 여러 종류가 있는데 용적의 개념에 따른 용적톤수와 중량의 개념에 따른 중량톤수로 대별할 수 있다.

용적톤수로는 폐위된 장소의 합계용적을 기초로하여 선박 전체의 크기를 나타내는 「총톤수」와 여객 또는 화물의 운송에 제공되는 장소의 합계용적으로서 선박의 유용능력을 나타내는 「순톤수」가 있고, 중량톤수로는 여객 또는 화물을 만재한 상태에서 선박의 중량을 나타내는 「만재배수톤수」와 주로 화물의 적재가능 중량을 나타내는 「재화중량톤수」, 또 선박 자체의 중량을 나타내는 「경하배수톤수」등이 있다.

톤수의 종류와 톤수의 용도를 일목요연하게 하면(표 1 － 8)과 같다.

표 1 － 8

톤수의 용도	톤수의 종류
배의 중량을 나타내는 것	배수량 또는 배수톤수
배의 용적을 나타내는 것	총톤수, 순톤수
배가 적재하는 화물의 중량을 나타내는 것	재화중량톤수
배가 적재하는 화물의 용적을 나타내는 것	재화용적톤수

2. 선박 톤수의 측정

간단하게 말하면 일정의 기준에 따라 선박의 치수를 재어 그 용적 또는 중량을 산정하고 톤수의 수치를 결정하기 위하여 행하는 일련의 행위이다.

선박의 톤수는 안전규칙의 적용기준으로 되고, 각종과세, 수수료 등의 징수기준이 되는 등 해사에 관한 제도 전반에 넓게 사용되고 있기 때문에 법령의 공평한 적용 관계를 확보하기 위하여 국가의 책임으로 톤수를 측정하는 것이 세계적인 관행이며 우리 나라도 그 예외는 아니다.

또한, 총톤수와 순톤수의 산정은 주관청(선박의 기국 정부)이 행하는데 필요에 따라서는 주관청이 인정하는 자에게 위탁할 수도 있다(제 6 조).

3. 용적톤(容積噸 ; Volume or space tonnage)

용적을 톤으로 표시하는 것은 선박에 한하며 갑판하톤수(Under deck tonnage), 총톤수(Gross tonnage) 및 순톤수(Net tonnage)뿐이다.

(1) 갑판하톤수(甲板下噸數 ; Under deck tonnage)

상갑판 이하의 전용적을 계상한 톤수로, 위는 상갑판의 Deck beam의 하단으로부터 밑은 Bottom ceiling의 상면까지, 횡으로는 Side sparring의 내측에서 내측까지 측정한 내법(內法)치수를 배의 전 길이에 대하여

Simpson의 법칙으로 계산한 전용적을 말한다.

※ Simpson의 제1 法則 : 일반식 $x_0 \sim x_n$간

단위 : m (그림 1 －33－ 1)

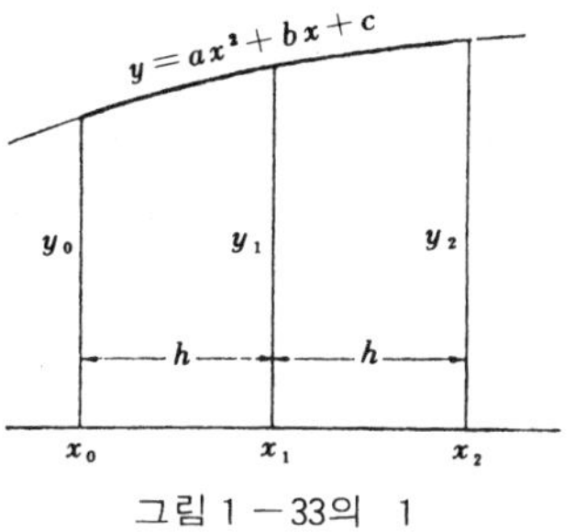

그림 1 －33의 1

$$A = \int_{x_0}^{x_n} f(x)\,dx = \frac{h}{3}(y_0 + 4y_1 + 2y_2 + 4y_3 + \cdots\cdots + 4y_{n-1} + y_n)$$

이 법칙을 효과적으로 사용하기 위해서는 다음과 같은 주의를 요한다.

① 기선의 등분수 n는 반드시 짝수개로 한다.

② 곡선이 연속되지 않은 개소가 있을 때는 그 점에서 도형을 둘로 나누어 각각 달리 면적을 구한다.

※ 배수용적 즉, 수선하의 선체의 체적은 Simpson의 법칙을 두번 사용해서 구한다.

제1법 : Simpson의 법칙으로 구해진 각 Square stanchion 횡단면의 면적을 선(船)의 길이 방향으로 Simpson의 법칙을 사용해서 적분(積分)한다. (그림 1 －33－ 2)

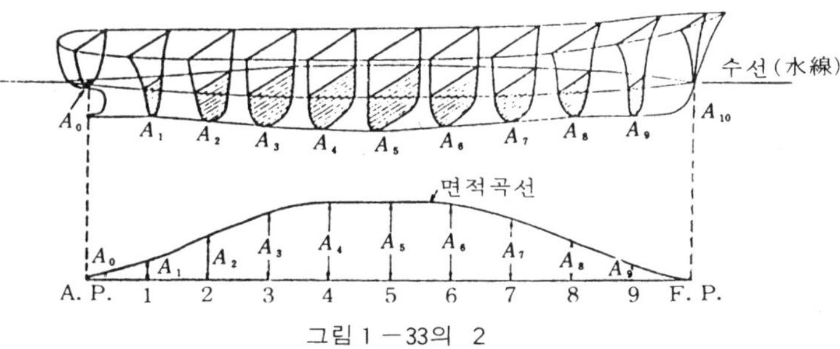

그림 1 －33의 2

위의 그림과 같이 수선간장(垂線間長)을 10등분한 Square stanchion 에 대한 각 횡단면(横断面)의 면적을 Simpson의 법칙으로 구한다.

A_0, A_1, $A_2 \cdots\cdots A_9$, A_{10}에서 만난것으로 하면 배수용적 V는 다음 식으로 구할 수 있다.

$$V = \frac{h}{3}(A_0 + 4A_1 + 2A_2 + \cdots\cdots + 4A_9 + A_{10})$$

결국 그림에서와 같이 A를 종선(縱線)으로 하는 면적곡선(面積曲線)의 면적이 체적(體積)으로 되는 것이다.

(2) 총톤수(總噸數 ; Gross tonnage, G.T.)

톤수 측정에 관하여 국제적으로 통일된 기준이 없어 국제간에 통일성을 기하기가 어려워 이를 개선하기 위해서 IMCO는 1969년 런던 국제회의에서 「1969년 선박의 톤수 측정에 관한 국제협약」이 채택되었고 우리 나라는 1980년 1월18일에 수락해서 1982년 7월18일 발효, 교통부「선박톤수의 측정에 관한 규칙」령으로 제정하여 1983년 3월7일에 공포했다(교통부령 제758호).

(a) 국제총톤수의 산정방법(부록 1 참조)

국제총톤수는 폐위장소의 합계용적(m^3)에서 제외구역의 합계용적을 뺀 값(V)에 다음 산식에 의하여 산정된 계수를 곱하여 얻은 값에 용적톤을 붙인 것으로 한다.

$$국제총톤수 = (0.2 + 0.02 \times \log_{10} V) \cdot V \quad \cdots\cdots ①$$

측정 길이가 24m미만인 선박의 선체용적은 다음 산식에 의하여 산정한다.

$$0.65 \times L \times B \times \left\{ D_m + \frac{2}{3}C + \frac{1}{3}(D_s - D_m) \right\}$$

단, D_m : 측정 길이의 중앙에서의 Keel의 하면(목선에 있어서는 Keel의 Rubbet 밑 가장자리)으로부터 선측에 있어서의 상갑판 하면까지의 수직거리

C : 측정 길이 중앙에서의 Camber의 높이

D_s : 측정 길이 중앙에서의 Keel의 하면(목선에 있어서는 Keel의 Rubbet 밑 가장자리)으로부터 측정 길이 전후양단을 연결한 선까지의 수직거리

※ 제외구역 : (부록 1)에서 본항의 (가)로부터 (마)까지의 구역을 말하며 이는 폐위구역의 용적에 포함되지 아니한다.

단, 다음 세가지 조건중 적어도 어느 하나를 충족하는 구역은 폐위구역으로 취급된다.

① 화물 또는 비품을 보관하기 위한 선반 또는 기타의 장치가 설치된 구역

② 개구에 어떠한 폐쇄장치가 설치된 구역

③ 구조상 개구가 폐쇄될 수 있는 구역

(b) 총톤수(總噸數)

① 국제총톤수에 다음 산식에 의하여 산정된 계수를 곱하여 얻은 값에 용적톤을 붙인 것으로 한다.

$$총톤수=\left(0.6+\frac{t}{10,000}\right)\times\left(1+\frac{30-t}{180}\right)$$

단, t : (a)의 ①식에 의하여 산정된 국제총톤수

$\left(0.6+\frac{t}{10,000}\right)$의 값이 1 이상일 때는 그 값을 1로 한다.

$\left(1+\frac{30-t}{180}\right)$의 값이 1 미만일 때는 그 값을 1로 한다.

② 2층 이상의 갑판이 있는 선박의 총톤수 산정방법

(a)의 ①식에 의하여 얻은 국제총톤수에 다음 산식에 의하여 산정된 계수를 곱하여 얻은 값에 용적톤을 붙인 것으로 한다.

$$\left(0.6+\frac{t}{10,000}\right)\times\left(1+\frac{30-t}{180}\right)\times\left(\frac{B}{A}-0.25\right) \quad \cdots\cdots\cdots\cdots ②$$

단, $\left(0.6+\frac{t}{10,000}\right)$의 값이 1 이상일 때는 그 값을 1로 한다.

$\left(1+\frac{30-t}{180}\right)$의 값이 1 미만일 때는 그 값을 1로 한다.

$\frac{B}{A}$의 값이 1 미만일 때는 그 값을 0.7로 한다.

또, 다음식을 충족해야 한다.

$$\frac{B}{A}\leqq 0.9$$

위의 ②식에서

t : ①식에서 산정된 국제총톤수

A : 수선간장의 중앙에서의 형 깊이에서(부록 2)의 수선간장의 구분에 따라 동표에서 정하는 수치를 뺀 값

B : 수선간장의 중앙에서 형 깊이의 하단으로부터 선측에서 제2층에 있는 갑판의 하면까지의 수직거리

(c) 순톤수(純噸數 ; Net tonnage, N.T.)의 산정

다음 ① 및 ②의 값을 합산한 값(여객정원이 13인 미만인 선박에서는 ①의 값)에 용적톤을 붙인 것으로 한다.

① 화물 적재장소의 합계용적에서 당해 화물적재 장소에 포함된 제외장소의 합계용적을 뺀 값에 다음 산식에 의하여 산정되는 계수를 곱하여 얻은 값(단, 그 값이 국제총톤수의 100분의 25가 되지 않는 경우는 당해 국제총톤수의 100분의 25).

$$\left(0.2+0.02\times\log_{10}V_c\right)\times\left(\frac{4\,d}{3\,D}\right)^2$$

단, $\left(\frac{4\,d}{3\,D}\right)^2$의 값이 1 이상일 때는 그 값을 1 로 한다.

V_c : 화물적재장소의 합계용적에서 당해 화물적재장소에 포함되어 있는 제외장소의 합계용적을 뺀 값.

D : 선박 길이의 중앙에서의 형 깊이

d : 선박 길이의 중앙에서의 형 깊이의 하단으로부터 기준흘수선까지의 수직거리(기준흘수선이 정하여지지 아니한 선박은 형 깊이의 75%)

② 여객정원수 및 국제총톤수를 기준으로 하여 다음 산식에 의하여 산정되는 값.

$$\left(1.25\times\frac{T+10,000}{10,000}\right)\times\left(N_1+\frac{N_2}{10}\right)$$

이때, T : 국제총톤수

N_1 : 정원 8 인 이하의 여객실에 대한 여객정원의 수

N_2 : 여객정원의 총수에서 N_1을 뺀 수

단, N_1과 N_2와의 합이 13인 이하일 때는 N_1과 N_2는 각각 0 으로 한다.

즉, 순톤수(NT)는 다음식으로 산정한다.

$$\left(0.2+\;.02\log_{10}V_c\right)\times V_c\times\left(\frac{4\,d}{3\,D}\right)^2+1.25\times\frac{T+10,000}{10,000}\times\left(N_1+\frac{N_2}{10}\right)$$

4. 중량톤(重量噸 ; Weight tonnage)

선박에서 사용되는 중량톤으로는 배수톤수(Displacement tonnage), 경

하배수량(Light load displacement) 및 재화중량톤(Dead Weight tonnage)이 있다. 단위는 kg ton(Metric ton), Long ton(English ton) 및 Short ton(American ton)이 있으며 우리 나라에서는 Meter법에 의한 kg ton을 사용하고 있다.

이것들을 비교해 보면 다음 표 1 − 9와 같다.

표 1 − 9

kg ton(KT, MT)	Long ton(LT)	Short ton
1,000kg	1016.65kg	907.18kg
2,204.62lbs	2,240lbs	2,000lbs

(1) 배수톤수(排水噸數 ; Displacement tonnage)

배의 중량은 선체의 배수용적에 상당하는 물의 중량과 같으며 따라서 이 물의 중량을 배수량(Displacement capacity)또는 배수톤수라 한다.

배수톤수는 화물의 적재 상태에 따라 변하므로 상선의 크기를 나타내는 데는 사용되지 않고 다만, 화물의 적재량을 산정할 때 이용될 뿐이다. 그러나 군함의 크기를 나타내는 기준배수톤수(Standard displacement)는 세계적으로 통일되어 있으며, 이는 군함이 조선되면 여기에 병기, 탄환, 승조원 및 식량 등 일체를 탑재하고, 이때 청수와 연료만을 적재하지 않은 상태하의 배수톤수를 말한다.

※ 배수톤수를 구하는 약산식(略算式)

배수량 $= L \times B \times D \times C \times 1.025$(kg ton) 단, 단위는 m일때

L : 배의 길이, B : 배의 폭, D : 평균 흘수, C : 방형계수(표1−6참조)

(2) 재화중량톤의 산정

재화중량톤수는 사람, 화물, 연료, 윤활유, Ballast water, Tank 안의 청수 및 Boiler water, 소모저장품과 여객 및 선원의 휴대품을 적재하지 아니한 때의 선박의 배수량과 비중 1.025의 수면에 있어서의 기준흘수선에 이를때까지 사람이나 화물을 적재하는 경우의 당해 선박의 배수량과의 차이에 중량톤을 붙여 산정한다.

(3) 만재배수량

비중 1.025인 수면에서의 기준흘수선에 이를때까지 사람 또는 화물을 적재 하였을 때의 선박의 만재배수량은 다음식으로 산정한다.

$$V_D \times \frac{1}{1,000} \times \rho$$

단, V_D : 만재 상태에서의 선박의 배수용적(m^3)

ρ : 물 또는 해수의 밀도(kg/m^3)

(4) 배수용적 산정방법

① 배수용적은 선체의 형배수용적, 부가물의 배수용적 및 금속제 외판이 있는 선박에 있어서는 외판의 배수용적을 각각 산정하여이를 합산한다.

② 선체의 형배수용적은 선체주부 및 선체부가부의 형배수용적을 각각 산정하여 이를 합산한다(부록 3 참고, 선박측정 규칙 제 1 조의 11 및 12).

5. 운하톤수(運河噸數 ; Canal tonnage)

주요 해운국 상호간에 선박의 소속국이 발행한 톤수증서에 기재된 톤수를 인정하는 협정을 맺고 있으나 Suez운하와 Panama운하에서는 독자적인 측정기준을 정해서 이것으로 측정한 톤수 특히 운하 통과료의 기준이 되는 순톤수에서 크게 차이가 생기도록 한 독자적인 톤수로 이 톤수를 각각 Suez운하톤수, Panama운하톤수라 한다.

(1) **Suez**운하 규정

Moorsom의 방식에 기초를 둔 Suez운하 규칙에서는 밸러스트, 탱크로만 사용되는 2중저(重底)탱크를 제외하고 최상층갑판(最上層甲板) 아래 용적 전체를 갑판 아래 톤수에 포함시킨다. 최상층갑판 위에 있는 모든 덮여진 공간과 둘러막힌 공간의 용적은 전부 총톤수에 포함된다. 미국 규칙에서 면제되는 개방된 선루(船樓)와 차량갑판선(遮浪甲板船)의 갑판간 공간들은 Suez운하 규칙에서는 면제되지 않는다. 2중저탱크 이외의 밸러스트 탱크들은 면제나 공제를 받을 수 없다. 여객선에서도 여객전용공간(旅客專用空間)을 면제 또는 공제하는 조항은 없다. 순톤수를 얻기 위하여 총톤수로부터 공제하도록 허용된 공간들은

① 선원들이 독점적으로 사용하는 공간들과

② 최상층갑판 위의 항해용 공간들과

③ 추진동력장치실 뿐이다.

선원전용공간과 항해용 공간에 대한 공제량의 합계 톤수는 총톤수의 10%를 넘지 못한다. 추진동력장치실에 대한 공제량은 채광(採光)과 통풍공간(通風空間)을 포함하는 실제용적(實際容積)의 175%이다. 운하사용료는 순톤수를 기준으로 하고 있다.

(2) Panama운하 규정

역시 Panama운하 규정은 Moorsom의 방식을 기초로 하고 있으나, 미국 및 그 밖의 나라의 톤수 규정 사이에는 몇 가지의 중대한 차이가 있다. 미국 규칙에서 허용하는 여객실에 대한 문제는 인정되지 않으므로, 이들 공간을 총톤수와 순톤수에 포함시켜야 한다. 또한 여객전용공실(旅客專用公室; public room)들도 공제될 수 없다. 차량갑판선에서의 갑판간 공간의 공제도 허용되지 않으며, 이 공간도 총톤수와 순톤수에 포함되어야 한다. 선루를 개방된 것으로 간주하여 제외되는 요건이 너무 엄격하고, 요구되는 구멍들이 너무 크기 때문에 미국 규칙 아래에서의 면제공간의 대부분이 Panama규칙 아래에서는 제외되지 못한다. 보통 이들 공간은 총톤수와 순톤수에 포함된다.

2중저탱크들은 횡늑골식(橫肋骨式)이건 종늑골식(縱肋骨式)이건 그 속에 화물이 적재되지만 않는다면 제외된다. 그 밖의 모든 밸러스트 탱크들은 순톤수의 계산에서 공제된다. 배 자체에 필요한 청수를 싣기 위해 마련된 피이크(Peak) 탱크는 공제되지 않는다. 추진동력장치실에 대한 허용공제량은 그 공간의 실제톤수의 175%이다. 이 추진동력실에 대한 최대공제량은 총톤수의 50%이다. Panama규칙에 따르면, 총톤수와 순톤수가 모두 미국 내에서의 톤수들 보다 약간 커지지만, 그 운하 사용료가 순톤수를 기준으로 하기 때문에 순톤수의 증가만이 중대한 뜻을 갖는다.

근래 Panama운하 측정규정의 개정내용을 요약하면 다음과 같다.

(a) 총톤수 산출

① 창구(艙口; Hatch way)의 전용적을 총톤수에 산입한다.

② 연료(FO)를 적재하는 2중저내(double bottom space)는 총톤수에 산입한다.

(b) 순톤수 산출

① 순톤수 계산시 갑판장창고(Boatswain space)의 전용적이 순톤수에서 공제된다.

② 순톤수 계산시 기관실내 공작실(Engineer shop)의 전용적이 순톤수에서 공제된다.

③ 운하통과시 갑판화물(Deck cargo)이 적재되어 있으면 이 장소를 순톤수에 산입한다.

6. 재화용적톤(載貨容積噸 ; Measurement tonnage)

Cargo hold의 용적을 40ft^3(1.133m^3)를 1 ton으로 나타낸 톤수로 근래에는 잘 사용되고 있지 않다. 이 기준은 중량화물과 경량화물의 중간인 석탄을 기준으로 했다. 즉, 이것은 화물의 적재 공간인 Hold의 실제용적을 나타내는 것으로 다음의 두 가지가 있다.

(1) 곡물용적(Grain capacity)

곡물 등과 같은 Bulk Cargo를 적재하면 Hold안의 돌출물 사이의 공간도 채워지므로 Hold내의 외판의 내면, Bottom ceiling의 상면 Deck plate의 하면으로 이루는 용적에서 Frame, Beam, Side sparring, Pillar 및 Deck girder 등의 용적으로 0.5%를 공제한 용적을 말한다.

(2) 포장용적(Bale capacity)

포장화물과 같이 단위 부피가 큰 화물을 적재할 수 있는 공간을 나타내는 것이기 때문에 Hold내의 Side sparring의 내면, Bottom ceiling의 상면, Deck beam의 하면으로 이루는 용적에서 Pillar, Bracket, Deck girder 등의 용적으로 공제율을 0.2%로 한 용적을 말한다.

일반화물선에서는 Grain capacity의 약 90~93% 정도가 된다.

※ 일반적으로 용적 40ft^{3}의 중량이 1 Long ton을 넘는 화물은 중량화물, 그 이하인 화물은 경량화물 또는 용적화물이라 한다.

※ 각종 톤수의 상호비율은 다르지만 일반화물선에서 대략적인 것을 비교해 보면 총톤수를 100으로 했을 때 순톤수는 60, 재화중량톤은 150, 배수량은 200, 재화용적톤은 170 정도로 본다.

또, 순톤수를 기준으로 하면

$$N.T. = \frac{2}{3}G.T. = \frac{4}{9}D.W. = \frac{8}{27}Disp.$$ 과 같이도 본다.

第2章
船體의 構成

2·1 선체의 강도

선체가 물위에 떠 있으면 전체적으로는 부력(浮力)과 중력(重力)이 균형을 이루고 있으나 선체의 형상과 화물의 적재 여하에 따라 부분적으로는 균형을 이루지 못한다. 하물며 화물이나 여객을 만재하고 풍랑과 싸우며 대양(大洋)을 항행하는데는 많은 어려움이 뒤따르게 된다.

바다란 대양도 호수와 같이 잔잔할 때도 있겠으나 황천(荒天)에 직면할 경우도 있겠다. 이때에 선체는 Pitching, Rolling, Heaving and dipping, Yawing, Hogging, Sagging 등의 외력과 Engine과 Propeller의 진동 등의 종합적인 악조건에 충분히 견디고 안전한 항해를 해야 할 것이다. 그러나 안전만을 생각하고 재료를 너무 크게 하면 자체중량이 너무 커져서 재화중량이 감소할 뿐아니라 조선비가 너무 비싸 손해가 뒤따르게 된다.

이런 점을 고려해서 과거의 경험과 학문적인 이론을 가해서 일정한 기준을 정하고 여기에 선박 고유의 조건, 즉 화물의 특성이나 적재방법, 속력, 항로의 상태 등을 고려하여 가장 적합한 강력을 결정하는 것이다.

2·1·1 선체에 가해지는 힘

선체에 가해지는 힘을 대별하면 다음과 같다.

(1) 종방향의 힘(Longitudinal strength)

선체를 상하로 꺾으려는 힘

(2) 횡방향의 힘(Transverse strength)

선체를 옆으로 밀어 부수려는 힘

(3) 국부강력(Local strength)

선체의 일부분만 변형시키려는 힘

이상에서 종방향(縱方向)의 힘과 횡방향(橫方向)의 힘은 선체구조 전체에 가해지는 힘으로서 선체의 형태를 변형시키는 힘이지만 국부강력(局部強力)은 선체의 일부분에만 영향력을 미치는 힘이다.

그러므로 위의 세가지의 영향력을 각각 살펴보기로 한다.

1. 종방향의 힘(Longitudinal strength)

선체의 종방향에 가하는 힘으로써, Hogging, Sagging과 Twisting 등이 있다.

(1) **Hogging**(그림 2－1)

파랑(波浪)이 있으면 부력 분포가 변하므로 중력과의 차는 변한다.이때 갑판과 선저에는 인장력과 압축력이 동시에 생기며 항해시에는 이런 현상이 계속된다. 이때, 가장 큰 힘이 미치는 경우는 선체의 길이가 파장과 같을 때 이며 선체의 길이의 중앙부가 파두(波頭)에 놓이는 경우를 Hogging상태라 한다.

이 현상이 심하면 갑판이나 선저에 균열이나 주름이 생기며, 이 상태가 반복되므로써 심하면 선체가 절단되기도 한다. 이런 상태는 선체의 전후부에 화물을 과적하고 중앙부 선창에는 적게 적재했을 때도 생긴다.

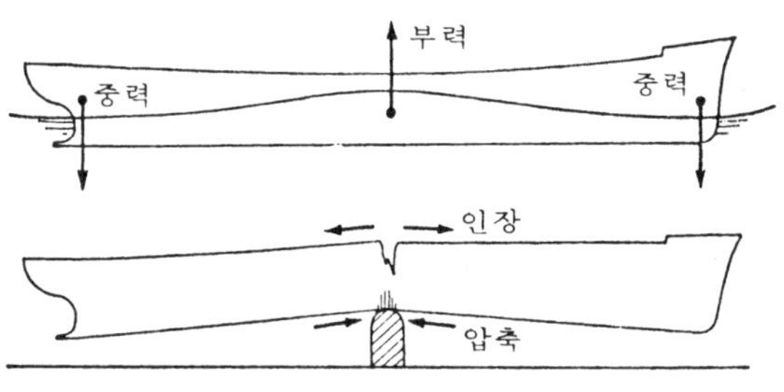

그림 2－1 **Hogging**상태

(2) **Sagging**(그림 2－2)

Hogging의 경우와 반대의 현상이다. 파곡(波谷)이 선체 길이의 중앙부에 오면 선체의 전부와 후부에는 부력이 크고 중앙부에서는 중력이 크게 작용하기 때문에 선체는 그림과 같은 현상, 즉 갑판과 선저에 인장력과 응력이 교호로 작용하게 되며 심하면 (1)의 경우와 같은 결과가 된다.

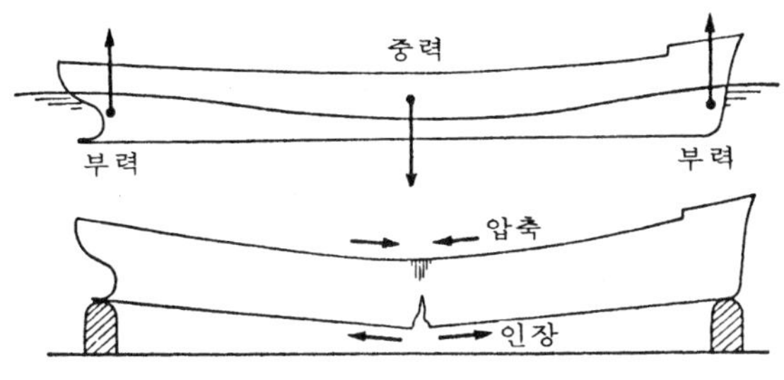

그림 2 − 2 **Sagging**상태

Sagging 상태는 선체의 중앙부 선창에 중량화물을 과적하고 선수나 선미부에는 적게 적재했을 때도 일어난다.

(**3**) 피로 파괴(Fatigue rupture)현상

선체가 항해중에 황천을 만나게 되면 위의 (1) (2)의 상태가 계속되므로서 종강력재(縱強力材)에 인장과 압축을 교호로 주기적으로 계속 가하므로써 극한 강도보다 낮은 응력에서 선체가 절단된다.

상기와 같은 상태에 의한 선체의 손상을 방지하기 위하여 선체의 종강력재의 강도를 충분히 크게 하고 이들 부재를 구성하는 강판과 강판, 또는 형강과 형강 등의 접속을 견고하게 하지 않으면 안된다.

(**4**) **Twisting**(그림 2 − 3)

빗긴방향에서 파랑을 받으면 선체의 위치에 따라 양현(兩舷)의 수면의 높이가 달라지므로써 선체의 전부와 후부에서 수면의 높이가 달리 반대로 되는 경우 선체는 비트는 힘을 받는다.

이와같은 외부의 힘을 받으면 엷은 갑판은 그림과 같이 빗긴방향의 주름이 잡힌다.

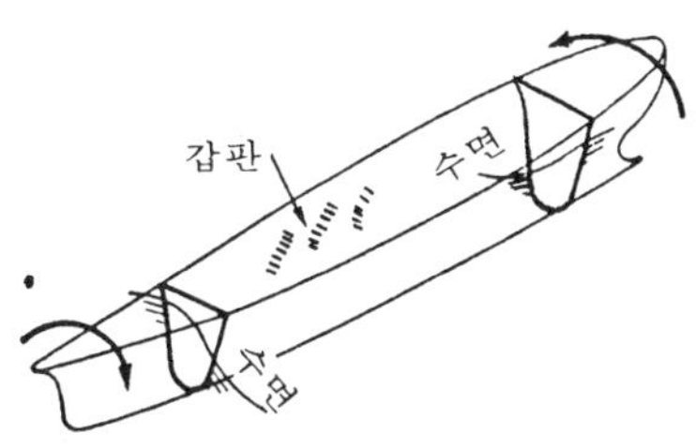

그림 2 − 3 **Twisting**상태

2. 횡방향의 힘(Transverse strength)

선체의 횡방향에 가하는 힘으로써 선체에 Racking을 생기게 하거나 선측이나 선저의 외판(外板)에 변형을 일으키게 한다.

(1) **Racking**(그림 2 - 4)

선체가 횡방향에서 파랑을 받거나, Rolling을 하거나 할 때 좌우선측(左右船側)의 흘수차(吃水差)가 생기므로 어느 한편에서 큰 압력을 받으므로써 마치 상자를 눌러 쪼그리는 것과 같은 힘을 받아 선체의 변형이 일어나는데, 이와같은 상태를 Racking이라 한다.

이런 현상을 방지하기 위해서는 횡강력재(橫強力材)의 강도를 충분히 크게 하고 Bracket로 견고히 결합해야 한다. Bulkhead는 Racking의 방지에 큰 도움을 준다.

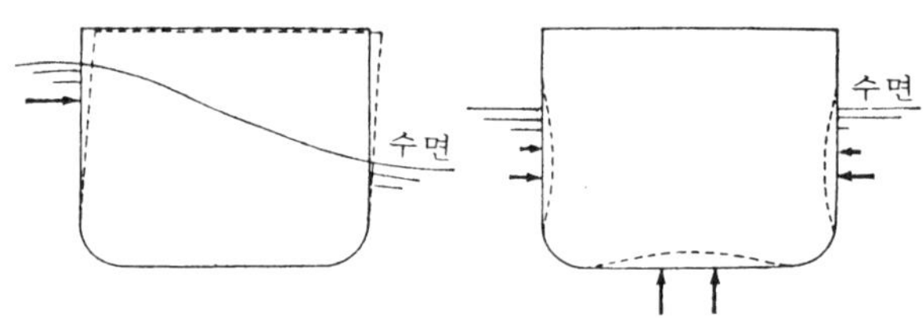

그림 2 - 4 **Racking**외판의 변형

(2) 외판(外板)의 변형(그림 2 - 4)

선측(船側)이나 선저(船底)의 외판이 큰 수압(水壓)을 받게되면, 이때 선체가 약할 경우 외판이나 선저외판이 내측으로 들어가는 경우가 생긴다. 이런 현상은 선박이 Docking시 Keel block에 선체를 올려 놓았을 때도 선저가 내측으로 휘어져 들어가는 경우도 있다.

3. 국부강력(Local strength)

이는 선체의 일부분에만 가해지는 힘으로써 Panting, Slamming, 무거운 Engine 등의 중량물(重量物)을 일부의 장소에 설치했을 때, Main engine이나 Propeller 등의 진동에 의한 것등을 생각할 수 있다.

(1) Panting

선박이 대양(大洋)을 항행중 황천(荒天)에 조우하게 되면 심한 Rolling이나 Pitching으로 선수부(船首部)와 선미부(船尾部)는 파랑(波浪)의 심한 충격을 받게되는데 이런 현상을 Panting이라 한다.

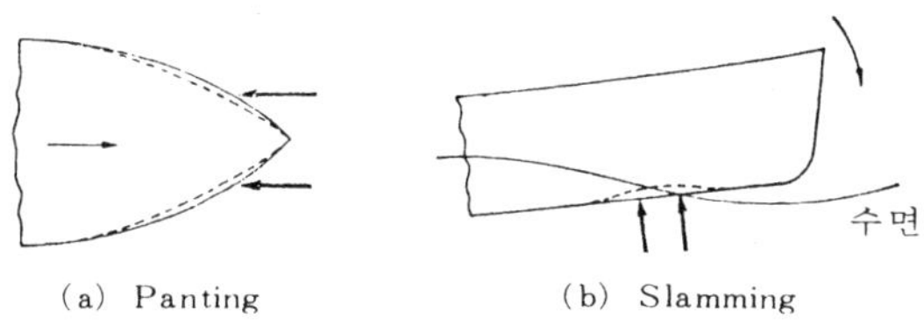

(a) Panting (b) Slamming

그림 2－5

(2) Slamming

선박(船舶)이 항행(航行)중 때로는 황천을 맞게되는데, 이때 파랑이 선체에 부딪쳐서 충격을 가할 뿐만아니라 Pitching시 선체의 선수부가 하방으로 Dipping시 수면을 강하게 치게 되는 경우가 있다.

그리하여 선수선저부(선수에서 $\frac{1}{6}$L～$\frac{1}{4}$L 정도 후방)에서 심한 충격을 받게 되어 이 부분의 선체에 심한 손상을 입힐때가 있다. 이 때의 파랑의 충격을 Slamming(pounding)이라 한다.

이런 현상은 특히 Aft engine vessel의 공선 항해시 심하다. 이러한 Slamming에 의한 손상을 방지하기 위해서 선수미(船首尾)에는 Panting구조로 하고 이 부분의 외판도 보강한다.

2·1·2 종강도(縱強度 ; Longitudinal strength)

선체에 가해지는 외부의 힘에 의해서 선체가 부러지거나 구부러지기도 하는데, 이에 대응해서 안전항해를 위해서는 선체는 충분한 강도를 갖지 않으면 안된다.

선(船)의 종방향(縱方向)의 힘에 대항하는 강도를 Longitudinal strength라 하며 선체의 강도중에서 가장 중요한 것이다.

종강도(縱強度)를 결정하기 위해서는 선체에 가해지는 종방향의 힘이 주어지지 않으면 안된다. 이것은 주로 화물을 포함한 선체의 중량, 즉 부력의 종방향의 분포상태에 따라 결정되지만 계산할 때는 각 선의 일정한 하중(荷重)조건 말하자면 기준상태에 따라서 행하며, 여기에 다시 그 선박고유의 조건, '`를 들면 화물의 종류와 그의 적재방법, 속력, 항로(航路)의 해상상태(海象狀態) 등을 가감해서 가장 적합한 강도를 결정하는 것이다.

1. 표준파(標準波 ; Standard wave)

강도 계산에 쓰이는 파랑의 크기의 표준으로는 다음과 같은 경우를 말한다.

(1) 파(波)의 형은 Trochoid이다.

(2) 파장(波長)은 선체의 길이와 같다.

(3) 파고(波高)는 파장의 $\frac{1}{20}$이다.

이상과 같은 파랑에 견딜수 있으면 대개의 경우는 안전하나 때로는 이보다 더 큰 파랑이 있다는 것을 잊어서는 않된다.

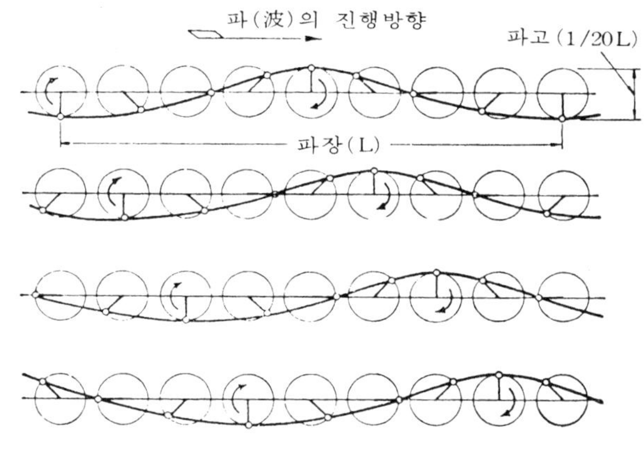

그림 2-6 Trochoid파(높이를 2배로 확대했다)

※ Trochoid : 수학식으로 나타낼 수 있는 곡선의 형으로 직선상을 굴러가는 원의 반경상의 한점이 그리는 궤적을 말한다. 이런 파형(波形)을 작도하려면 그림 2-6에서와 같이 파장을 8등분해서 각 위치에서 파장의 $\frac{1}{40}$의 반경을 차례로 45°씩 회전시켜서 그린 다음 그 선단을 연결하면 된다.

2. 기준상태(基準狀態 ; Standard condition)

기준상태는 다음과 같이 기준 Hogging상태와 기준 Sagging상태로 나누어 생각한다.

(1) 기준 **Hogging**상태(Standard hogging condition)

① 표준파의 파두(波頭)가 ⊠에 있고 파곡(波谷)은 전후단(前後端)에 있다.

② 화물은 Hold에 만재(滿載)하고 있다.

③ 소비중량은 전후부(前後部) $\frac{1}{4}$L간에 만재하고 중앙부에는 적재하지 않는다.

(2) 기준 **Sagging**상태(Standard sagging condition)

① 표준파의 파곡이 ⊠에 있고 파두가 전후단에 있다.

② 화물은 Hold에 만재하고 있다.

③ 소비중량은 중앙부 $\frac{1}{2}$L간에 만재하고 전후부에는 적재하지 않는다.

이상에서 소비중량이란 연료, 음료수, Boiler water, 식료, 저장품, 해수 Ballast 등의 화물 이외의 재화중량(載貨重量)을 말하며, Hogging이나 Sagging을 심하게 하는 적재법을 기준으로 한 것이다. 이때 화물은 Hold에 만재하면 꼭 만재흘수가 되는 밀도가 균일한 화물을 말한다.

선체의 종강도는 이와같은 기준상태에 대해서 계산되어 있으므로 이 기준을 넘는 힘이 가해지면 선체에 균열이 생기거나 부러지는 등의 위험이 뒤따른다는 것을 명심해야 한다.

3. 종강력(縱強力)의 계산

선체의 강도 계산은 조선전문가(造船專門家)들이 하는 업무이겠으나 계산의 순서를 통해서 선체의 강도의 실태를 이해할 수 있는 가장 좋은 방법이라 생각되므로 여기에서 그의 개략(概略)을 설명하고자 한다.

(1) 중량곡선(重量曲線 ; Weight curve) (그림 2－7의 (a))

맨먼저 중량곡선을 그린다. 중량곡선이란 선체의 전중량(全重量)의 종방향(縱方向)의 분포상태를 나타내는 곡선이며, 이 곡선을 그릴 때는 선체, 의장(艤裝), 기관, 화물, 연료, 저장품, 음료수, Ballast, 여객과 승조원의 소지품 등의 모든 중량으로 Frame space 등의 적당한 길이 마다 계산하여 곡선으로 그린 것이다.

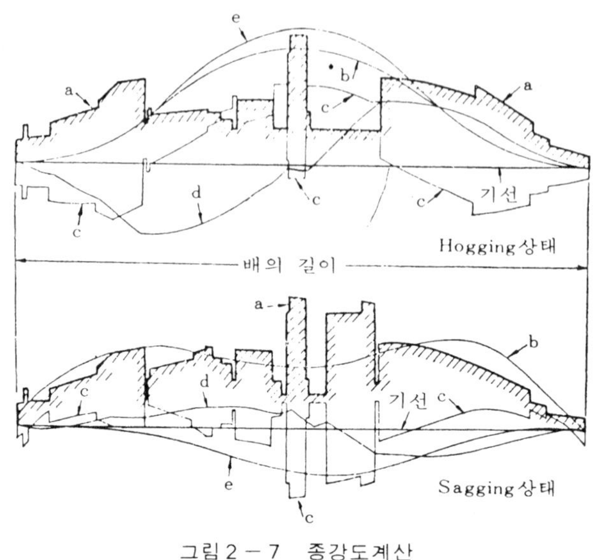

그림 2 — 7 종강도계산

※ 선체와 의장의 중량 $W_h(t)$의 개략치는 다음 식으로 구한다.

$$W_h = C_h \times LBD$$

단, L : 선의 길이(m) B : 선폭(m)

D : 깊이(m)

C : 계수(係數)로써, 화물선은 0.12～0.17 정도이다.

(2) 부력곡선(浮力曲線 ; Buoyany curve) (그림 2 — 7 의 (b))

선체의 부력의 종방향의 분포상태를 나타내는 곡선으로서 표준파의 형이 결정되면 각각의 위치에 있어서의 흘수(吃水)에서 부력을 산출해서 얻어진다.

선박 전체로서는 중력과 부력이 같기 때문에 중량곡선으로 둘러 싸이는 면적과 부력곡선으로 둘러 싸이는 면적은 같다.

(3) 하중곡선(荷重曲線 ; Load curve) (그림 2 — 7 의 (c))

선체의 종방향의 임의(任意)의 위치에 있어서 중력과 부력의 차를 나타내는 곡선으로써, 기선(基線)보다 상측(上側)의 면적과 하측(下側)의 면적이 같다.

이와 같은 상방(上方)과 하방(下方)으로 작용하는 힘이 선체와 같은 긴 Hull girder에 가해지므로써 선체에는 굽힘, 전단(剪斷) 및 비틀림 등의 응력이 생긴다.

(4) 전단력곡선(剪斷力曲線 ; Shearing force curve) (그림 2 − 7 의 (d))

하중(荷重)에 의하여 선체에는 전단력이 작용하는데, 이의 크기를 나타내는 곡선이다. 임의의 위치에 있어서의 전단력의 크기는 그 점에서 좌측의 하중곡선으로 둘러 싸이는 면적과 같으므로 적분기(積分器 ; Integrator)나 면적계(面積計 ; Planimeter)를 사용해서 곡선을 구할 수가 있다. 전단력곡선은 선박의 전후단(前後端) 및 ⊗부근에서 0 이 되며, 양단(兩端)에서 $\frac{1}{4}$L의 곳에서 최대로 된다.

최대 전단력(F_{max})의 개략치를 구하는데는 다음의 약산식이 있다.

$$F_{max}=\frac{W}{C}$$

단, W : 만재배수량(t)

C : 상수로써, 그 값은 7 ∼10 정도이다.

(5) 굽힘 Moment곡선(Bending moment curve) (그림 2 − 7 의 (e))

선체에 작용하는 굽힘Moment가 선체의 종방향의 임의의 위치에 있어서의 크기를 나타내는 곡선을 굽힘Moment라 한다. 이 굽힘Moment의 크기는 그 점에서 좌측의 전단력곡선이 둘러싸는 면적과 같다. 굽힘Moment곡선은 선체의 전후단에서 0 이 되고, ⊗부근에서 최대가 된다.

최대 굽힘Moment의 개략치를 구하는데는 다음의 약산식이 있다.

$$M_{max}=\frac{W\,L}{C}$$

단, W : 만재배수량(t)　　L : 선체의 길이(m)

C : 상수로써, 선형(船型)이나 적재상태에 따라 다르나 대략 30 정도로 본다.

4. 선체에 미치는 응력(應力)

(1) 굽힘응력(Bending stress)

선체를 속이 빈 종 Girder로 생각해도 실제문제로서는 별큰 차이가 없으므로 선체중에서 임의로 택한 어떤 점을 생각하면 이 점에는 중립축(中立

軸)에서 멀수록 큰 굽힘응력이 작용한다. 굽힘응력 σ는 Bending formula로 계산한다.

Bending moment가 최대인 선체 중앙부의 상갑판과 선저외판(船底外板)에 생기는 굽힘응력은 종강력(縱強力)의 기준이 되며, 그 값이 사용하는 강재의 허용응력 이내가 되도록 치수를 결정해야만 된다.

만약, 인장과 압축응력이 허용응력을 넘으면 인장에는 틈이 벌어지거나 절단이 되며 압축에는 Buckling이 생긴다.

굽힘응력 σ는 선체의 크기나 형에 따라 다르나 보통 Hogging 상태에서는 인장측에서 10～14kg/mm²이고 압축측에서는 이보다 약간 작다. 또, S-agging 상태에서는 Hogging 상태에서 보다 작다.

(2) 전단응력(Shearing stress)

최대 전단응력(剪斷應力)은 선수 및 선미에서 각각 선체의 길이의 약 $\frac{1}{4}$의 곳에서 특히 중립축 부근에서 일어나므로 이 부분의 선측외판의 Seam의 접속은 각별히 주의해서 견고히 해야 한다. 이 점에 생기는 최대 전단응력의 개략치는 다음식으로 구할 수 있다.

$$\tau_{max} = \frac{CF_{max}}{2Dt}$$

단, τ_{max} : 최대전단응력(kg/mm²)

F_{max} : 최대전단력(ton)

D : 배의 깊이(m)

t : 선측외판의 두께(mm)

C : 상수(1.22～1.6)

강재의 전단허용응력은 인장허용응력의 0.8 정도이므로 8～12kg/mm² 이하이면 된다.

(3) 비틀림응력(Twisting stress)

선체가 옆으로 경사하게 되면 Bending moment와 함께 Twisting moment가 가해진다. 이때, Bending moment는 직립시(直立時)에 비하여 약간 큰 경우도 있으나 별 차이가 없다. Twisting moment는 Hatch와 같은 큰 개구(開口)가 있는 곳이나 갑판이 얇은 곳에서 큰 응력이 생기며 강판을 Buckling시키기도 한다.

그림 2 − 4와 같이 똑바로 정지하고 있는 선박이 옆방향에서 파랑(波浪)을 받으면 부근에 최대의 Twisting moment가 작용하며, 그 개략치는 다음의 식으로 구할 수 있다.

$$Q_s = \frac{W B}{C_s}$$

단, Q_s : 최대 Twisting moment(ton•m)

W : 배수량(ton)

B : 선폭(m)

C_s : 상수로써, 보통의 화물선은 약 140 정도이다.

2·1·3 횡강도(橫強度 ; Transverse strength)

선체(船體)는 횡방향(橫方向)에서 작용하는 외력(外力)을 받으면 Racking이나 이외의 선체에 변형을 일으키게 할 위험성이 있으므로, 이때 대응할 수 있는 충분한 횡강도를 유지하지 않으면 안된다.

1. 횡강도의 계산

선체의 횡강도의 계산은 수준 높은 구조역학을 기초로 한 대단히 복잡한 계산이 요구되는 것이어서 종강도(縱強度)의 계산과 같은 기준이 만들어져 있지 않다. 그러나 다행하게도 보통의 선박, 특히 대형화물선에 있어서는 횡강도는 충분한 여유가 있으므로 계산을 생략하는 경우가 많다.

그러나 최근의 종식구조(縱式構造)의 거대형선(巨大型船), 특히 대형 Tanker에 있어서는 대형의 횡 Girder에 변형이 생기며 종통재(縱通材)의 관통부의 Slot주변에 집중응력이 생겨서 Crack가 생기기도 한다. 이와 같이 초거대형의 선체에 관해서는 경험에 기초를 두고 만들어진 규정을 이용해서 결정하는 방법은 적당하지 않다.

따라서 근년에는 대형 Tanker의 횡강도에 대해서는 구조역학에 의한 고등수학으로 횡강도재 자체의 평면강도 계산과 종강도재와의 상호작용을 생각해서 결정해야 하므로 복잡한 입체강도(立體強度) 계산 등은 Computer를 사용하고 있다.

(1) 종강재의 영향

선체의 강도를 논(論)하는데 있어서 종강도와 횡강도를 나누어 생각하는 것은 계산을 간단히 하기 위한 수단으로서 선체를 하나의 복잡한 종 Girder로 생각해서 입체적으로 취급하는 것이 올바른 방법인 것이다.

그러나 실제에 있어서는 종강도와 횡강도를 명확하게 구분하는 자체가 무리인 것으로 전술(前述)한 종강도의 계산의 이면에는 횡강도가 충분히 있어 종강도를 감당하는 외판이나 갑판이 항상 정위치에서 일한다는 전제 조건이 되어 있고, 또 횡강도의 계산에는 횡강도를 감당하는 Frame이나 갑판 Beam의 외측에는 외판과 갑판이 있어 횡강도에 큰 역할을 하고 있는 것이다.

(a) 유효폭(그림 2－8)

Frame이나 Deck beam과 함께 횡강도를 감당하는 외판이나 갑판은 외판과 갑판의 전부가 아니고 그림에서 보는 바와 같이 Frame이나 Deck beam에 인접한 30t의 유효폭(有効幅)만을 생각해서 계산하게 되는 것이다.

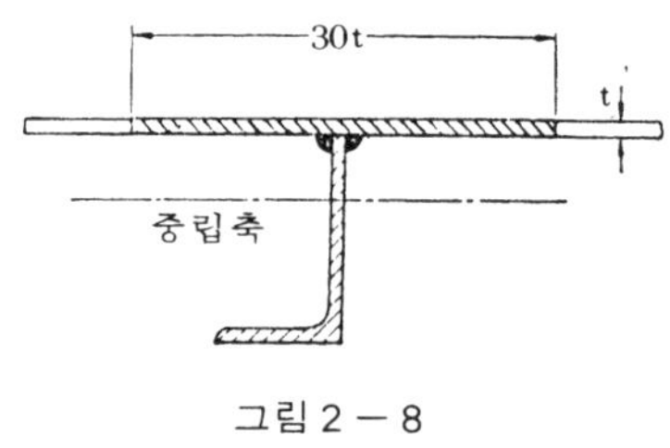

그림 2－8

(b) 갑판하(甲板下) Girder와 Pillar(그림 2－9)

Deck beam의 강도에 보탬이 되는 부재(部材)로써 갑판하 Girder와 Pi-

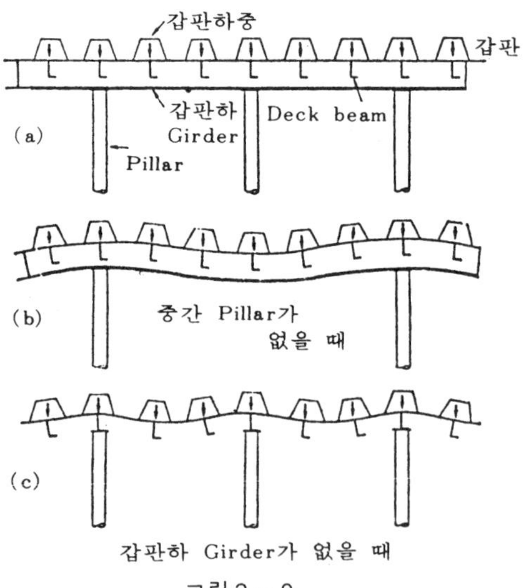

그림 2－9

llar가 있다. 갑판 Beam의 Span의 중간에 한 두개의 갑판하 Girder를 종통시켜서 갑판 beam을 바치고 다시 그 밑에 Pillar를 세워서 갑판하 Girder를 바쳐준다. 그림에서 (a)는 횡강재로서의 갑판과 Pillar와 종강재로서의 갑판하 Girder가 상호협력해서 갑판하중을 지탱하고 있는 정상상태를 나타내고 있으며, 그림(b)는 일부의 Pillar를 빼어낸 상태이고 그림(c)는 갑판하 Girder를 떼어낸 상태로써 갑판하중을 감당하지 못하는 것을 나타낸 것이다.

(c) Pillar의 위치(그림 2 — 10)

Pillar는 선측의 Frame과 협력해서 갑판하중을 감당하고 있으므로 선저까지 달하지 않으면 안된다. 만약 중간에 갑판이 있어 Pillar가 상하로 나누어 질 경우에는 가능한 한 상하의 것이 일직선상에 위치하도록 할 필요가 있다. 또, 하단(下端)은 선저의 강고(強固)한 골조위에 고착시켜야 한다.

그림(a)는 Pillar의 위치가 옳바른 상태로서 갑판하중을 잘 감당하고 있는 상태이고, 그림(b)는 Pillar의 배치가 나빠서 Deck beam이나 Frame 만이 아니라 갑판이나 외판 등의 종강재에까지 악영향을 미치게 된 상태를 나타낸 것이다.

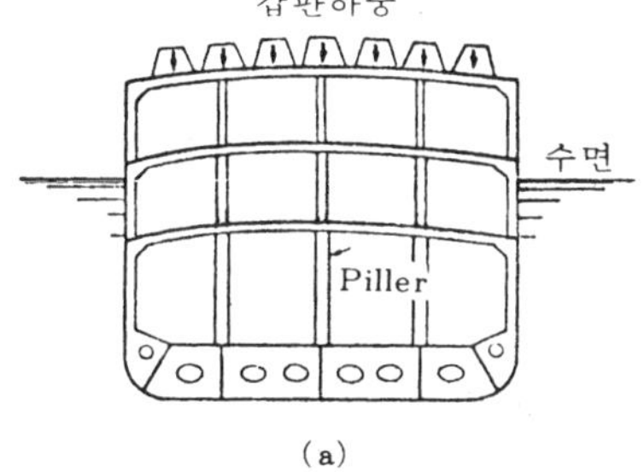

(a)

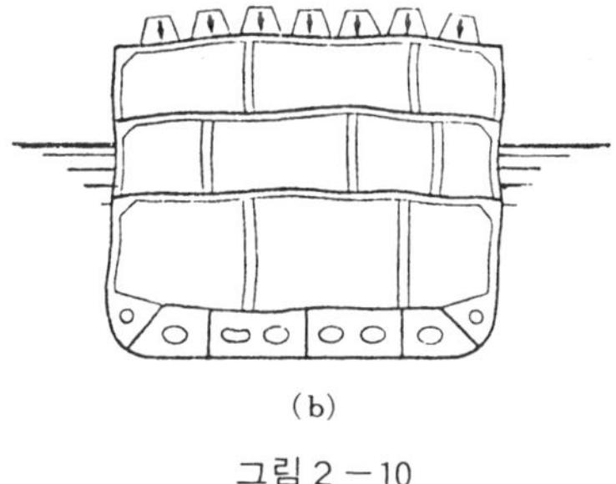
(b)

그림 2 — 10

2. 횡강도의 약산법(略算法)

복잡한 횡강력 계산 대신에 다음과 같이 갑판, 선측, 선저를 별개의 Beam으로 생각해서 계산하는 약산법이 있다. 이것은 갑판상에 중량화물을 적재할 때, 갑판의 강도, 접안시(接岸時)의 선측(船側)의 강도, 좌초 했을 때의 선저의 강도 등을 검토할 때 참고로 한다.

(1) 갑판

갑판에는 갑판의 자중(自重), 갑판기계, 갑판화물, 넘쳐올라온 해수 등의 하중이 걸린다.

(a) 갑판의 자중과 갑판기계 중량 : 갑판 구성 부재의 중량을 1 Frame space에 대한 계산을 해서 갑판기계의 중량을 가한다.

(b) 갑판화물의 중량 : 상갑판에서는 높이 1.53m까지, 중갑판에서는 갑판간의 높이까지 꽉차게 밀도가 ρ_c인 화물을 적재한 것으로 계산한다. ρ_c의 값은 화물의 종류에 따라 다르지만 적하의 기준으로는 0.7t/m³ 정도로 해도 좋으므로 갑판 면적 1 m²당의 화물중량은,

상갑판 1.53×0.7=1.07t

중갑판 H×0.7t으로 한다. 단, H는 갑판간 높이(m)이다.

(c) 해수의 중량 : Bulwark의 높이까지 넘쳤다고 보고 계산한다.

갑판의 횡강도는 갑판을 Deck beam에 갑판의 유효폭을 가한 양단고정(兩端固定) Beam이라 가정해서 1 Frame space 사이에서의 하중을 받았다고 간주하고 계산한다.

(2) 선측(船側) (그림 2-11)

선측에 가해지는 하중은 수압이다. 수압은 수면에서의 깊이에 비례하여 증가하므로 깊이 hm의 곳에는 1.025×h(t/m²)의 하중이 걸린다.

선측의 횡강도에는 Frame에 외판의 유효폭을 가한 양단고정 Beam으로 가정하고 1 Frame space간의 수압에 의한 삼각형의 경사하중을 받는 것으로 해서 계산하면 된다. 그러나 삼각형의 경사하중의 계산은 복잡하므

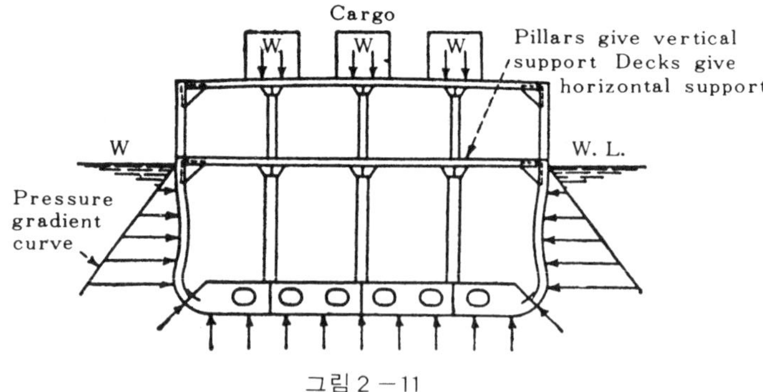

그림 2-11

로 그것의 평균치의 하중이 균등히 분포하는 것으로 해서 계산할 때도 있으며, 어느 것이나 결과적으로는 큰 차이가 없다.

또, 화물의 종류에 따라서는 선측으로 Hold의 내부에서 외측으로 측압(側壓)을 가하는 경우도 있으나 이것은 수압을 감하는 방향으로 작용하기 때문에 무시해도 좋다.

(3) 선저(船底) (그림2－11)

선저에는 위에서는 Hold내의 화물 밑에서는 수압이 걸린다. 화물의 무게는 Hold내에는 밀도가 같은 균질화물을 만재한 것으로 간주하여 계산하여 여기에 선저 구성재(構成材)의 자중(自重)을 가한 것과 밑에서의 수압의 차가 선저에 가해지는 하중이 된다.

선저의 횡강도는 Floor에 선저외판이나 내저판의 유효폭을 가한 Beam이 Double bottom의 Margin plate에 의해서 지지(支持)되어 있는 것으로 가정하고 1 Frame space간의 하중을 받은 것으로 해서 계산하면 된다. 특별한 경우로서 Docking시의 선저에는 상방향(上方向)의 힘이 수압 대신으로 Keel Block의 반력(反力)이 선체의 중심선에 집중하중(集中荷重)으로 걸린다.

2·1·4 국부강도(局部強度 ; Local strength)

지금까지는 선전체(船全體)를 하나의 구조물로 생각하고 그의 종강력 및 횡강력을 논하였으나 이외의 선체의 일부분에만 작용하는 국부의 힘이 있으니 이것에 대해서도 충분한 강력을 갖게하지 않으면 안된다. 즉, 선체는 수압과 하중을 받는 외에 파랑(波浪)의 충격, Main engine, 중량화물 Pillar 및 Bulkhead 등의 집중하중과 Main engine이나 Propeller의 진동과 선루단(船樓端)과 여러 개구 등 구조상의 불연속 때문에 집중응력을 받게 된다. 그러므로 선체는 국부적으로 충분한 강력을 가져야 하는데 이를 국부강도라 한다.

이는 선체의 각 부분에 걸친 문제이므로 이를 전부 논하기는 곤란하며, 또 대부분은 재료역학의 응용에 의해서 해결할 수 있으므로 여기에서는 다음 몇가지만을 생각해 보겠다.

1. 선수선저부(船首船底部) (그림 2 －12)

선박이 파랑중(波浪中)을 항해할 때는 선수선저의 편평한 부분에는 격심한 파(波)의 충격(Slaming)을 받으므로써, 그 결과 첫 항해에서 신조선의 선저외판이 마치 빨래판 모양이 되어 버린 경우도 있다. 이런 현상은 요약하면 다음과 같다.

(1) Floor를 외판에 붙일때 Welding을 하면 산형강을 쓸 수 없기 때문에 외판의 Span이 길어져서 수압에 의한 휘임도가 커진다.

(2) 최근에는 선속(船速)이 빨라졌기 때문에 이에 따라 마력도 커지고 이로 인해서 황천시에도 감속이 어려워서 파랑과의 충격이 커졌다.

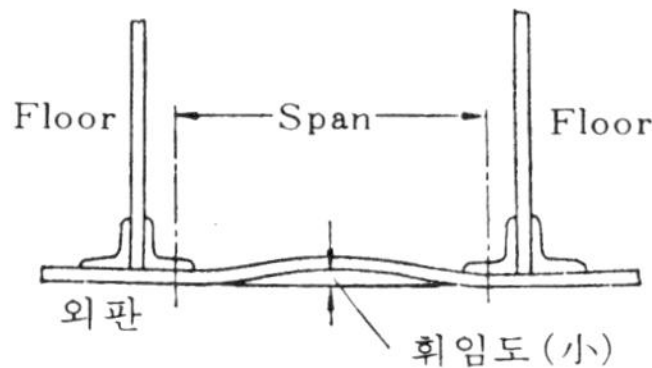

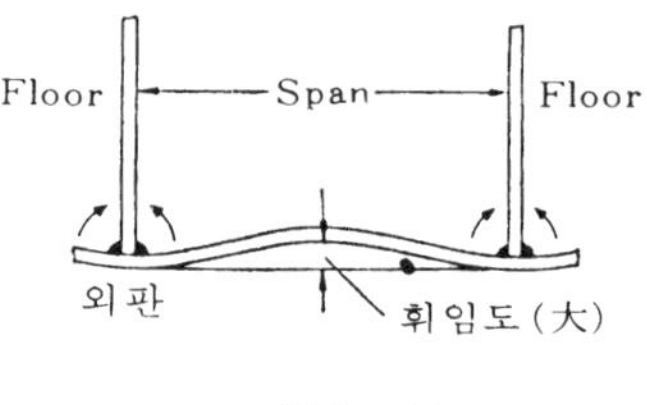

그림 2 －12

이에 대한 대책으로는 선수부를 Panting구조로 하고 있으나 이런 구조로도 견딜 수 없는 충격에 대해서는 저속항해를 하거나 침로를 바꾸는 등의 조치가 필요하다.

2. 제개구(諸開口)

선체의 종강도를 유지하는 상갑판이나 외판에는 여러가지 사용목적에 의한 개구가 있다. 상갑판의 Hatch, 기관실구(機關室口), 천창(天窓) 등의 Deck opening과 현문(舷門), 재화문(載貨門) 등의 Side opening이 있다.

이들 개구의 주위, 특히 네모퉁이에는 큰 응력이 집중되므로 Hogging, Sagging시에는 선체에 큰 Bending moment가 걸려서 이로 인해 외판에 균열이 생길때도 있다.

이에 대한 대책을 요약하면 다음과 같다.

(1) 네모퉁이는 모가 없이 둥글게 한다.

(2) Doubling을 하거나 처음부터 2배의 두께인 강판을 사용한다.

(3) Coaming을 붙여 변형을 막고 개구 때문에 단절된 Half beam이나

Frame의 끝을 잘 접속시켜 강력의 저하가 생기지 않도록 한다.

3. 갑판(Deck)

갑판은 Beam과 갑판의 유효폭이 일체가 되어 갑판하중을 지탱하고 있지만 Winch, Windlass 등의 갑판기계와 Mast, Derrick post, Boat davit 등의 구조물이 놓이는 위치에는 특히 그 개소에만 특별한 하중이 걸리기 때문에 다음과 같은 대책이 필요하다.

(1) 가능한 한 집중하중의 직하나 부근의 하부에 횡격벽(横隔壁), 종격벽(縱隔壁), Deck girder, Web beam, Pillar 등이 있으면 좋으나 필요하면 부분적으로 Bracket나 짧은 종 Beam을 증설하여 하중을 분담시킨다.

(2) 집중하중이 걸리는 갑판의 넓은 범위에는 Doubling을 한다.

(3) 갑판의 휘임도가 커질 염려가 되면 하부에 Pillar를 설치한다.

(4) Mast나 Derrick post의 하단(下端) 접속부에는 큰 Moment가 작용하므로 갑판과의 접속부의 일단(一端)을 지점으로 하여 타단(他端)을 굽힘으로 사방에 큰 Bracket를 견고히 붙인다.

4. 선루단(船樓端)

상갑판상(上甲板上)의 선루의 끝에서는 배의 깊이가 갑자기 변하므로 강도의 불연속이 생겨 응력이 집중된다. 따라서 이곳에서 선체가 파단될 우려가 생긴다.

Hogging에 의한 선루내의 인장응력의 크기는 선루의 깊이에 관계가 있으며 그것이 선루 높이의 7～8배 이상이 될 때는 다른 종강력 부재와 같이 완전히 종강력을 가지므로 중립축으로부터의 높이에 비례하는 큰 인장응력이 생기지만 선루의 깊이가 짧을 때는 종강력을 갖지 못하므로 큰 응력은 생기지 않는다.

따라서 긴 선루의 갑판이나 외판은 상갑판이나 Sheer strake와 동등 이상의 두께를 가져야 하지만 도중을 몇개의 짧은 선루로 절단하여 이들이 자유로 신축할 수 있는 Expansion joint로 하면 두께를 훨씬 감소시킬 수 있다.

선루에 생기는 집중응력의 크기는 선루내에 생기는 인장응력의 크기에 비례하므로 선루가 긴 경우에는 이 부분이 절단될 우려가 있다. 이를 막기 위해서는 외판의 각진 부분은 둥굴게 함과 동시에 Doubling을 하거나 처음부터 두꺼운 강판을 사용한다.

5. 강도의 연속성(Continuty of strength)

선체에서는 필요한 강도는 확보하면서 가능하면 가벼운 구조로 하기 위해서는 선체의 주요부를 구성하는 부재의 촌법(寸法) 말하자면 외판의 두께 등과 같이 언제나 각각의 위치에서 생기는 응력의 크기에 잘 견딜 수 있게 하면 된다. 즉, 응력이 크게 작용하는 곳에는 두껍게 하고 응력이 작게 작용하는 곳에는 엷게 하면 된다.

그러나 이런 경우에 있어서도 구성부재의 촌법을 갑자기 변화시켜서는 않된다. (그림 2 －13)의 (b)는 판의 폭을 갑자기 크게 한 P점에는 큰 응력이 집중하는 것을 나타내고 있다. (c)와 같이 폭을 서서히 변화시켜 주든지 그렇지 않으면 모서리에 환강(還綱)을 붙여주는 것이 좋다.

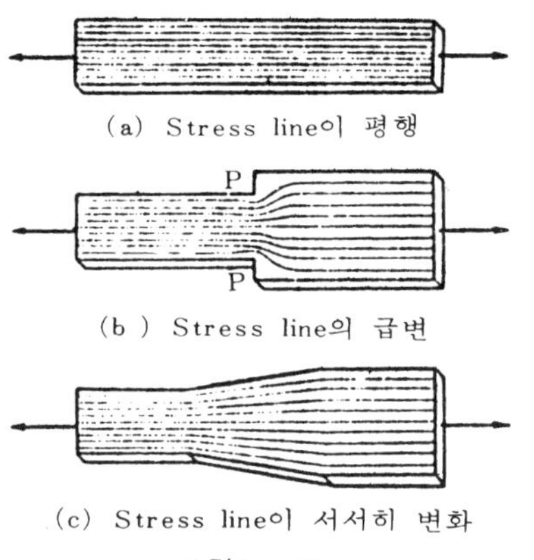

(a) Stress line이 평행
(b) Stress line의 급변
(c) Stress line이 서서히 변화
그림 2 －13

선내의 구석 구석마다 이와 같은 처리를 해서 모서리를 둥굴게 한 선박은 강도상 유리할 뿐 아니라 선체 진동의 방지에도 큰 도움이 된다. 또한 선박의 운항의 편의상의 이유 때문에 주요 부재에 구멍을 뚫는다든가 일부를 절단하는 경우가 있겠으나 이런 일은 피하는 편이 좋다.

2·2 선체의 구조 양식(Hull construction system)

다음 그림(2 －14)은 Riveting 구조의 General cargo carrier의 Midship section을 나타내며, 그림(2 －15)는 General cargo carrier, 그림(2 －16)은 Bulk carrier이며, 그림(2 －17)은 Ore carrier이고, 그림(2 － 18)은 Crude oil carrier의 Welding 구조의 Midship section을 나타내는

그림이다.

그림에서 굵은선으로 표시된 것이 선(船)의 종방향으로 뻗어 있는 부재(部材)로써, 주로 종방향의 강도를 지탱하는 종강력부재(Longitudinal strength member)를 형성하고 있고, 그림2－14와 2－15에서는 가는 실선으로 그림2－16과 2－17, 또 2－18에서는 강판으로 나타낸 것이 횡방향의 부재로써 횡방향의 힘을 지탱하는 횡강력부재(Transverse strength member)를 구성하고 있다.

이들 부재의 촌법(寸法)은 언제나 선급협회의 구조규칙에 의해서 결정되며 적하(積荷)에 있어 하주(荷主)의 신용을 얻기 위해서는 적어도 국제항해에 종사하는 상선은 선급협회의 규칙에 의해서 설계되고 조선되어야 하며, 또한 이의 선급을 받도록 되어 있다.

1. 강력 구성재의 배치

선체를 구성하는 부재는 하나가 2역, 3역을 감당하는 것도 있다. 예를 들면 상갑판은 종강력재인 동시에 갑판하중에 대해서는 횡강력의 역할을 하며, 갑판기계나 Mast가 있는 곳에서는 국부강력재도 된다. 또한 Bulkhead는 유력한 횡강력재이지만 화물이나 침수시에는 수압에 대항하는 국부강력재의 역할을 하게 된다. 따라서 선체를 구성하는 부재의 역할을 뚜렷하게 구분하기는 어렵지만 일반적으로 주가 되는 역할에 따라 구분해 보면 다음 세가지로 구분할 수 있다.

(1) 종강력 구성재(Longitudinal strength member)

선수에서 선미까지 연속되는 것이 원칙이지만 길이의 반 이상에 걸쳐 배치되어 있는 것도 이에 포함된다. 종강력재의 Butt는 Shift of butts가 되게 한다.

종강력재의 주된 것을 생각해 보면, Keel, 외판, 갑판, 내저판, Center girder 및 Side girder, Margin plate, Deck girder 및 Side stringer, Longitudinal bulkhead 등이 있으며, 이것들은 보통 ⊕를 중심으로 하여 전후로 $\frac{1}{2}$L 범위를 특히 두꺼운 재료를 사용해서 큰 Bending moment를 감당하도록 한다. 또한 응력이 최대인 상갑판과 선저부에서는 특히 강력재를 배치한다. Double bottom은 선저부의 중요한 종강력재 역할을 한다.

(2) 횡강력 구성재(Transverse strength member)

횡압력에 대항하는 횡방향의 강력구성재의 역할을 하는 부재는 다음과 같다.

횡격벽, Hold frame 및 Web frame, Deck beam 및 Web beam, Floor, Beam bracket 및 Bilge bracket, Pillar 및 Web pillar 등이 있으며 Beam, Frame 및 Floor에는 각각 갑판이나 외판의 유효폭이 가해진 것으로 하여 계산되므로 이런 뜻에서 갑판과 외판의 일부도 횡강력재라고 할 수 있다.

(3) 국부강력 구성재(Local strength member)

선수부의 Panting에 대항하기 위한 Stem, Propeller의 진동에 대항하는 Stern frame 등은 선체구성의 주요부가 될 뿐아니라 국부강력재가 된다. 이외에도 상하의 압력에 대한 Pillar, 횡격벽 등이 있다.

이상과 같이 종강력재, 횡강력재와 국부강력재를 고려해서 각 중요 부재의 촌법과 배치가 결정되지만 그 배치양식에는 다음과 같은 세가지가 있다

2. 횡식구조(橫式構造 ; Transverse framing system)

그림 2 - 14에서 보는 바와 같이 길이 방향에 적당한 간격으로 Frame을 배치해서 상단(上端)은 Beam에 고정시키고 Frame의 외측을 외판(Shell plate)으로 Beam의 상측(上側)을 갑판(Deck plate)로 고정시키는 방식으

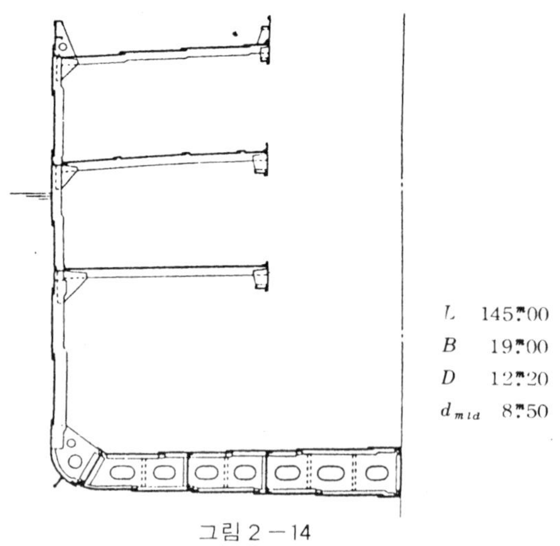

그림 2 - 14

로 오랫동안 General cargo carrier로 사용되어 왔으나 근년에는 혼합식(混合式)이 널리 사용되고 있다.

그러나 공사가 비교적 간단해서 Cargo space내에 돌출물이 적어 잡화(雜貨)와 같은 Bale cargo의 적재에 편리해서 특히, Refrigerated cargo carrier와 같이 내부에 방열공사를 하는 등의 경우에는 돌기물이 많은 것은 곤란하므로 이 횡식구조가 적합하다.

3. 종횡혼합식(縱橫混合式 ; Combined system)

종식구조와 횡식구조를 혼용(混用)한 것으로서 그림 2-15와 2-16과 같은 구조양식으로 2중저(二重底)와 상갑판은 종식구조, 상갑판 이외의 갑판과 선측(船側)은 횡식구조양식으로 구성되어 있다. 비교적 Bale cargo의 적재에 지장이 없는 곳에는 종식으로, 기타의 장소에는 횡식구조로 해서 양식의 장점을 살린 합리적인 구조양식으로 최근의 General cargo carrier와 Bulk carrier에 널리 이 방식이 채택되고 있다. 그러나 이 경우에 있어서도 선체의 전후단(前後端)은 공사가 비교적 어렵지 않은 횡식구조양식을 사용하고 있다.

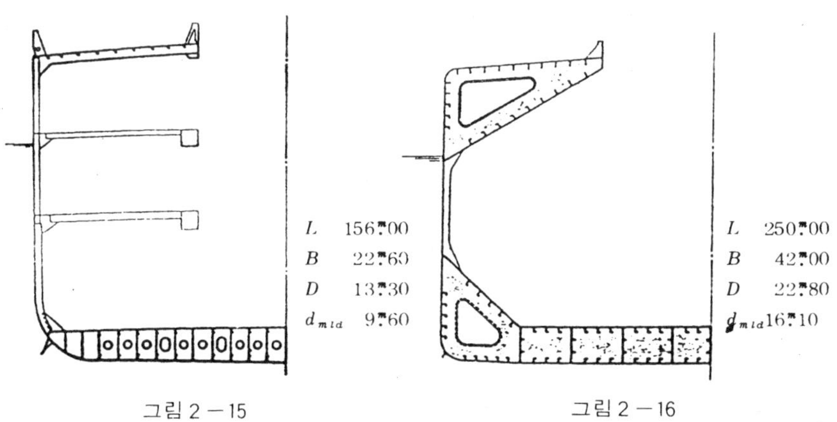

그림 2-15　　그림 2-16

4. 종식구조(縱式構造 ; Longitudinal framing system)

그림 2-17과 그림 2-18에서 보는 바와 같이 선저, 선측, 갑판 등에 선

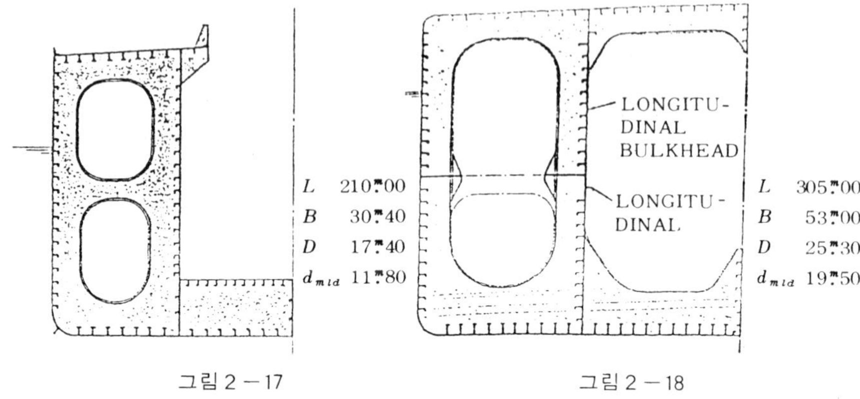

그림 2－17 그림 2－18

(船)의 길이 방향에 종골(縱骨 ; Longitudinal)을 횡방향 적당한 간격에서 배치해서 길이 방향에 수 m의 간격으로 강력한 횡골(橫骨 ; Transverse)를 횡방향으로 배치해서 종강도를 지탱하고 외측을 Shell plate, 상면(上面)을 Deck plate로 고정시킨 구조이다.

횡식구조에 비교해서 다소 가볍지만 Bale cargo의 적재시에 Hold내에 공적(空積)이 생기기 쉬우므로 잡화적재(雜貨積載)에는 적합하지 않은 것으로 Ore carrier와 Oil tanker에 많이 채용된다.

이상에서 세가지의 구조양식을 살펴 보았을 때 선체의 중량면에서 가벼운 순으로 생각해 보면 종식구조, 종횡혼합식, 횡식구조의 순서가 되겠다.

2·3 선체 강도의 확보

1. 고장력강(高張力鋼)의 사용

선체가 점점 대형화 되어가므로써 강력갑판(強力甲板)이나 선저에 생기는 Bending moment도 커지기 때문에 이것을 강재의 허용응력의 범위 이내로 하기 위해서는 결국 종강력재(縱強力材)의 두께를 증가시키지 않으면 안되겠다. 이러자면 필연적으로 강재의 중량이 증대하게 되므로써 선체 자체중량이 너무 커져서 재화중량 감소가 뒤따르지 않을 수 없기 때문에 이를 피하기 위해서는 강재중량을 증가시키지 않으면서 선체의 종강도를 강하게 할 수 있는 한가지 방법으로서 Bending moment가 커질 수 있는 범위의 종강도부재(縱強度部材), 즉 ⊠부근의 강력갑판의 Deck stringer, Sheer strake, Bottom plate 등에 고장력강(高張力鋼)을 사용하는 것이다.

고장력강은 연강(軟強)과 비교해서 값이 비싸지만 인장강도가 20～45%나 더 커서 대형선의 강재중량(鋼材重量)의 경감에는 유효한 것이다.

2. 부식(腐蝕)에 대비한 두께

연강(軟鋼)은 해수(海水)에는 약해서 선체의 각부를 구성하는 부재의 두께는 Painting을 해도 건조시 보다 두께가 점점 엷어지는 것이 보통이다.

선체의 부식은 항상 수중(水中)에 잠겨 있거나 공기중에 노출된 부분보다 물속에 잠겼다 공기중에 노출되었다 하는 즉, 건습교호작용이 일어나는 부분에 더욱 심한 부식이 촉진된다.

따라서 각 부재의 두께에는 강도를 필요로 하는 두께에다 부식에 의해서 감소 될 것이 예상되는 만큼 더 두껍게 하는 것이 보통이다. 이것을 부식에 대비한 두께라 한다.

이것에는 선박의 대·소에는 관계가 없기 때문에 작은 선박일수록 두께의 증가율이 커지며, 그만큼 강도에 대한 여유도 커지는 것이다.

3. 적하(積荷) 상태

선체에는 화물의 적하 상태 여하에 따라서도 강도에 큰 영향을 미친다.

(1) 불균등(不均等)한 적하

Hogging, Sagging의 기준상태에서는 각 Hold에는 밀도가 균등한 화물을 만재하고 있는 것으로 생각했으므로 이와 같지 않은 방법으로 화물이 적재 되었다면 중량분포가 불균등하게 되어 최악의 경우에는 기준보다 큰 S-hearing moment라든가 Bending moment가 생겨 결과적으로 선체를 절단, 균열 아니면 Buckling을 일으키거나 Rivet의 이완에 의한 누수 현상이 된다.

특히, 광석이나 강재와 같은 중량화물에 대해서는 주의해야만 한다. 다음 그림(2-19의 (a))에서는 균등한 선적 방법이지만 배의 중심이 너무 하강하므로 그림(b)와 같이 적하 할때가 있다. 이런 방법은 종강력의 면에서 생각해 본다면 매우 좋지 못한 적재 방법이므로 조선시에 미리 이와 같은 적재 방법에도 종강력의 면에서 충분한 강도를 유지할 수 있도록 계획조선되지 않은 상태에서는 매우 위험한 적재 방법이므로 이런 적재 방법은 가능한 한 피하는 것이 좋겠다.

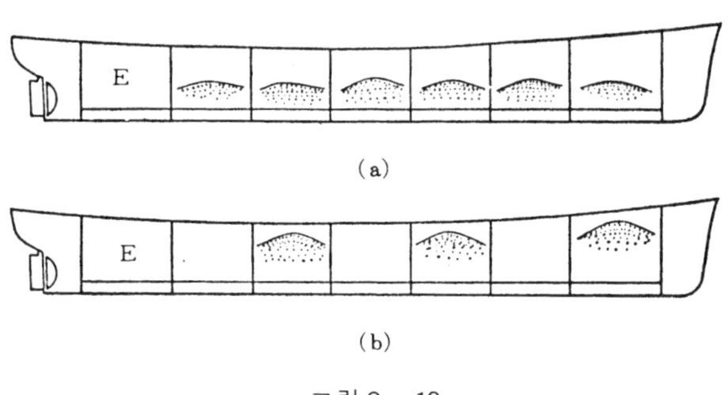

(a)

(b)

그림 2-19

(2) 공선(空船)의 경우

적하가 없는 공선항해시(空船航海時)에는 일반적으로 선체의 중앙부의 중량이 부족하며, 특히 After engine vessel에서는 Hogging이 되기 쉬우므로 황천시(荒天時)의 항해에는 더욱 세심한 주의가 필요하다.

(3) 중갑판(中甲板)의 강도

갑판의 국부적 강도에 대해서는 불균등한 적하 방법은 될 수 있는 한 피하는 것이 좋겠다. 특히 중갑판의 Hatch 부근의 강도가 약한 부분에 큰 하중(荷重)이 집중되지 않도록 중량물(重量物)은 가능한 한 Bulkhead부근이나 선측(船側)에 가까운 곳에 적재하든가 Dunnage를 이용하든가 하는 등을 고려하지 않으면 안되겠다.

第3章
鋼船의 材料

3·1 조선 재료

배 한척을 조선하는데에 사용되는 재료는 다종다양(多種多樣)하다. 말하자면 철강재를 주요 재료(材料)로 해서 동(銅), 아연(亞鉛), 연(鉛) 등의 비철금속(非鐵金屬), 목재, Cement, 모래, 마(麻), 면포(綿布), 유리, 고무, Cork 등의 비금속(非金屬), 다시 이것들로 만들어지는 완성품, 반완성품 등을 열거하면 그 종류는 수백종에 달하는 것으로 이들과 관련된 공업의 종류도 70여 종류에 달한다고 한다.

3·1·1 철재(鐵材 ; Iron)

철재로 강선(鋼船)의 구조에 쓰여지는 것은 무쇠(銑鐵 ; Pig iron)이다. 이것은 철광석과 코오크스 또는 석회석 등을 용광로에 넣고 가열하면 철광석중의 철분이 환원되어 무쇠가 되는 것이다.

이것은 1.7% 이상의 탄소를 포함하고 있어 매우 단단해서 전신재(展伸材)로는 적당치 않고 여러가지 주물용으로 사용되거나 연철(鍊鐵 ; Wrought iron)이나 강(Steel) 등의 제조원료로 사용된다. 또한 용해하기 쉬우므로 선체 관계에서는 Bollard, Fair leader, Mooring pipe, Winch, Windlass 등의 Cylinder나 Piston의 제작에 쓰이고 있으며, 때로는 고정 Ballast로 이용되기도 한다.

순철(純鐵 ; Pure iron)의 순도는 99.95~99.99% 정도로 탄소가 0.01% 정도 밖에 포함하고 있지 않으므로 유연하고 강도가 낮아 선체의 구조용 재료로는 부적합하다. 그러나 압연이나 압축은 용이하므로 전기용 재료나 특수강의 원료로 주로 쓰인다.

3·1·2 강재(鋼材)의 종류

강(鋼)은 무쇠와 Scrap iron(C함유량 약 0.1~0.2% 정도)을 평로(平爐 ; Open-hearth)나 전기로(電氣爐 ; Electric furnace)에 넣어 1,700℃이상으로 가열하여 얻어진다.

탄소강(Carbon steel)이란 Fe와 0.03~1.7% 정도의 C를 주성분으로 하는 것을 말한다.

합금강(Alloy steel)이란 Fe와 C 이외에 특성을 부여할 목적으로 Ni, Cr, W, Mo 등의 다른 원소를 첨가한 것을 말한다.

강괴(Steel ingot)란 용광로에서 용해된 강을 일정한 형으로 주입 냉각시킨 것으로 이것을 조선용으로 쓰기 편리하도록 Roller로 압연하여 강판(Steel plate)이나 형강(Section steel) 등의 압연강(Rolled steel)을 만들며, 주강(Cast steel)이나 단강(Forged steel)의 원료로도 쓰인다.

1. 압연강재(壓延鋼材 ; Rolled steel)

압연강재에는 그 형에 따라 강판, 형강, 봉강 또는 강관이 있다(그림 3－1).

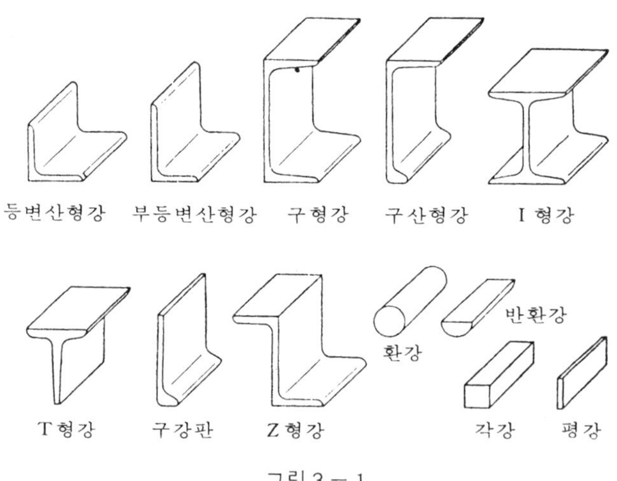

그림 3－1

(1) 강판(鋼板 ; Steel plate)

강판은 외판, 갑판, 격벽 등에 많이 사용된다. 이의 두께는 0.23mm에서 50mm정도까지도 만들어지고 있으나 생산능률을 높이기 위해서 종류를 통일해서 제조하고 있다. 많이 쓰이고 있는 치수는 다음과 같다.

길이 6 ~14m(특히 10m)

폭 1.2~2.8m(특히 1.8~2 m)

두께 6 ~40mm(특히 12~25mm)

그러나 최근에는 용접기술의 향상과 선박의 대형화에 따라 더 두껍고 더 넓은 강판도 제조되고 있다.

강판의 두께가 3mm 이하를 박판, 3mm초과 6mm 미만을 중판이라 하며 6mm 이상을 후판이라 한다.

강판의 중량은 1 m^2에 대하여 두께 1mm마다 7.85kg로 하여 계산한다. Checkered plate는 강판의 한쪽면을 그물 모양으로 해서 미끄러지지 않도록 하기 위한 것으로 계단의 발판이나 기관실의 바닥 등에 이용된다.

Sketch plate란 강판의 폭이나 길이 등을 현도(現圖)나 도면 등에서 실제의 형(形)을 측정해서 이에 알맞는 치수나 형을 주문해서 바로 사용하기에 편리한 것을 말한다.

(2) 평강(平鋼 ; Flat bar)

강판의 폭을 25~100mm정도로 좁게 만든 강판이다. 이는 강판에 수직으로 용접하면 산형강(Angle bar)를 Riveting한 것과 같은 강도를 가지므로 소형선의 Frame이나 Bulkhead stiffener 등에 사용된다.

(3) 형강(形鋼 ; Section steel)

Section steel은 단면을 특수한 형상으로 한 압연강봉(壓延鋼棒)으로서 형상(形狀)에 따라 다음과 같은 종류가 있다.

(a) 산형강(山形鋼 ; Angle bar)

단면의 형상이 L자형을 한 것을 Angle bar라 한다.

(그림 3 - 2)에서 양 Flange의 길이가 같은 것을 등변산형강(Equal angle)이라하며, 길이가 다른 것을 부등변산형강(Unequal angle)이라 한다.

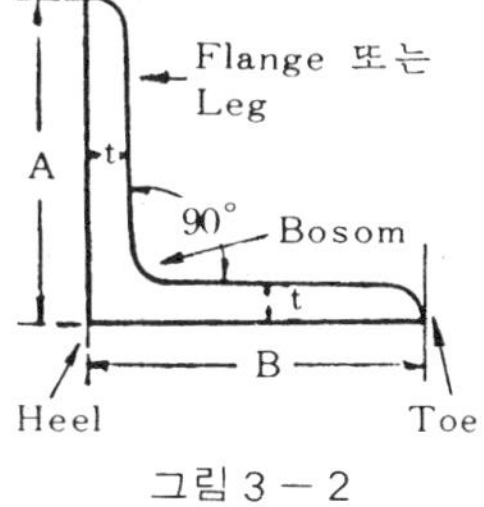

그림 3 - 2

등변산형강은 소형선의 Frame, Beam, Stiffener, Hold stiffener 등과 두개의 강판을 직각으로 Revet로 결합할 때 등에 이용된다.

부등변산형강도 등변산형강과 같이 널리 사용되지만, 특히 강판에 Inverted angle로 하면 가벼우면서 강하므로 최근의 신조선에 널리 사용된다.

산형강의 치수는 A, B, t 의 순으로 나타낸다.

예를 들면,

치수(mm)	A × B × t	A × B × t
등변산형강	최소 20 × 20 × 3	최대 200 × 200 × 25
부등변산형강	최소 40 × 20 × 3	최대 200 × 100 × 15

(b) 구산형강(球山形鋼 ; Bulb angle)

부등변 산형강의 긴변의 끝을 (그림 3 − 3)과 같이 둥글게 한 형강을 Bulb angle이라 하며 보통의 산형강 보다 강하다. 용도가 조선에 한하는 특수형강이므로 종류는 많지 않다. 이의 용도는 Frame, Beam, Keelson, Stiffener, 종통재(縱通材) 등에 쓰인다.

치수 A × B × t

최소 125 × 75 × 7

최대 300 × 90 × 16

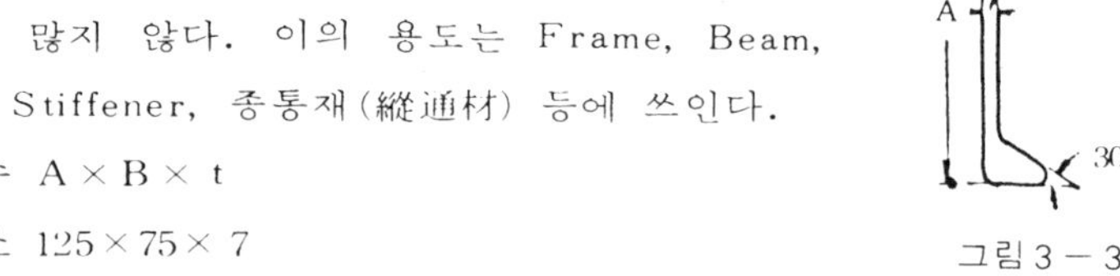

그림 3 − 3

(c) 구형강(溝形鋼 ; Channel bar) (그림 3 − 4)

단면의 형상이 ㄷ자 모양으로 되어있어 구산형강 보다 강하므로 대형선에서 Frame, Deck beam, Bulkhead stiffener, Pillar 등을 Rivet구조로 할 때 많이 사용된다.

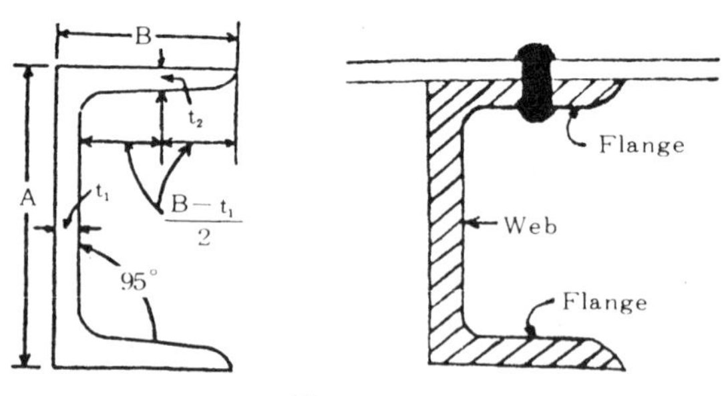

그림 3 − 4

치수 $A \times B \times t_1 \times t_2$

최소 75×40×5×7

최대 425×100×15.5×23.5

(d) Z형강(Z bar) (그림3－1)

단면의 형상이 Z자형인 형강으로 상선에서는 잘 쓰이지 않고 군함에서 Frame, Beam 등에 사용된다.

치수 $A \times B \times C \times t_1 \times t_2$

최소 70×50×40×4×5

최대 150×85×75×9×12

(e) I형강(I beam)과 H형강(H beam) (그림3－5)

단면의 형상이 I자의 모양인 것을 I형강이라 한다. 이것은 Web가 Flange의 중앙에 위치한 구형강이라 볼 수 있다. 또 Deck beam이나 Girder로 쓰인다.

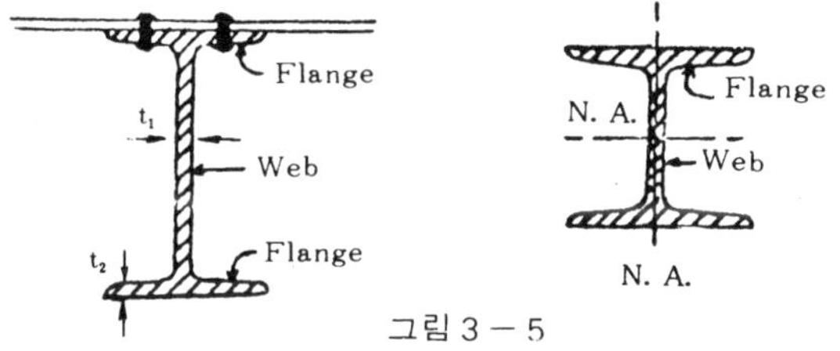

그림3－5

치수 $A \times B \times t_1 \times t_2$

최소 75×75×5×8

최대 600×190×16×35

H형강은 Flange와 Web의 길이가 같은 형강으로 기관실의 Pillar로 사용된다. Hold의 Pillar로 사용하면 화물에 파손을 줄 염려가 있어 부적합하다.

(f) T형강(Tee bar, Tee section) (그림3－1)

단면의 형상이 T자형으로된 형강으로 Deck beam, Stiffener, Piller 및 Bilge keel의 고착용 등에 사용되었으나 최근에는 별로 사용되지 않고 있다. 이를 거꾸로 강판에 Welding하면(Inverted tee section) H형강과 같은 역할을 한다.

(g) 구판(球板 ; Bulb plate) (그림 3 — 1)

평강의 한쪽 끝을 구형으로 한 것을 Bulb plate라 하며 산형강과 같은 용도에 쓰인다. 즉, Beam, Keelson, 종통재, Stiffener 등에 쓰인다.

(4) 봉강(棒鋼 ; Bar steel)

단면의 형상이 원형이나 각형 등의 압연강봉을 Bar steel이라 하며, 다음과 같은 것이 있다.

(a) 환강(丸鋼 ; Round steel) (그림 3 — 1)

단면의 형상이 원형인 봉강을 Round steel이라 한다. 크기는 최소 9mm에서 최대경 100mm까지 있다. 선체 구조용으로는 Pillar 이외에는 쓰이지 않지만 선체의장용으로는 Hand rail 기타 지주(支柱) 등에 쓰여진다.

(b) 반환강(半丸鋼 ; Half round bar) (그림 3 — 1)

환강을 중심에서 똑 같이 둘로 쪼갠것과 같은 모양을 한 것을 반환강이라 한다. 구조물의 구석이나 가장자리를 둥글게 하기 위해서 쓰여진다. 말하자면 Hatch coaming의 상연(上緣) 등에 사용되며, Chain locker내의 Bulkhead의 Stiffener 등에도 쓰인다.

(c) 흠원강(欠円鋼 ; Convex iron)

단면이 반원 보다 조금 작은 형을 한 봉강을 Convex iron이라 하며 용도는 반환강과 같다.

(d) Rivet강(Rivet bar)

Rivet를 만들기 위해서 만든 환강을 Rivet bar라 하지만 전술(前述)한 환강보다는 약간 연질(軟質)이다. 이것을 불에 달구어 압축기로 눌러서 Rivet를 만든다.

2. 단강재(鍛鋼材 ; Forged steel)

평로나 제강로에서 만들어진 강괴(鋼塊)를 1,000℃ 이상으로 적열(赤熱)하여 망치로 두들겨 만든 것이 Forged steel이다. 강괴는 두들기면 두들길수록 질이 좋은 강이 된다. 단강재의 용도는 강력(強力)을 필요로 하나 형상이 너무나 복잡하지 않은 부분, 즉 Rudder stock, Rudder arm, S-tem(지금은 압연강재가 쓰인다), Bar keel, Tiller 및 그 외의 기관용의 제축(諸軸 ; Crankshaft, Propeller shaft) 등에 쓰인다.

3. 주강재(鑄鋼材 ; Cast steel)

제광로에서 나온 용강(鎔鋼)을 모래와 점토로 만든 주형(鑄型)에 부어 넣어 소요(所要)의 형으로 만든 것을 Cast steel이라 한다. 이것은 강도를 필요로 하며, 형상이 복잡한 부분 말하자면 Stern frame, Stem, Rudder frame, Stern tube, Propeller strut, Anchor, Hawse pipe, Chain pipe, Anchor chain, Fair leader, Bollard, Bitt 기타 기관부품 등에 사용된다.

그러나 최근에는 용접기술이 발달해서 압연강재(壓延鋼材)로도 복잡하고 강고(強固)한 구조를 조립할 수 있으므로 값도 비싸고 중량도 큰 이 주강재나 단강재로 만드는 것은 점점 감소되고 있다.

4. 고장력강(高張力鋼 ; High tensile steel. HTS)

HTS는 인장력을 연강(Mild or Soft steel, MS)보다 크게 하기 위해서 C를 적게 하고 Mn의 함유량을 증가시켜 인장력을 50kg/mm²이상으로 한 것이다.

대형선박의 중요 강력재로 사용되고 이로 인해서 선체 중량의 경감을 꾀하고 있다.

5. 저온용강(低温用鋼)

저온용강이란 −26°∼−50℃의 저온에 있어서도 변화하지 않는 즉, 저온인성(低温靭性)을 갖는 특수강으로 냉동화물(冷凍貨物), Propane gas, Methane gas 등의 냉각액화 Gas 등을 운반하는 선(船)에 사용된다.

6. 강재의 시험과 검사

재료시험(材料試驗)에는 화학분석과 기계적인 각종 시험(Test)이 있다. 화학분석은 용강을 평로나 전기로에서 취과(取鍋)에 받을 때 시재(試材)를 떠내어서 분석하는 것으로 이것을 취과분석(取鍋分析 ; Ladle analysis)이라 한다. 이것은 Charge 전체의 화학성분을 대표하는 기본분석이라 볼 수 있다.

용강을 주형에 넣어 주괴(鑄塊)로 응고시킬 때, 가벼운 원소나 Gas는 강괴의 상방에 모이는 경향이 있어 이것을 그대로 압연이나 단조한 강재의 일부에서 시재(試材)를 분석하는 것은 취과분석과 일치한다고 볼 수는 없다. 그러므로 KR의 강선규칙도 취과분석을 채택하고 있다.

선체구조용 강재중 중요한 압연강재, 주강재 및 단강재는 재료시험에 합격한 재료가 아니면 않된다.

이들 강재의 규격과 기계적 시험방법을 규정한 것이 강선 구조 규정(제2장 제22조－제48조)과 KR의 강선규칙(제 2 편 제 1 장－제 2 장)이며, 각각 강재의 시험편에 의한 시험방법을 정하고 있다.

여기에서는 KR의 강선 규칙에 규정된 시험의 종류, 시험편의 채취 및 시험방법에 대하여 설명한다.

(1) 시험의 종류

표 3－1

강재의 종류		시험의 종류
압연강재	연 강 재 고장력강재 저온용강재	인장시험, 굴곡시험, 충격시험
	Rivet재	인장시험, 굴곡시험, 종압(縱壓)시험
	Rivet	타전(打展)시험
	Chain용 환강	인장시험, 굴곡시험
선체용 주강재		인장시험, 굴곡시험, 낙하시험, 추타(鎚打)시험
선체용 단강재		인장시험, 될곡시험

(2) 시험편(試驗片 ; Test piece)의 형상 및 치수

시험의 결과는 시험편의 형상 및 크기에 따라 결과가 상이하다. 특히 인장시의 신장률은 그 차이가 크므로 시험편을 지정할 필요가 있는 것이다. 그 표준은 각 규칙이 큰 차이가 없으므로 여기에서는 KR에 의한 것으로 한다.

(a) 인장시험편(引張試驗片)

인장시험편은 재료의 종류에 따라 다음 각호의 형상 및 치수(mm)로 가공하여야 한다. 이 경우 시험편의 양단은 시험기에 따라서 적합한 형상으로 가공할 수 있다.

① R14A호 시험편(회주철품을 제외한 전재료)

※ 이하 그림에서의 기호는 다음과 같다.

d : 지름	*L* : 표점거리	*R* : 어깨의 반지름
a : 시험편의 두께	*P* : 평행부의 길이	*D* : 관의 바깥지름
W : 넓이	*A* : 단면적	*t* : 원 재료의 두께

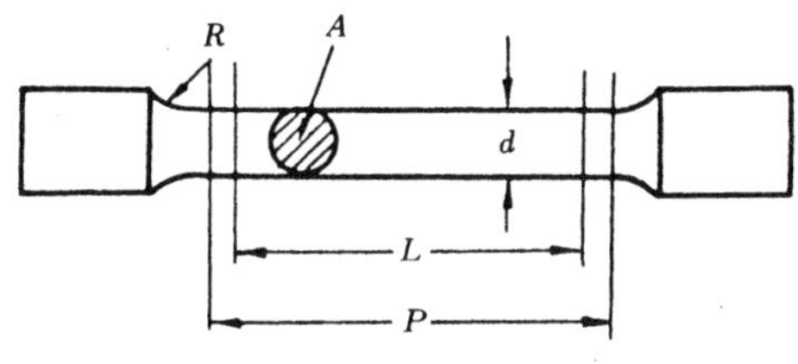

그림 3－6 **R14A호 시험편**

(가) 단강품, 주강품 및 봉강

R14A호 시험편을 사용하며, 그 치수는 다음과 같다. 원칙적으로 I형 시험편을 사용하나 II형 시험편을 사용하여도 좋다.

다만, 구상흑연주철 및 신율의 규정치가 10% 이하인 재료에 대하여는 *R*을 각각 I형의 경우 20㎜, II형의 경우 1.5*d*로 한다.

I	II
$d = 14$㎜ $L = 70$㎜ $P \cong 85$㎜ $R = 10$㎜	$L = 5d$ $P \cong L + d$ $R = 10$㎜

② R14B호 시험편(금속재료의 판 및 관)

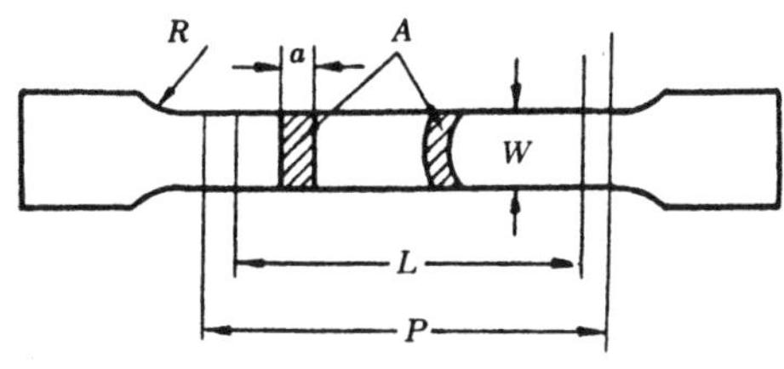

그림 3－7 **R14B호 시험편**

(가) 두께 3 mm 이상의 판

R14A호 또는 R14B호 시험편을 사용하며, 그 치수는 다음 Ⅲ, Ⅳ, Ⅴ형 중 어느 것을 적용한다.

다만, 원재료의 두께가 시험편의 두께 a를 초과할 경우에는 한쪽 면만을 가공하여 그 두께를 경감할 수 있다.

Ⅲ	Ⅳ	Ⅴ
$a = t$ $W = 25$ $L = 5.65\sqrt{A}$ $R \cong L + 2\sqrt{A}$ $R = 25$	$a = t$ $W = 25$ $L = 200$ $P \cong 225$ $R = 25$	R14A호의 Ⅰ형 시험편, 이 때의 시험편 채취위치는 판두께 표면으로부터 $t/4$ 위치로 한다.

(나) 두께 3 mm 미만의 판

R14B호 시험편을 사용하며, 그 치수는 다음과 같다.

$a = t$ $P \cong 75$

$W = 12.5$ $R = 25$

$L = 50$

③ R14C호 시험편(금속재료의 관)

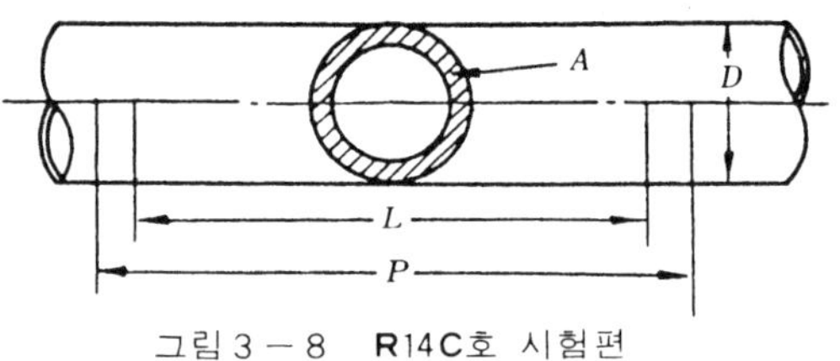

그림 3－8 R14C호 시험편

(가) 관

R14B호 또는 R14C호 시험편을 사용하며, 그 치수는 다음과 같다.

R14B	R14C
$a = t$ $W \geqq 12$ $L = 5.65\sqrt{A}$ $P \cong L + 2W$ $R = 25$	$L = 5.65\sqrt{A}$ $P \cong L + D$ 이때, P는 처크간의 거리로 한다.

④ R8호 시험편(회주철품)

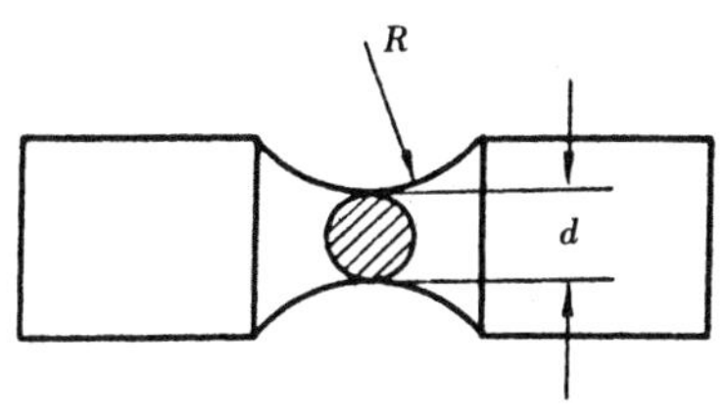

그림 3－9 R8호 시험편

(가) 회주철품

R8호 시험편을 사용하며, 그 치수는 다음과 같다. 다만, 시험편은 별도 주입된 바깥 지름 30mmϕ의 시험재를 가공한다.

d ＝20

R ＝25

(b) 굴곡시험편(屈曲試驗片)

굴곡 시험편은 다음의 각호에 규정하는 형상과 치수(mm)로 가공하여야 한다.

① R1호 시험편 : 이 시험편의 치수는 재료의 종류에 따라 다음과 같이 구분한다.

(가) 헤더용(제 4 절), 주강품(제 5 절) 및 단강품(제 6 절)의 경우

시험편의 두께 : a ＝20

시험편의 너비 : W＝25

시험편 모서리의 둥금새의 반지름 : r＝1 ～ 2

(나) 압연강재(제 3 절) (강판)의 경우

a ＝ t

W＝30

r ＝1 ～2

원재료의 두께 t가 25mm를 넘을 경우에는 한쪽면(압축응력을

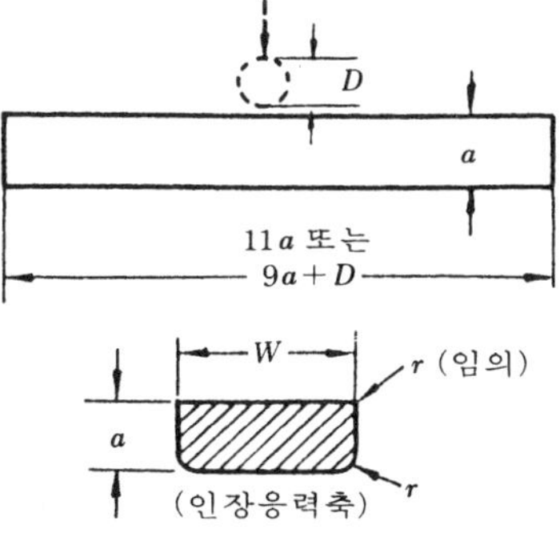

그림 3－10 R1호 시험편

받는쪽)만을 기계 가공하여 시험편의 두께를 25mm까지 경감할 수 있다.

② R 2 호 시험편 : 이 시험편은 압연강재(제 3 절) (강봉, 체인용 원강)의 굽힘 시험에 사용한다.

시험편의 지름 : $a = d$

원재료의 지름 또는 대변거리 d가 35mm를 넘을 경우에는 기계 가공하여 시험편의 지름을 35mm까지 경감할 수 있다.

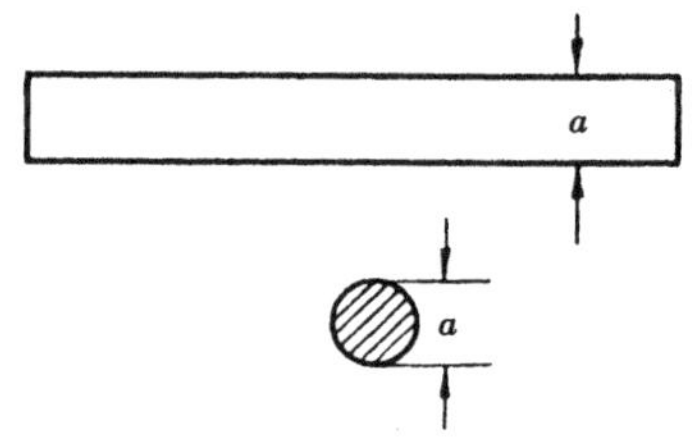

그림 3 －11　R 2 호 시험편

(c) 충격시험편(衝擊試驗片)

① 충격시험편은 (그림 3 －12) 및 (표 3 － 2)에 표시한 형상 및 치수(mm)로 가공하여야 한다. 다만, Notch의 길이방향은 재료의 종류에 따라서 압연면, 단조면 또는 주조면에 수직으로 한다.

② 충격시험편은 모재의 표면에서 3 mm 이상 떨어진 장소에서 채취하는 것을 원칙으로 한다. 시험편의 노치 위치는 가스절단면 또는 전단면에서 25mm 이상 떨어져야 한다.

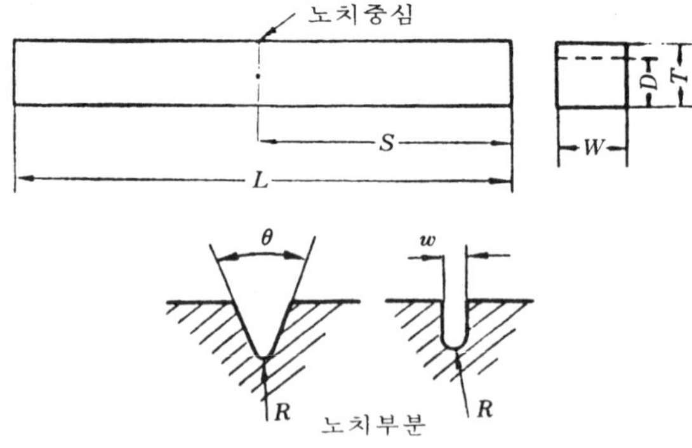

그림 3 －12　충격시험편의 형상

표 3－2 충격시험편의 치수(mm)

종류 / 치수		R 4 호	R 3 호	R 5 호
		샤르피 2 mm V 노치 시험편	샤르피 2 mm U 노치 시험편	샤르피 5 mm U 노치 시험편
길이	L	55±0.6	55±0.6	55±0.6
너비	W	10±0.11	10±0.11	10±0.11
두께	T	10±0.06	10±0.11	10±0.11
노치의 각도 (deg)	θ	45±2	—	—
노치의 너비	w	—	2±0.14	2±0.14
노치 아래 단면두께	D	8±0.06	8±0.09	5±0.09
노치 밑부분의 반지름	R	0.25±0.025	1±0.07	1±0.07
시험편 한쪽 끝에서 노치 중심까지 거리	S	27.5 ±0.42	27.5±0.42	27.5±0.42
노치부의 대칭평면과 시험편의 길이방향 중심축선과의 각도(deg)		90±2	90±2	90±2
적 용 재 료		제601조 이외에 규정하는 재료	제601조에 규정하는 합금강단강품	

※ 샤르피 충격시험(Charpy impact test) : 시험편에 절형을 만들고, 추(錘)를 일정한 높이에서 떨어뜨려 타절항력(打切抗力)을 측정한다.

(3) 시험편의 채취

특별히 규정한 경우 및 검사원의 동의를 얻은 경우를 제외하고 시험편의 채취는 검사원의 지정에 따르고 검사원이 부호를 각인(刻印)한 후에 시험편을 모재(母材)에서 절단한다.

(a) 압연강재(壓延鋼材)

① 강판 : 강괴의 정부측(頂部側), 판폭의 거의 중앙부에서 채취한다. 인장시험편 및 굴곡시험편은 그 길이의 방향을 압연방향의 직각, 충격시험편은 압연방향에 평행하게 채취한다.

② 형강, 평강, 봉강, Rivet재 및 Chain용 환강 : 인장시험편 및 굴곡시험편은 그 길이 방향을 압연방향에 평행하도록 채취한다.

(b) 단강재(鍛鋼材)

특별히 지정된 경우를 제외하고는 그 주체 보다 작지 않은 단면적을 가진 부분에서 단연(鍛延)방향으로 채취한다.

(c) 주강재(鑄鋼材)

주강재 본체의 일부에서 또는 본체에 연접하여 주조한 공시재(供試材)에서 절취한 것으로 한다.

(4) 시험 방법

(a) 압연강재(壓延鋼材)

압연강재의 시험에는 다음과 같은 시험방법이 있다.

① 인장시험(引張試驗 ; Tensile test)

인장시험은 인장시험편의 양단을 고정시킨 다음 양단에서 절단될 때까지 잡아당기는 것이다. 이 시험은 인장시험기에 의해서 행하여진다. 이 기계는 (그림 3-13)에서 보는 바와 같으며, 시험편을 그림에서와 같이 고정시킨 다음 고압(高壓)의 기름을 화살표의 방향으로 보내면 Cylinder내의 Piston은 위로 밀려 올라간다. 이 밀어 올리는 힘 때문에 시험편은 평행부가 신장되며, 결국 절단되고 만다. 이때 몇 톤의 힘에 의해서 이 시험편이 절단되었는가 하는 것이 이 기계의 눈금에 나타난다. 이때 절단시키는데 요(要)한 힘을 그 재료의 인장강도(Tensile strength)라 하며 다음과 같은 식으로 표시할 수 있다.

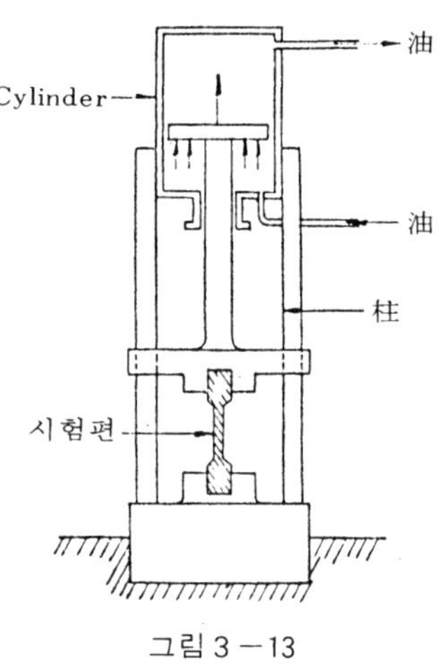

그림 3-13

$$\text{인장강도}(\text{kg/mm}^2) = \frac{\text{절단시키는데 소요된 힘(ton)}}{\text{시험편 표점간의 단면적}(\text{mm}^2)}$$

시험편은 인장되어 절단될 때까지 상당히 늘어나는 것으로 이것을 재료의 신장(Elongation)이라 한다.

$$\text{신장률}(\%) = \frac{l - L}{L} \times 100$$

단, L : 처음의 표점거리

l : 절단된 때의 표점거리

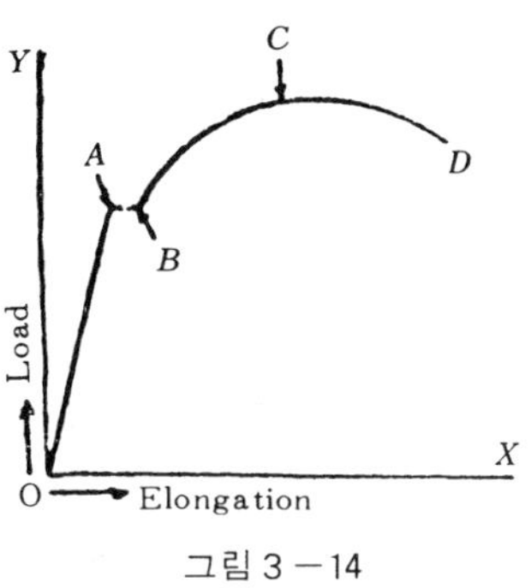

그림 3 − 14

또, 하중과 신장 관계를 Graph로 나타내면 (그림 3 − 14)와 같다. 여기에서 A점을 탄성한계(Elastic limit)라 하며, B점은 영구변형을 했을 때이므로 굴복점 또는 강복점(Yield point)이라 하며, C점을 극한강력(Ultimate strength), 파단력(Breaking strength), 파단하중(Breaking load)라 하며, D점을 절단이라 한다. 굴복강도는 인장강력의 약 $\frac{2}{3}$정도이다.

강재의 인장강력은 너무나 커도 불합격이 된다. 인장강력이 커질수록 신장이 작아지는 경향이 있으므로 큰 충격을 받으면 절단될 우려가 있기 때문이다. 즉 강재의 Toughness(인성 ; 靭性)를 확보하기 위함이다.

② 굴곡시험(屈曲試驗 ; Bending test) (그림 3 − 15)

굴곡시험편을 상온(常温) 상태에서 지정된 각도(角度)까지 굴곡 시켰을 때 외측에 균열이 생기는지 아닌지를 검사하는 것이다. 균열이 생기지 않아야 합격으로 한다.

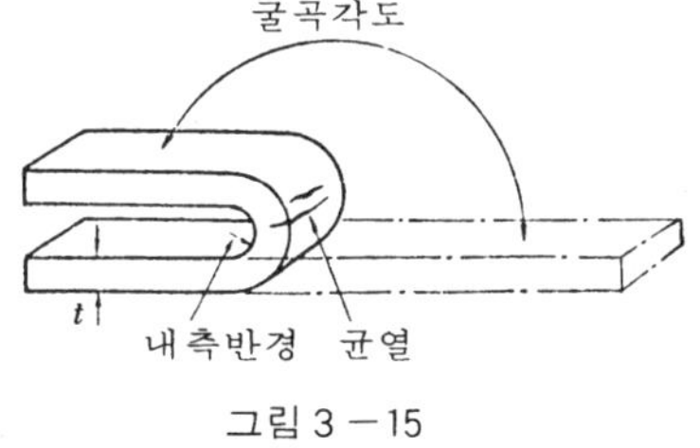

그림 3 − 15

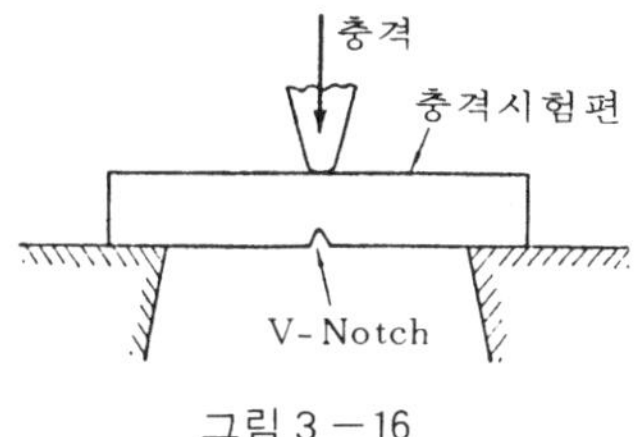

그림 3 − 16

③ 충격시험(衝擊試驗 ; Impact test) (그림 3 − 16)

충격시험은 시험편에 충격을 가하여 이를 두 조각이 될때 여기에 소요된 Energy를 측정하여 그 재료의 인성을 시험하는 것이다.

$$\text{Charpy 충격치} = \frac{E}{A} \, (\text{kg} - \text{m/cm}^2)$$

E : 시험편의 파괴에 요(要)한 Energy(kg－m)

A : 시험편의 V-Notch에 있어서의 유효단면적(cm^2)

④ 종압시험(縱壓試驗)

Rivet재에만 행하는 시험으로 직경의 2배와 같은 길이의 시험편을 적열한 채로 원길이의 $\frac{1}{3}$이 될때까지 종방향으로 압축하여 외면에 균열이 생기지 않아야 합격이다.

⑤ 타전시험(打展試驗)

Rivet재에만 적용되는 시험으로 그 두부를 적열하여 Shank의 직경의 2.5배까지 편평히 때려도 외부에 균열이 생기지 않아야 합격이다.

(b) 주강재(鑄鋼材)

주강재에는 인장시험, 굴곡시험 이외에 다음과 같은 시험방법이 있다.

① 낙하시험(落下試驗 ; Drop test)

일재(一材)로 주조된 Stern frame은 일단(一端)을 지점(支點)으로 해서 지면과 45°의 각도까지 타단(他端)을 올린 위치에서 기타의 주강재(Anchor)에서는 그의 형상이나 중량에 따라 2～3m의 높이에서 경질의 지면에 낙하 했을 때 균열이나 절단이 생기지 않아야 합격으로 한다.

② 추타시험(鎚打試驗 ; Hammering test)

낙하시험에 합격한 주강재를 매어 달고, 그 중량에 따라 3～7kg의 Hammer로 때리어 그 소리에 의하여 표면검사와 내부 탐상(探傷)검사를 행한다.

(c) 단강재(鍛鋼材)

단강재의 시험에는 인장시험이나 굴곡시험을 행한다.

7. 강(鋼)의 종류

제강시(製鋼時)에 용강(溶鋼)중에는 다량의 산소가 포함되어 있어 강재의 성질을 저하시키기 때문에 용강을 주형에 추입시키기전에 적당한 탈산제(脫酸劑)를 가해서 환원시킨다. 이때, 탈산의 정도에 따라 다음과 같은 강재가 된다.

(a) Rimmed강(Rimmed steel)

탈산이 불충분한 강이다. 용강을 주형에 주입시킬때 다량의 Gas를 발생해서 용강은 불등(沸騰)하면서 외측에서부터 응고하기 때문에 강괴(鋼塊)

의 표면에는 양질의 두터운 층을 형성하지만 내부에는 불순물이나 기공이 생겨서 성분이 불균일하게 된다. Rimmed강의 강괴를 압연(壓延)시킨 강재는 Welding시 용접부에 인성(靭性)에 있어서 약하므로 특히 저온에서 보통의 약 1/2의 하중으로 파괴된다. 이런 현상을 취성파괴(脆性破壞)라 한다. 그러므로 두께 13㎜ 미만의 A급 강(鋼) 이외에는 사용되지 않는다.

(b) Killed강(Killed steel)

완전히 탈산한 강이다. 용강은 주형중에서 조용히 굳어지는 것으로써 불순물이나 기공(氣孔)은 윗 부분에 모여 수축공(收縮孔)을 형성한다. 이때, 이 부분을 잘라내면 나머지 부분은 균질로써 양질의 강이 된다.

Killed강은 Rimmed강의 결점은 주로 제강할 때 탈산의 불충분에 기인하므로 이를 용접구조에 적합하도록 다시 고도의 탈산을 하는 제법에 의하여 제조된 강이다. 특히 후판용(厚板用)으로써 가장 적합한 강이다.

(c) Semi-Killed강(Semi-Killed steel)

Rimmed강과 Killed강의 중간정도의 탈산을 한 강이다. 내부의 기공도 비교적 적어서 수축공도 크지 않아 성분이 비교적 균질인 것으로써 일반의 선체용 강재로써 널리 사용되고 있다.

※ 용접구조에서 취성파괴가 생기는 것은 후판의 경우이므로 1 inch 이상의 강판은 Killed강을 1/2inch 이상의 강판은 Semi-Killed강을 사용하며 박판이나 Rivetting용으로 Rimmed강이 사용된다.

또, 강에는 Mn의 함유량이 많으면 취성파괴가 잘 일어나지 않기 때문에 용접구조용 강재에는 Mn의 함유량을 C의 2.5배 이상으로 할 것을 규정하고 있다.

8. 강재의 처리

(1) Sand blast에 의한 방법

강철입자(鋼鐵粒子)나 모래 등을 강재의 표면에 강하게 뿜어 내어 Mill scale이나 녹, 이외의 더럽혀진 것들을 떨어뜨린 다음 표면을 깨끗이 처리한 후 Wash primer를 뿜어 건조시킨다.

(2) 산세척(酸洗滌; Pickling) 방법

Blast방법으로는 표면처리가 어려운 박판(薄板), 형강(形鋼), 강관(鋼管) 등에 대해서는 산세척을 한다.

Pickling이란 강재를 약 1.5%의 염산액이나 5%의 유산액에 15~20시간 담가 두었다가 물로 씻은 다음 5%의 가성소다액으로 중화시켜 다시 꺼내 물로 씻은 다음 건조시킨다.

(3) 인산염 피막(皮膜)방법

인산에 의한 산세척은 녹과 더럽혀진 것들을 제거함과 동시에 강재의 표면에 인산염 피막을 형성해서 내식성(耐蝕性)을 증가해서 도료를 밀착시키는 것으로서 보통의 산세척 보다 편리하다.

(4) 아연도금(亞鉛鍍金 ; Galvanizing)방법

산세척에 의해서 Mill scale이나 그 외의 더럽혀진 것들을 제거한 강재를 430°~450℃의 용해된 아연중에 담구어 표면에 아연의 피막을 만들어 강판과 공기의 접촉을 차단시키는 것이다.

(5) 합판(Clad steel)방법

보통의 강판 위에 Stainless의 박판을 달구어 압연하여 붙이는 방법이다. 이는 Al에서도 같은 방법으로 보통의 Al(Duralumin)의 표면에 순도가 큰 Al판(99.999% 이상)을 합판으로 한 것이 상부구조물에 사용된다.

9. 특수강(特殊鋼 ; Special steel)

특수강이란 강에 Ni, Cr, Mn, Mo, V, W, Si, Co, Cu 등의 원소중에서 일정량 이상의 특수원소를 가해서 보통의 탄소강과는 다른 성질을 갖는 특수강을 만든다. 이를 합금강(Alloy steel)이라고 한다.

선체의 구조에 쓰이는 특수강으로써는 고장력강(高張力鋼 ; High tension steel)이 있다. 이것은 인장강도(引張強度)가 큰 것으로 이의 인장강도에 따라서 50kg/mm² 고장력강 등으로 불리어진다.

용접구조에 사용되는 고장력강으로써는 인장강도만 커서는 안되고 충분한 가공성(加工性)과 용접성(溶接性)을 요하게 된다. 일반적으로 인장강도를 크게하기 위해서 재료의 화학성분으로 C, Mn, Si, Ni, Cr, Mo, V, 등의 원소를 포함시키면 좋으나 이것은 용접성을 나쁘게 한다. 그러므로 용접성을 나쁘지 않게 하며 소요의 인장강력도 가질 수 있도록 해야만 된다는 상반(相反)되는 조건을 만족시킬 수 있는 특수원소를 포함시키는 데 어려움이 따른다.

그래서 C를 비교적 적게 하고 Mn, Si 등을 약간 증가시킨 것으로써 최

근에는 대형화 된 선체에 이 고장력강이 사용되고 있다.

특수강의 종류는 많으나 이중 선박에 관계 있는 몇 종류를 간략하게 소개한다.

(a) Stainless강

탄소강에 Cr을 가하면 내식성, 내마모성, 내열성이 현저히 증가하고 인장강력과 강복점이 증가한다. 그러나 충격치와 신장도는 급강하 한다.

Stainless강을 주성분으로 분류하면 여러 종류가 있으나 13Cr강은 선체에서는 Pipe, Bar, Plate, Turbine Blade, 모든 종류의 Valve, Shaft, Rod 및 Bolt 등과 실내장식품 등으로 사용된다.

(b) Ni－Cr강

특수강의 대표적인 것으로 철－탄소 합금에 Ni과 Cr을 가한 것이다. 인장력이 크고 강인하며 내식성, 내열성, 내마모성이 높기 때문에 Piston축, Crank축, Propeller축, Clutch, 치차 등 일반기계 부품으로 사용된다.

(c) Ni－Cr－Mo강

Ni－Cr강에 1% 이하의 Mo을 첨가한 것으로 내열성과 가공성이 증대된 것으로서 고급 내연기관의 Crank축 등 중요한 기계부품의 재료로 사용된다.

(d) Cr－Mo강

Cr강에 소량의 Mo을 첨가한 것으로 기계적 성질은 Ni－Cr강과 큰 차이가 없으며, 용접성이 좋은 것이 특징이다. 주로 치차, Cylinder, Shaft, 강력 Bolt 등에 사용된다.

(e) Ni－Cr－W강

Ni, Cr, W에 0.17～0.2% 정도의 C를 함유시킨 특수강으로서 강인성을 갖는 우수한 강이지만 단련성이 나쁜점이 흠이다. 발동기의 Crank축 치차 등에 사용된다.

(f) Spring강

탄성한계가 크고 피로한계가 큰 것이 요구된다. 고급 Spring강으로 널리 쓰이는 것으로는 Si－Mn강이다.

(g) 고속도강(高速度鋼 ; High speed steel, HSS)

Fe, C, Cr, W 등을 주성분으로 하는 합금강으로 여기에 Mo, V 및 Co 등을 첨가시킨 것이다. HSS로 만든 절삭공구(切削工具)로 적당하게 열처리를 한 것은 절삭력이 크며 수명이 길어지고 날끝이 마찰열로 인해서 경도의 저하를 가져오지 않고 오히려 경도 및 절삭력을 증가시키는 적열경성(Red hardness) 또는 제2차 경화(Secondary hardening)를 나타낸다.

(h) 불변강(不變鋼 ; Invar)

Ni(35～36%), C(0.1～0.3%), Mn(0.4%)를 함유하는 합금강으로 0℃에 있어서의 열팽창계수가 보통강 보다 1/11.5, 황동의 1/17.2로써 200℃까지도 낮은 값을 가지며, 내식성이 크기 때문에 표준척, 온도계, 지진계, Sextant, Chronometer, 시계의 추 등에 사용된다.

3·1·3 비철금속재(非鐵金屬材 ; Non-ferrous metal)

선체에는 강재 이외에도 여러 종류의 금속 말하자면 Cu, Al, Pb, Zn, Sn 등이 사용된다.

이들을 간략히 설명하면 다음과 같다.

1. 동(銅 ; Copper, Cu)

동은 전기나 열의 전도도가 높고 내식성(耐蝕性)이 크고, 가공하기 쉬우므로 판(板), Pipe, Bar, 전선 등 광범위 하게 사용된다. 그러나 강도가 낮아 Zn, Sn 또는 기타의 금속을 합성한 황동이나 청동 등은 철강재에 비하여 내식성이 크고, 기계적 성질도 우수하므로 공업용으로 널리 사용된다.

(1) 황동(黃銅 ; Brass)

놋이라고도 하며 Cu와 Zn으로 된 황색의 합금이다. 이는 가공성이 좋아서 선박에서도 많이 사용된다. 즉 Pipe, Bar, Plate, 주물 외에도 피복판, Voice tube, Cock, Pump 등에 쓰인다.

(2) **Naval 황동**(Naval brass)

황동에 소량의 Sn을 첨가한 석황동(Tin brass)은 경도 및 인장강도가 증가하며 신장률은 감소한다. 해수에 대한 내식성이 크므로 Naval 또는 Admiralty 황동이라 불린다. 이는 Condenser tube, Shaft, Propeller 등에 사용된다.

(3) **Mn황동**

Cu, Zn의 합금에 Mn, Fe, Al 및 Sn 등을 첨가한 합금이며 성질이 청동과 비슷해서 Mn청동이라 불려지고 있다. 해수에 대한 내식성이 크기 때문에 Propeller기관의 부분품, Pump, Turbine blade, Piston 및 Valve 등에 사용된다.

(4) **NM청동**(NM Bronze)

황동에 Si, Fe, Al, Mn 등을 첨가한 합금으로 인장강도가 크고(60kg/mm²) 내식성이 크므로 선박용의 Propeller에 사용된다.

2. **Aluminium**(Al)

근년에 와서 Aluminium의 발달이 현저해져서 내해수성(耐海水性)의 양호한 제품이 풍부해져서 선박에서도 널리 이용되게 되었다. Mg(2~5.7% 함유)을 함유시킨 합금판은 내식성이 크기 때문에 외부구조, 주물 등에 사용된다. 순 Aluminium도 내식성이 크기 때문에 강도를 요하지 않는 의장품이나 가구, 장식품 등에 쓰인다.

Aluminium을 선박에 이용 하므로써 이로운 점은 다음과 같다.

(a) 비중(2.70)은 연강의 약 1/3로써 자체중량이 경감된다.

(b) 선체의 상부 구조물, 의장품 등에 사용하면 중심이 하강하므로써 선체의 복원성(復原性)을 좋게 한다.

(c) 비자성(非磁性)이므로 자기 Compass에 영향을 주지 않는다.

(d) 가공성(加工性)이 좋고 내화성(耐火性) 및 내식성이 좋기 때문에 선박에서는 다음과 같은 곳에 사용되고 있다.

① 선체관계 : Bridge구조, 방풍판, Bulwark, Hatch beam, 상부구조물

② 의장관계 : Scuttle, Life boat, Ladder, Hand rail, 의복상자, Air trunk, 천정, 난방기구의 Cover, 실내통풍공, 연돌, Thermotank 등 여러 곳에 쓰인다.

3. 연(鉛 ; Plumbum, Lead, Pb)

연은 산류(酸類), 해수(海水)에 대한 내식성이 큰 것으로써 Gas, 수도 및 변소용 관, 전선피복용, 축전지, 산류의 보관소의 내장용(內張用) 또는 White metal의 합금용에도 이용된다.

4. 주석(朱錫 ; Stannum, Tin, Sn)

은백색의 연한 금속으로 대기중(大氣中)에서는 산화하지 않으며 전성(展性)이 좋으며, 연강판에 도금재료로 사용되며 기구(器具), 관(管) 등에도 도금한다. 또 청동, 활자합금, White metal 등의 합금의 재료로도 쓰인다.

5. 아연(亞鉛 ; Zinc, Zn)

Zn은 황동, White metal 및 다른 합금재료로 널리 쓰이는 금속이다. 건조한 공기중에서는 거의 산화하지 않으나 습기와 CO_2를 함유하는 공기중에서는 표면에 백색의 엷은 염기성 탄산염의 막을 형성하여 내부의 산화를 방지한다.

Zn은 철강 및 구리에 대하여 전기적 양성이 강하므로 이들 금속(金屬)의 부식의 방지에 사용된다. 또 연강(軟鋼)의 피복용으로 우수하여, 선체중 부식이 심한 부분의 도금에 사용된다.

3·1·4 비금속재(非金屬材)

강선(鋼船)에도 다음과 같은 각종의 비금속재료가 쓰여진다. 육상의 건축에 쓰이고 있는 모든 재료가 사용되고 있다.

1. 목재(木材)

목갑판(木甲板), Side sparring, Bottom ceiling, Chain locker의 내장, Hatch board, Fender, Gangway ladder, Awning spar, 기타 거실의 내장 및 가구류 등에 사용된다.

2. **Cement**

(1) **Tar cement**

Asphalt pitch, Coal tar 등을 녹혀 바른 다음 이것이 굳어지기전에 Cement 마른 가루를 고루 뿌려서 도막(塗膜)을 형성하는 것으로 Tank top plate, Bilge, 더러운 물이나 기름이 고이기 쉬운 곳에 사용한다.

(2) **Cement wash**(Neat cement paste)

Cement가루를 물에 타서 brush로 Paint처럼 바르는 것이다. 이는 Bilge, Tank, Cofferdam 등의 내부에 실시해서 강판의 부식을 방지한다.

Fresh water tank에 발라서 물을 깨끗하게 유지하기도 한다.

(3) **Cement mortar**

이는 Cement와 모래의 혼합비율을 1 : 3 정도로 해서 물로 반죽하여 물이나 기름이 고이기 쉬운 장소, Bilge way, 조리실, 목욕실, 화장실 등의 도장에 쓰인다.

(4) **Concrete**

이는 Cement와 모래와 자갈의 혼합비율을 1 : 1.5 : 3 정도의 물로 반죽해서 선수미(船首尾) Tank 등과 같은 손이 잘 가지 않는 장소에 쓰인다.

3. 기타의 재료

Wire rope, Fibre rope, Canvas, Paint, Pitch나 Tar, 유리, 벽돌, 고무, Asbestos, Cork, Balsa, Felt, Linoleum, 가죽, 도자기류 등, 부력재(浮力材)로는 Cork, Balsa, kapok 등이 구명기구에 사용되며 방열이나 방음재료는 Cork, Balsa, Felt, 톱밥, Asbestos 등이 사용된다.

※ Cork : 비중 0.16~0.22 정도이며 물, 유류, Alcohol, Gas 및 수증기 등을 침투시키지 않고 고도의 내구력이 있으며, 열의 전도도 낮다.

※ Balsa : 비중 0.09~0.20 정도이며 남 America의 열대지방의 수목으로 목재가 가볍고 질이 강하다.

※ Kapok : 열대식물인 Kapok tree의 열매를 싸고 있는 융모로 희고 부드러우며 광택이 있는 솜과 비슷한 섬유이다.

第4章 荷重(Load)과 應力(Stress)

4·1 하중(Load)

물체(物體)에 작용하는 외력(外力)을 하중이라 하며 단위는 kg, ton이 쓰인다. 하중에는 그 작용하는 방식에 따라 다음과 같이 시간적(時間的), 공간적(空間的)인 작용방식으로 분류한다.

1. 시간적인 작용방식에 의한 분류

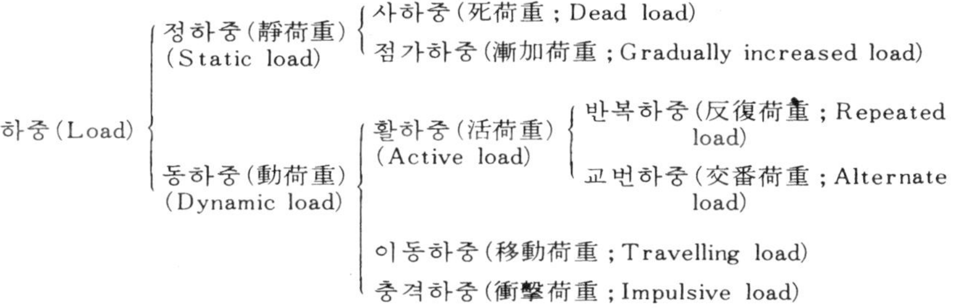

(a) Static load : 정지상태에서 가(加)해져 변화하지 않는 하중 또는 서서히 변화 하는 하중

(b) Dead load : 자중(自重)에 의한 것으로 크기와 방향이 일정한 하중

(c) Gradually increased load : 조용하게 일정한 크기까지 동일한 방향으로 점차적으로 증가하는 하중

(d) Dynamic load : 항상 움직이고 크기가 변화하는 하중

(e) Active load : 충격 없이 움직이고 있는 하중

(f) Repeated load : 하중의 크기와 방향이 같고 일정한 하중이 되풀이 되는 하중으로 Elevator와 같은 것.

(g) Alternate load : 하중의 크기와 방향이 변화하는 인장력과 압축력이

상호 연속적으로 거듭하는 하중(Reciprocating engine steamer)

(h) Travelling load : 물체상을 항상 이동하여 가해지는 하중

(i) Impulsive load : 순간적으로 충격을 주는 하중

2. 공간적인 작용방식에 의한 분류

하중(Load)
- 축하중(軸荷重 ; Axial load)
  - 인장하중(Tensile load)
  - 압축하중(Compressive load)
- 전단하중(Shearing load)
- 비틀림하중(Twisting load)
- 굽힘하중(Bending load)

(a) Axial load : 집중하중(集中荷重)으로서는 작용선(作用線), 축선(軸線)에 일치하고 분포하중(分布荷重)으로서는 그 합력(合力)의 작용선이 축선에 일치하는 하중

(b) Shearing load : 물체면에 평행으로 전단작용을 하는 하중

(c) Twisting load : 축심(軸心)에서 떨어져 작용하여 축의 주위에 Moment를 일으키고 재료의 양단에 상반(相反)된 작용으로 비틀림 현상을 일으키는 하중

(d) Bending load : 재료의 축에 대하여 어떤 각도를 이루며 작용하고 굽힘 현상을 일으키는 하중

4·2 응력(Stress)

물체에 외력(External force)이 가해지면 변형(Deformation)하는 동시에 저항력이 생겨 외력과 평형을 이룬다. 이 저항력을 내력(Internal force)이라 하며, 단위면적당 내력의 크기를 응력(Stress)이라 한다.

응력의 종류를 분류하면 다음과 같다.

응력(Stress)
- 수직응력(Normal stress)
  - 인장응력(Tensile stress)
  - 압축응력(Compressive stress)
- 접선응력(Tangential stress) — 전단응력(Shearing stress)

응력은 단위면적에 작용하는 힘 F/A 즉, kg/cm^2, kg/mm^2등의 단위로 나타낸다.

1. 변형률(Strain)

물체에 발생하는 변형의 크기는 물체의 크기에 의하여 변화하므로 동일 응력에 대하여 큰 물체일수록 큰 변형이 발생한다. 변형과 본래의 치수와의 비 즉, 단위길이에 대한 변형량으로서 변형의 정도를 비교한 것을 Strain이라 한다. 변화량(l)과 본래의 길이(L)와의 비(l/L)이다.

2. **Hooke의 법칙**

응력이 재료에 따라 정해지는 일정한 값에 미달하는 범위 내에서는 응력(σ)과 변형률(ε)은 비례한다.

즉, $\sigma = E_{\varepsilon}$라는 비례관계가 성립한다.

3. **Young계수**(Young's Modulus) 또는 종탄성계수(Modulus of longitudinal elasticity)

수직응력 σ와 그에 따른 종변형률 ε이 Hooke의 법칙에 따라서 정비례 관계를 성립시키는 비례상수를 Young이 처음으로 수치적으로 측정하였으므로 Young계수라 부르고 E로 표시하며 동일 재료에 대한 인장, 압축 일 때의 E는 거의 같다.

즉, 강철에서는 $E = 2.1 \times 10^6 \text{kg/cm}^2$이다.

4. 인장응력(Tensile stress)

(그림 4 - 1)과 같이 강봉의 양단에서 같은 힘 P로 당기면 굵기가 가늘어지면서 길이가 늘어난다. 이때, 당기는 힘 P를 인장력(引張力 ; Tensile force) 또는 인장하중(引張荷重 ; Tensile load)이라 한다. 이때 강봉의 어느 부분을 절단해도 인장하중과 같은 크기의 인장응력 P_1과 P_2가 반대 방향으로 작용하여 힘을 다른 곳으로 전달한다.

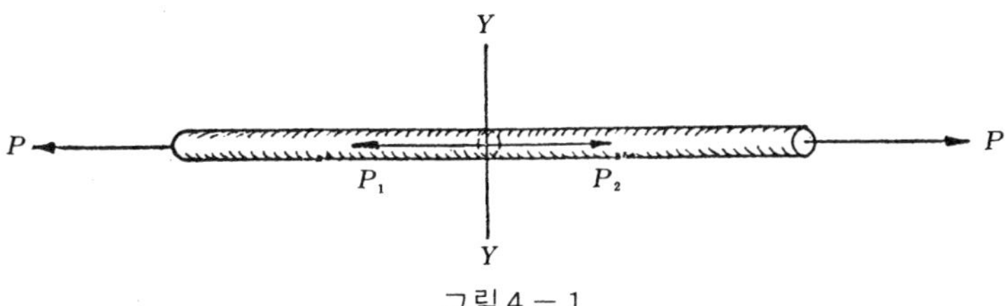

그림 4 - 1

즉, 단위면적에 작용하는 인장응력(σ_t)은

$$\sigma_t = \frac{\text{인장하중}}{\text{단 면 적}} = \frac{P}{A}$$로 나타낸다.

5. 압축응력(Compressive stress)

강봉의 양쪽에서 같은 힘 P로 미는 것이다. 이 때의 하중 P를 압축력(壓縮力 ; Compressive force) 또는 압축하중(壓縮荷重 ; Compressive load)이라 하며, 강봉의 내부에 생기는 응력을 압축응력이라 한다. 이때 압축응력(σ_c)은

$$\sigma_c = \frac{\text{압축하중}}{\text{단 면 적}} = \frac{P}{A}$$로 나타낸다.

6. 전단응력(Shearing stress) 또는 접선응력(Tangential stress)

(그림 4 － 2)와 같이 강판을 양쪽에서 잡아당기면, 이때 Rivet의 XY면은 가위로 끊는 것과 같은 힘이 상하(上下)의 부분이 각각 좌우로 작용한다.

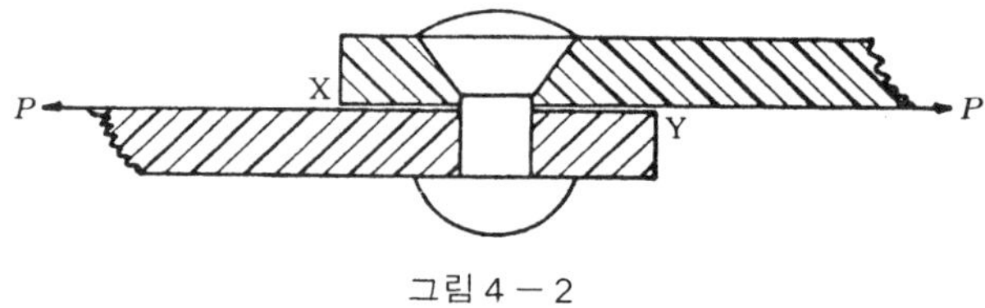

그림 4 － 2

이와 같은 하중을 전단력(剪斷力 ; Shearing force) 또는 전단하중(剪斷荷重 ; Shearing load)이라 하며 Rivet의 내부 XY단면에 생기는 응력을 전단응력이라 한다.

단위면적에 작용하는 전단응력(σ_s)은

$$\sigma_s = \frac{\text{전단하중}}{\text{단 면 적}} = \frac{P}{A}$$로 나타낸다.

7. 굽힘응력(Bending stress)

(그림 4 － 3)과 같이 양단을 지지한 Beam의 중앙에 하중 W를 가하면

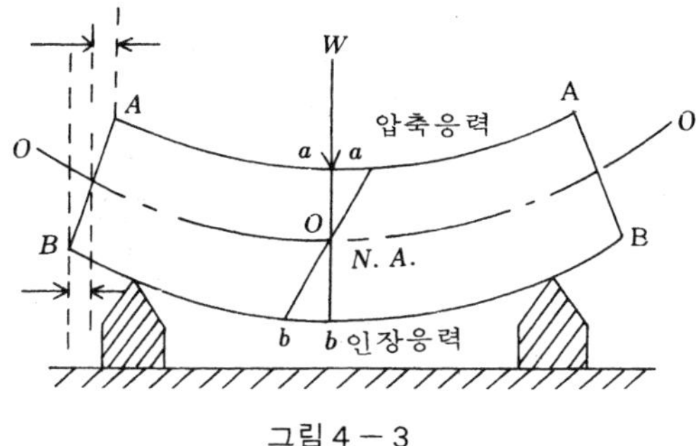

그림 4 — 3

Beam은 굽히고, 이때 상부에는 압축응력이 하부에는 인장응력이 생긴다. 그 크기는 같으나 작용하는 방향은 서로 반대가 된다. 또 *AA*선은 줄어들고 *BB*선은 늘어나며 *OO*선은 변화가 없다. 이때의 *OO*선을 중성축(中性軸 ; Neutral axis)이라 하며, 이 선상에는 어떠한 응력도 생기지 않는다. 만약, Beam의 재질이 균등하고 단면이 대칭이면 중성축은 단면의 중앙에 있게 된다.

만약, 단면이 대칭이 아니면 중성축은 응력이 큰 쪽으로 있게 되고 재질이 같지 않을 때는 중성축은 강한 쪽에 가까워진다.

굽힘응력은 인장, 압축, 전단과는 달리 하중뿐만 아니라 하중에 지점으로부터의 거리를 곱한 Bending moment에 의해서 결정된다.

선체의 구성재인 Floor, Girder, Hatch beam 등에 Lightening hole을 뚫은 것은 중성축의 위치에 뚫은 것이다. 이로써 재료의 절약과 선체 자체의 중량을 경감시킬 수 있다.

4·3 응력과 재료의 배치

Beam을 굽히면 응력은 중성축에서는 0이고 상하 양단에서 최대로 된다. 이때 하중은 Bending stress를 일으킴과 동시에 Beam을 절단하려는 전단응력을 일으킨다. 이때 응력은 보의 단면에 관계 없이 절단선에서는 어느 점에서도 같다.

전단응력은 굽힘응력 보다 작은 것이 보통이다. 그림 4 — 4는 그림 4 —

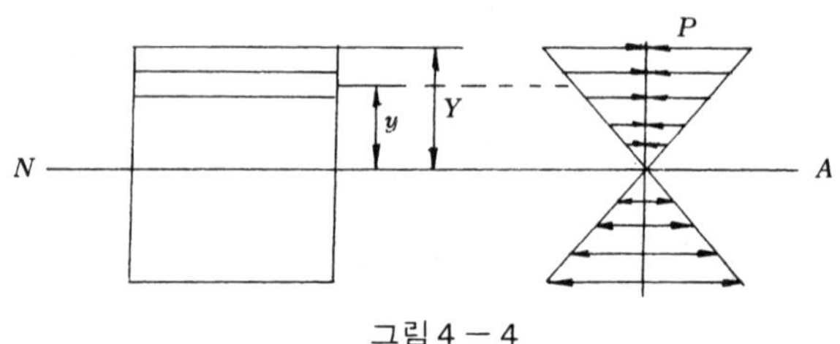

그림 4 − 4

3의 중앙부 단면과 응력을 나타낸 것이다. 재료의 내부에 생기는 응력은 다음식에서 구한다.

$$\sigma = \frac{M}{I} \cdot y$$

단, σ는 중립축(中立軸) NA에서 y(m)의 거리에 있는 응력(kg/mm²)

M : 단면의 Bending moment(ton·m)

I : 중립축에 대한 Moment of inertia(m²·mm²)

$\frac{I}{y}$는 단면계수이므로 이것을 Z로 표시하면 상식(上式)은

$\sigma = \frac{M}{Z}$ 또는 $M = \sigma Z$

이 식을 Bending formula 또는 Strength equation이라 하여 Bending stress와 Bending moment 사이의 관계식으로 Beam의 설계 및 강도계산에 이용되는 기초식이다.

즉, 굽힘 Moment가 큰 곳에 큰 내부 응력이 발생하여 가장 위험한 곳이 되므로 종강력을 부여하기 위하여 큰 재료를 써야 한다.

Z가 커지면 σ가 감소하므로 절단면은 가능한 한 관성능률(慣性能率)이 큰 형상으로 하는 것이 바람직하다. y축 중심축에서의 거리가 커질수록 큰 응력이 발생한다. 따라서 그림 4 − 5의 (A) 보다 (B)와 같은 재료의 사용이 유리하기 때문에 (B)와 같은 재료가 교량, 기차선로나 선체에서는 Frame, Beam, Girder 등에 쓰이고 있다.

이상으로 보아 선체에서는 선체 중앙부의 최상갑판과 선저부에 큰 응력이 발생하므로 이런 위치에 큰 재료를 배치해야 하는 것이다.

Beam의 강도는 높이의 자승에 비례한다. 따라서 폭은 그대로 하고 높이

를 2배로 하면 강도는 4배로 된다. 그러나 높이는 그대로 두고 폭을 2배로 하면 강도는 2배로 되기 때문에 Beam의 폭을 크게 하는 것 보다는 높이를 크게 하는 것이 유리하다.

그러나 여기에도 정도가 있어 너무 깊게 하면 횡방향이나 빗긴방향에 대해서는 약한 결점이 있다.

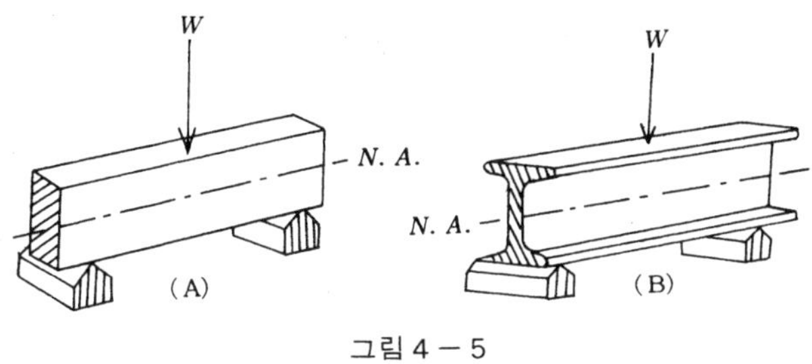

그림 4 — 5

4·4 Span과 휘임도(Deflection)

Span이란 Beam을 지지하는 2점 사이의 거리를 말하며 Span은 Beam의 휘임도와 강도에 큰 관계를 갖는다. Beam의 휘임도는 원래의 위치에서 밑으로 처진 양을 말하며 Span의 3승에 비례한다.

예를 들면 그림 4 — 6 에서와 같은 하중 *W*가 Beam의 중앙에 걸렸을 때 휘임도의 비는 $(\frac{2}{1})^3 = 8$ 이므로 (B)의 Beam의 휘임도는 $3 \times 8 = 24$(mm)로 된다.

구조물의 휘임도는 작을수록 좋으므로 Span의 폭을 작게 하거나 Beam의 깊이를 크게 한다. 또 Beam의 강도는 Span에 반비례하므로 Span이 짧을수록 휘임도가 작고 큰 하중에 견딜 수 있다. 반대로 휘임도와 하중이 같으면 Span이 짧을수록 Beam의 깊이가 감소한다.

즉, Deck beam을 선폭 전부로 하면 Beam의 깊이가 커져서 Cargo hold의 천정(天井)을 낮게 하므로 Beam의 중간에 Deck girder로 받쳐 주므로서 Span을 선폭의 $\frac{1}{2}$ ～ $\frac{1}{3}$ 등으로 하므로서 Beam의 깊이를 감소시키는 것이다.

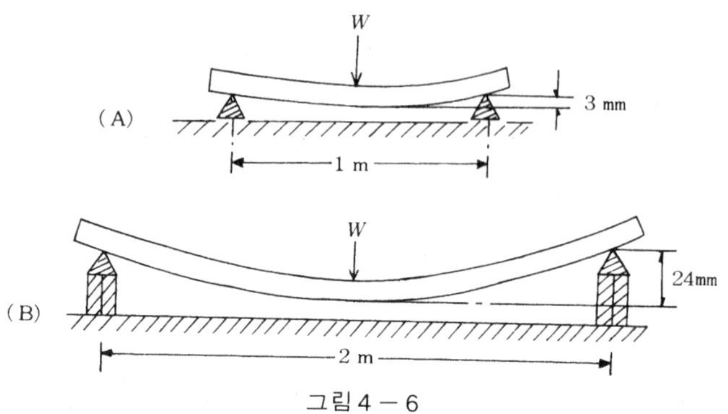

그림 4 − 6

4·5 Beam의 응력분포(應力分布)

Beam에 걸리는 하중은 걸리는 방법과 방향에 따라서 여러 종류가 있으나 여기서는 대표적인 집중하중(集中荷重 ; Concentrated load)과 등분포하중(等分布荷重 ; Uniformly distributed load)에 관해서 Shearing force diagram(S. F. D.), Bending moment diagram(B. M. D.)의 일반식과 기본도(基本圖)로 살펴보기로 한다.

1. 외팔보(Cantilever beam)

한쪽은 고정단(固定端)이고 다른 한쪽은 자유단(自由端)인 Beam을 말한다.

(1) 집중하중을 받는 Cantilever beam(그림 4 − 7)

Shearing force $F=W$ ··························(1)

Bending moment $M=W\cdot x$

최대 Bending moment는 고정단에

$M_{max}=W\cdot l$ ··························(2)

S. F. D의 (−), B. M. D의 (+)는 미리 정한 것이다.

(2) 등분포하중을 받는 Cantilever beam에 대해서(그림 4 − 8)

여기서 w는 단위길이에 대한 중량

Shearing force $F=-w\cdot x$

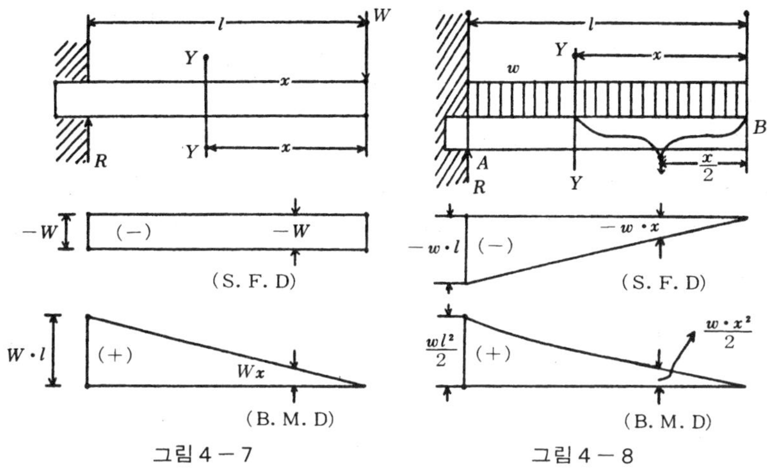

그림4－7　　　　그림4－8

최대 Shearing force는 고정단 A에서

$$F_{max} = -w \cdot l \quad \cdots\cdots(3)$$

$$\text{Bending moment } M = w \cdot x \times \frac{x}{2} = \frac{w \cdot x^2}{2}$$

따라서 최대 Bending moment는 고정단에서

$$M_{max} = \frac{w \cdot l^2}{2}$$

또한 전하중(全荷重)을 W이라 하면

$$w \cdot l = W$$

$$\therefore\ M_{max} = \frac{w \cdot l^2}{2} = \frac{W \cdot l}{2} \quad \cdots\cdots(4)$$

여기에서 (2)식과 (4)식을 비교하면 (4)가 (2)의 $\frac{1}{2}$이니까 Beam의 강도가 같은 경우에 등분포하중의 경우에는 집중하중의 2배의 하중에 견딘다.

2. 자유단(自由端)보(Free-ended beam) 또는 단순(單純)보 (Simple beam)

양단(兩端)을 단순히 지지한 Beam을 자유단보라 한다. 이 보의 특징은 하중이 걸렸을 때 양단이 Beam과 같은 곡율(曲率)을 이루어 굽혀지는 점이다.

자유단보의 경우에는 집중하중이 Span의 중앙에 있을 때 굽힘 Moment가 최대로 된다. 따라서 이와 같은 하중을 받는 Beam은 중앙부를 양단보다 굵게 한다.

예를 들면 Hatch beam과 같은 경우다.

(1) 집중하중을 받는 단순보(Simple beam) (그림 4 − 9)

그림 4 − 8에서 반력(反力)을 구하면 하중과 반력의 합(合)은 0에서

$$W - R_A - R_B = 0$$

Moment도 같이

$$M_B = R_A \cdot l - Wb = 0$$

위의 두 식에서

$$R_A = \frac{Wb}{l},\quad R_B = \frac{Wa}{l} \quad \cdots\cdots(5)$$

Shearing force는 C단면의 좌측에서는 그의 부호가 변하므로

$$A - C\text{간} : F_{AC} = -R_A = -\frac{W \cdot b}{l}$$

$$C - B\text{간} : F_{CB} = -R_A + W = R_B = \frac{W \cdot a}{l}$$

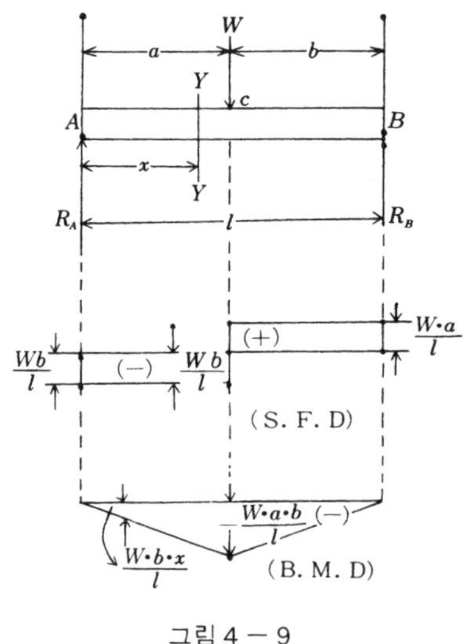

그림 4 − 9

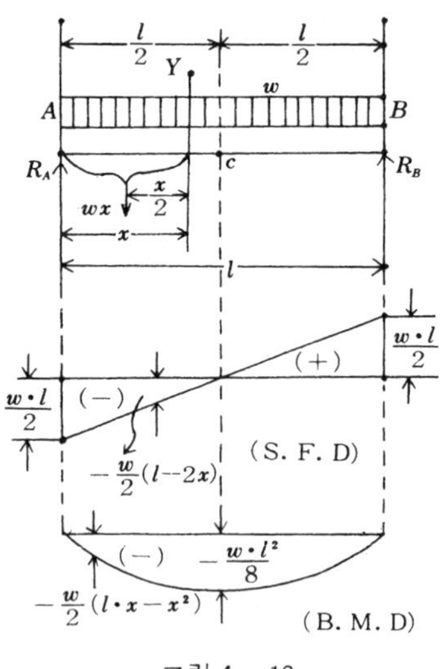

그림 4 − 10

Bending moment는

$$A-C\text{간}: M_{AC}=-R_A\cdot x=-\frac{W\cdot b}{l}\cdot x$$

$$C-B\text{간}: M_{CB}=-R_A\cdot x+W(x-a)$$

$$=-\frac{Wb}{l}\cdot x+W(x-a)$$

따라서 Bending moment의 최대치는 $x=a$일때, 그러므로 Shearing force의 부호가 변하는 C점에 생긴다.

$$M_{\max}=R_A\cdot a=R_B\cdot b=\frac{W\cdot a\cdot b}{l}=M_C$$

여기에서 W가 Beam의 중앙에 움직인다면

$$a=b=\frac{l}{2},\quad R_A=R_B=\frac{W}{2}\text{에서}$$

$$M_{\max}=\frac{W\cdot l}{4} \quad \cdots\cdots(6)$$

에서 Beam의 중앙에 생긴다.

(2) 등분포하중을 받는 Simple beam(그림 4 －10)

w : 단위장(單位長)에 대한 중량

그림에서 반력(反力)은

$$R_A=R_B=\frac{wl}{2} \quad \cdots\cdots(7)$$

Shearing force는

$$F=-R_A+w\cdot x=-\frac{wl}{2}+w\cdot x=-\frac{w}{2}(l-2x)$$

Bending moment는

$$M=-R_A\cdot x+w\cdot x\cdot\frac{x}{2}$$

$$=-\frac{wl}{2}\cdot x+\frac{w\cdot x^2}{2}=-\frac{w}{2}(l\cdot x-x^2)$$

최대 Bending moment는 Beam의 중앙으로 움직여서

$$M_{max} = -\frac{w \cdot l^2}{8} \quad \cdots\cdots (8)$$

즉, Beam의 휘임도는 굽힘 Moment의 크기에 비례하므로 집중하중의 경우는 등분포하중의 경우에 비하여 휘임도가 2배가 된다.

3. 고정단(固定端)보(Fixed-ended beam)

Beam의 양단이 고정되어 있다. 이의 특징은 자유단보에 비하여 강도는 2배이고 휘임도는 $\frac{1}{4}$이다.

(1) 집중하중이 Span의 중앙에 걸렸을 때(그림 4－11)

최대 Bending moment는 양단과 중앙에 작용한다.

Beam의 단위길이에 대한 중량을 w 이라 하면

$$w = \frac{W}{L}$$

양단의 반력은 $R_A = R_B = \frac{W}{2}$이다.

좌단(左端)을 원점으로 하고 축방향을 x축으로 잡으면 원점으로부터 임의의 단면까지의 Beam의 무게는 $w \cdot x$이므로 이의 Shearing force는

$$F = \frac{W}{2} - w \cdot x \quad \cdots\cdots (9)$$

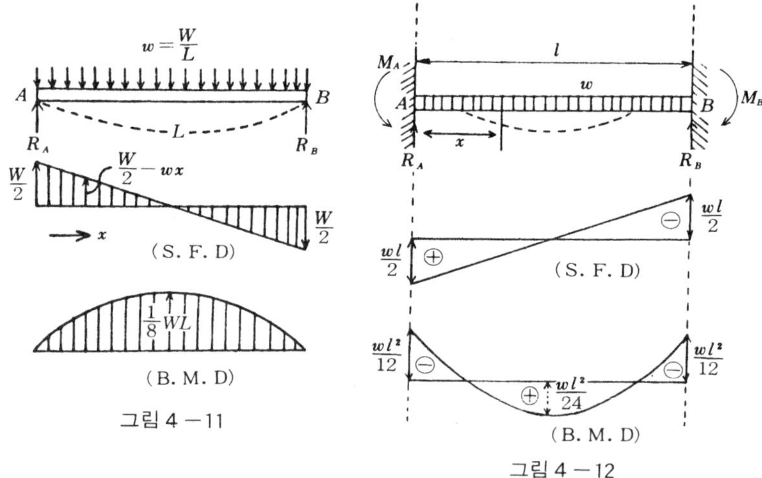

그림 4－11

그림 4－12

중앙에 작용할 때는

$$M=\frac{W}{2}\cdot x-w\cdot x\cdot\frac{x}{2} \quad\cdots\cdots(10)$$

윗 식을 Bending moment선도로 표시하면 그림 4 －10과 같이 2 차곡선이 된다.

M의 값은 $x=\frac{L}{2}$일때 최대로 된다.

즉, $M=\frac{W}{2}\cdot\frac{L}{2}-\frac{w}{2}\left(\frac{L}{2}\right)^2=\frac{1}{8}W\cdot L \quad\cdots\cdots(11)$

(2) 등분포하중이 걸렸을 때(그림 4 －12)

등분포하중이 걸리면 최대 Bending moment는 양단에 작용한다.

단위길이에 대한 중량을 w 이라 한다.

대칭조건에서

$$R_A=R_B=\frac{wl}{2} \quad\cdots\cdots(12)$$

$$M_A=M_B$$

A단에서 거리 x에 있는 단면의 Bending moment

$$M=-M_A+\frac{wl}{2}\cdot x-\frac{w}{2}x^2$$

따라서 x에서의 Bending moment M는 $x=l$이면

$$M=-\frac{w}{12}(l^2-6lx+6x^2)$$

양단에서 $x=l$이 되므로

$$M_A=M_B=-\frac{wl^2}{12} \quad\cdots\cdots(13)$$

중앙에서 $x=\frac{l}{2}$이므로

$$M_{\frac{l}{2}}=-\frac{w}{12}\left(l^2-\frac{6}{2}l^2+\frac{6}{4}l^2\right)$$

$$=-\frac{w}{12}\left(-\frac{1}{2}l^2\right)=\frac{wl^2}{24} \quad\cdots\cdots(14)$$

이상에서 살펴본 바와 같이 Stress는 Load의 종류에 따라 변할뿐만 아니라 Beam의 설치방법에 따라서도 변한다.

선박에 있어서는 등분포하중의 경우가 많다. 이와 같은 등분포하중을 받는 고정단보는 최대 Bending moment가 양단부(兩端部)에 생기며, 중앙부의 2배에 달하므로 하중에 대하여 Beam이 약할 때는 양단부가 먼저 부러진다. 그러므로 Beam의 양단부에는 Beam bracket를 설치해서 안전을 도모하는 것이다.

선체의 구조는 곡선부분이 많아 완전한 고정단으로 하기는 어려우나 튼튼한 Bracket를 써서 고정단에 가까운 상태로 하며, 이렇게 하므로써 Beam의 Span을 짧게 하는 결과가 되어 유리하다.

4·6 주(柱 ; Pillar)의 강도

단면의 크기에 비하여 길이가 긴 봉(棒)이 그 축방향(軸方向)에 압축하중(壓縮荷重)을 받고 있을 때, 이 봉을 기둥(Coulumn)이라 하며 선박에서는 Pillar 또는 Stanchion이라 한다.

1. Pillar의 압축파괴(壓縮破壞)와 Buckling

Pillar가 길이에 비해서 굵을 때에는 압축응력(壓縮應力)으로 파괴되지만 세장(細長)한 때에는 압축응력 보다는 작은 힘에 의해서 구부러져서 파괴 된다. 이것을 Buckling이라 한다. 일반적으로 Pillar는 Buckling에 견딜 수 있는 것이어야 한다.

2. Pillar에 Buckling이 생기는 원인

기둥이 구부러지는 원인은 다음과 같은 경우가 있다.

(1) 재질의 불균일

(2) 하중이 정확하게 축선에 일치하지 않을 때

(3) 진동이나 기타의 원인으로 빗긴 방향의 힘이 작용할 때

Pillar도 Beam과 같이 그 끝의 고착상태에 따라 구부러지는 형태, 즉 응력이 변화한다.

Pillar가 굵은가 가는가 하는 것은 길이에 대한 단면의 크기를 말하는 것

으로 강도를 생각할 때에는 Pillar의 길이(l)과 단면의 회전반경 $k=\sqrt{I/A}$ 와의 비를 사용한다.

단, I 는 단면의 최소관성 moment

A 는 단면적

실험에 의하면 $l/k<25$이면 압축으로 파괴되며, $l/k>100$이면 Buckling으로 파괴된다. 이들 중간의 길이로서는 양쪽의 작용이 가해져서 파괴된다.

일반적으로 사용되는 Pillar는 $l/k=50\sim150$의 것이 많다.

Pillar의 강도에 대해서는 이전부터 이론과 실험에 의해 연구된 여러 가지의 계산식(計算式)이 발표되어 있으나 Euler의 식이 실용상 많이 쓰이고 있다.

3. Euler식

Pillar의 양단의 고착상태(固差狀態)에 따라서 각각 다음과 같은 식으로 표시한다(그림 4 −13).

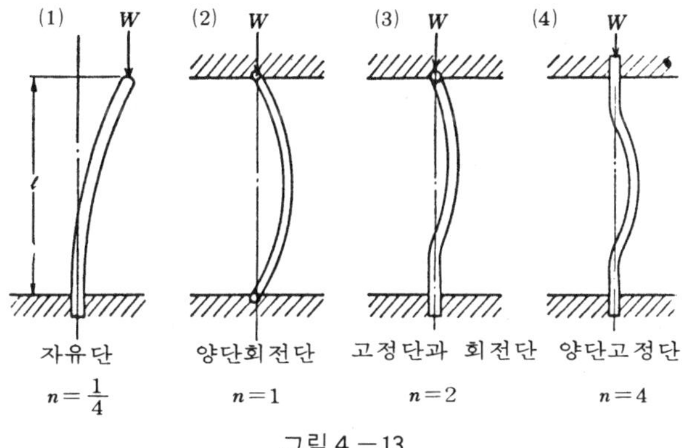

그림 4 −13

(1) 일단고정(一端固定) 타단자유(他端自由)

$$P_k=\frac{\pi^2\cdot E\cdot I}{4l^2}$$

(2) 양단 pin으로 고정

$$P_k=\frac{\pi^2\cdot E\cdot I}{l^2}$$

(3) 일단고정 타단 pin으로 고정

$$P_k = \frac{2\pi^2 \cdot E \cdot I}{l^2}$$

(4) 양단고정(兩端固定)

$$P_k = \frac{4\pi^2 \cdot E \cdot I}{l^2}$$

단, P_k : 위험하중(Pillar가 구부러지기 시작할 때의 하중)

E : 탄성계수

I : Pillar의 단면의 최소관성 Moment

안전하중을 P, 안전율을 S라 하면

$$P = P_k / S$$

여기서 안전율 S의 값은 일반적으로 다음 값을 사용한다.

재 료	주 철	錬 鐵	軟 鋼	경 강	목 재
S	8	5	5	5	10

또한, Euler식은 l/k의 값이 다음의 범위에 있을 때 적합하다.

재 료	목재	주철	錬鐵	軟鋼	경강	Concrete
범위 $l/k \geq$	80	70	115	102	95	140

4. 허용응력(許容應力)과 안전율(安全率)

(1) 사용응력(使用應力)과 허용응력(許容應力)

기계나 선박과 같은 구조물이 실제로 움직일 때, 그의 구성 부재에 발생되는 응력을 사용응력(Working stress)이라 하며 기계나 선박이 파괴되거나 변형되지 않기 위해서는 사용응력은 탄성한도(彈性限度)를 넘어서는 안된다. 그러나 탄성한도 이하에 있어서도 충격하중(衝擊荷重)이나 반복하중(反復荷重)이 작용하거나 고온하(高温下)에서 또는 재료가 재질적인 결함을 가지고 있거나 하면 안전할 수는 없다. 이런 여러 가지의 경우를 생각해서 재료에 허용되는 최대의 응력을 가정해서 이것을 허용응력(Allowable stress)이라 한다.

(2) 하중과 응력의 성질

일반적으로 정하중(靜荷重 ; Static load)인 경우 허용응력을 1이라 하면 반복하중(反復荷重 ; Repeated load)에서는 이의 2/3, 교번하중(交番荷重 ; Alternate load)에서는 1/3정도로 정한다. 다시 인장응력과 비교해서 전단응력, Twist응력 등에서는 더 작은 값으로 한다. 그 이외에 2종류 이상의 응력이 동시에 발생하는 경우에 있어서는 그에 따라 더 작게 생각해야 한다.

(3) 안전율(Factor of safety)

재료의 극한강도(σ_F)와 허용응력(σ_W)과의 비를 안전율이라 한다.

즉, $F.S = \sigma_F / \sigma_W$

안전율은 응력의 성질, 재료의 종류 및 신뢰도, 설계나 공작의 정밀도, 사용중의 상태, 사용목적 등에 따라 변한다.

안전율을 크게 잡을수록 안전 하겠지만 그 반면에 부재의 촌법(寸法)이 증대하여 선체의 중량이 커지므로 여러가지 면에서 불리하다. 그러므로 일반적으로 다음 표에 의해서 결정하며 특수한 경우는 그에 따라 결정해야만 된다.

안 전 율

재 료	정하중	반복하중	교번하중	충격하중
주 철	4	6	10	15
강	3	5	8	12
목 재	7	10	15	20

第5章
船體의 構造

선박이란 부양성(浮揚性)과 적재성(積載性) 및 이동성(移動性)을 갖는 구조로써, 육상(陸上)의 다른 구조물이나 건축물과는 달리 특수한 구조나 형상(形狀)을 갖는 것이다.

그러므로 선체의 형상에 관해서는 독특한 명칭과 용어가 사용되는 것이다.

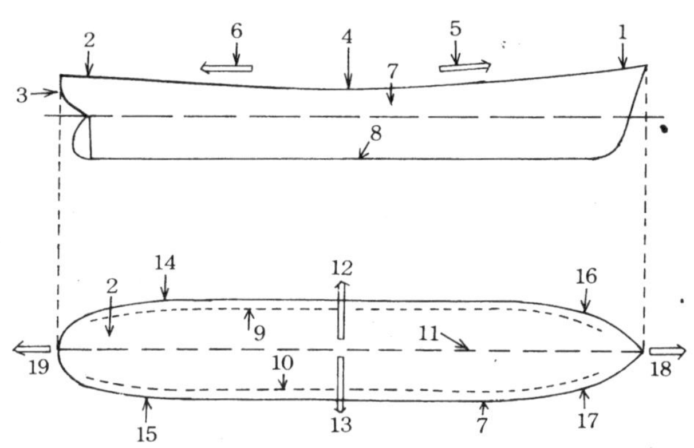

그림 5 — 1

1. Bow
2. Stern
3. Counter
4. Midship
5. Forward
6. Aft
7. Side
8. Bottom
9. Port
10. Starboard
11. Fore and aft midship line
12. Port beam
13. Starboard beam
14. Port quarter
15. Starboard quarter
16. Port bow
17. Starboard bow
18. Right ahead
19. Right aft

⇨ Indicates a direction

5•1 선체의 형상

선체의 형상은 그의 용도에 가장 적합한 성능(性能)을 가질 수 있도록 결정된다. 형상을 결정하는 요소로써는 다음과 같다.

1. 선수(船首 ; Stem) (그림 5 − 2)

선수의 형상에는 다음과 같은 종류가 있다.

(1) 直船首(Straight stem)

直立船首(Upright stem)

傾斜船首(Raked stem)

(2) Clipper形船首(曲船首)

(3) 球狀船首(Bulbous bow)

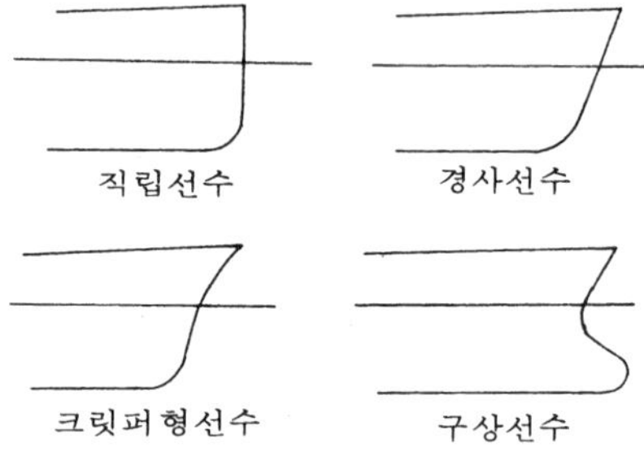

그림 5 − 2

2. Bow(선수)

선체의 전단(前端)부근의 부분을 총칭하여 Bow라 한다.

3. 선미(船尾 ; Stern) (그림 5 − 3)

선미의 형상에는 다음과 같은 종류가 있다.

(1) Knuckle船尾(Knuckle stern)

(2) 巡洋艦形船尾(Cruiser stern)

또, 선미 끝의 갑판의 모양에 따라서 타원선미(楕円船尾 ; Elliptical stern), 원형선미 (円形船尾 ; Round stern), 각형선미 (角形船尾 ; Square stern) 등의 명칭이 있다.

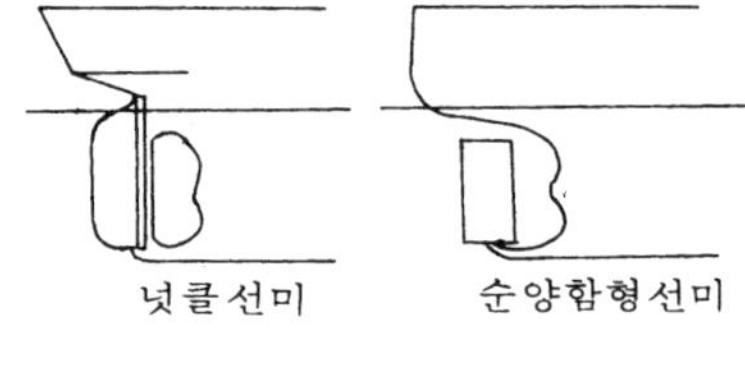

그림 5 − 3

4. 선체중앙(船體中央 ; Midship)

선(船)의 길이의 중앙의 선체의 부분을 선체중앙 또는 선체중앙부라 한다.

5. 선미돌출부(船尾突出部 ; Counter or cant)

선미중에서 Rudder post의 후방의 돌출부를 말한다.

6. 전부선체(前部船體 ; Fore body)

선체 중앙에서 전부(前部)의 선체를 총칭해서 말한다.

7. 후부선체(後部船體 ; Aft body)

선체 중앙에서 후부(後部)의 선체를 총칭해서 말한다.

8. **Fore foot**

Keel의 전단부(前端部)를 말한다. 여기에서 Stem과 Keel이 접속된다.

9. **Bilge**

선저(船底)와 선측(船側)이 연결되는 곡선부분(曲線部分)으로 대개의 경우 원형이다. 따라서 Bilge circle이라고도 하며, 그 원의 반경을 Bilge radius라 한다.

10. 우현(右舷 ; Starboard)과 좌현(左舷 ; Port)

선수를 향해서 선체중심선(Keel line)보다 우측을 우현이라 하며, 좌측을 좌현이라 한다.

11. 정횡(正横 ; Abeam)

Keel line과 직각을 이루는 방향, 즉 정좌(正左), 정우현(正右舷)을 말한다.

12. 중앙횡단면(中央横斷面 ; Midship section)

배(船) 길이의 중앙에 있어서의 선체의 횡단면을 말한다.

13. 정선수(正船首 ; Ahead)와 정선미(正船尾 ; Astern)

선수와 선미의 방향을 가르켜 각각 Ahead, Astern이라 말한다.

14. 선체중심선(船體中心線 ; Center line) 또는 선수미선(船首尾線 ; Keel line)

선폭(船幅)의 가운데를 통하는 직선(直線)을 말한다.

15. 수선(水線 ; Water line)

선체와 수면이 만나는 선을 수선이라 한다.

16. 현호(舷弧 ; Sheer) (그림 5 － 4)

선체를 측면에서 보면 상갑판의 선측선은 Curve를 이루는데, 이때 선체는 Sheer를 가진다고 한다. 이때 Sheer at stem은 $L/50$ 정도이고 Sheer at stern은 $L/100$ 정도이다. 화물선에서 크며 소형선 일수록 크다.

이 Sheer의 효용은 선수미부의 현을 크게 하므로써 능파성(凌波性)을 좋게하고 전후부(前後部)의 예비부력(豫備浮力)을 증대시키며 외관을 좋게 한다.

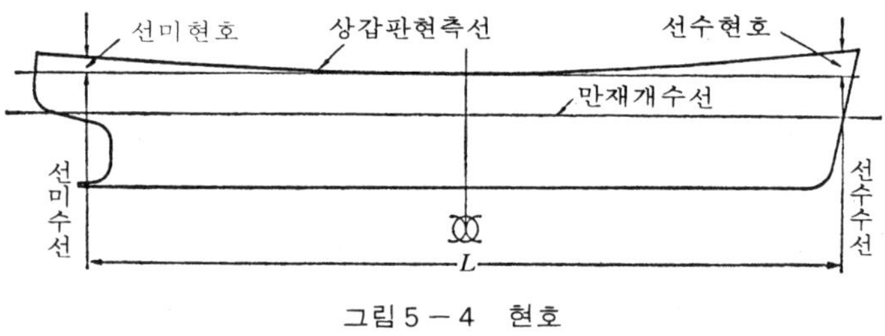

그림 5 － 4 현호

17. **Camber**(Camber of beam, Round up of beam) (그림 5 － 5)

갑판상의 배수와 횡강력(橫強力)을 위해서 현측(舷側)에서 가장 낮고 선체중심부에서 가장 높은 원호(円弧) 모양을 한 갑판에서 현측의 양단을 연

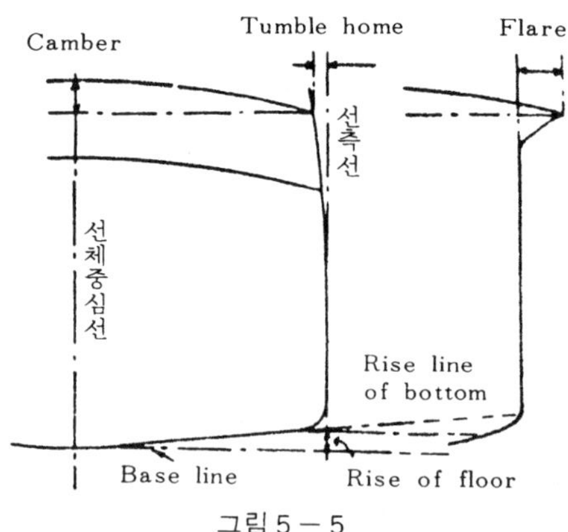

그림 5 － 5

결하는 선과 중심부의 최고점(最高點) 사이의 간격을 Camber라 한다. 폭로 갑판에 있어서는 선폭의 1/50을 표준으로 한다.

18. **Tumble home**(Falling home, Fall in) (그림 5 - 5)

선측의 상부가 내측으로 굽힌 상태를 말하며, 그 크기는 선체의 중앙횡단면에 있어서 Frame의 외측에 세운 수선(垂線)과 갑판의 현단(舷端; Gunwale)의 Frame 외측에 세운 수선간의 수평거리로 나타낸다.

19. **Flare**(Fall out) (그림 5 - 5)

Tumble home과는 반대이다. 이는 Tumble home과 함께 현대선(現代船)에는 흔하지 않다.

20. **Rise of floor**(船底勾配) (그림 5 - 5)

선저는 선체의 중심에서 선측으로 향해서 올라가는 경사를 갖는다. 이 경사선의 연장과 선측수직선(船側垂直線)과의 교점(交点)의 기선(基線)으로부터의 높이를 Rise of floor라 한다.

이는 Bilge radius와 함께 선체횡단면의 형을 결정하는 요소로서 고속선(高速船)에서는 비교적 크게 하며 저속선(低速船)에서는 비교적 작다.

ABS에서는 이를 Dead rise라 하며, 그 값은 Rise of floor 보다 약간 작다. 왜냐하면 Base line에 있어서 KR은 Keel의 상면, ABS에서는 Molding line, 군함에서는 Keel의 하면을 기준으로 하기 때문이다.

21. **Bilge radius**(그림 5 - 6)

선측선(船側線)의 하부와 선저경사선(船底傾斜線)과는 원호로써 연결된다. 이 원호를 Bilge circle이라 하며, 이의 반경을 Bilge radius이라 한다. 이는 고속선에서는 비교적 크게 하고 저속선에서는 작다.

22. 선루(船樓; Superstructure)와 갑판실(甲板室; Deck house) (그림 5 - 6)

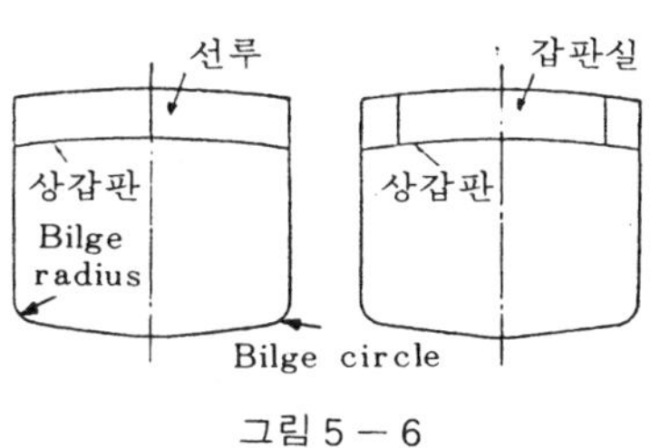

그림 5 - 6

상갑판상(上甲板上)의 구조물에 있어서 상부에 갑판을 가지고 선측에서 선측에 달하는 것을 선루라 하고 선측까

第 2 圖 大型遮浪甲板型貨物船 (Large Shelter Decker Cargo Vessel) 名稱圖

(A) 船體縱斷面名稱圖

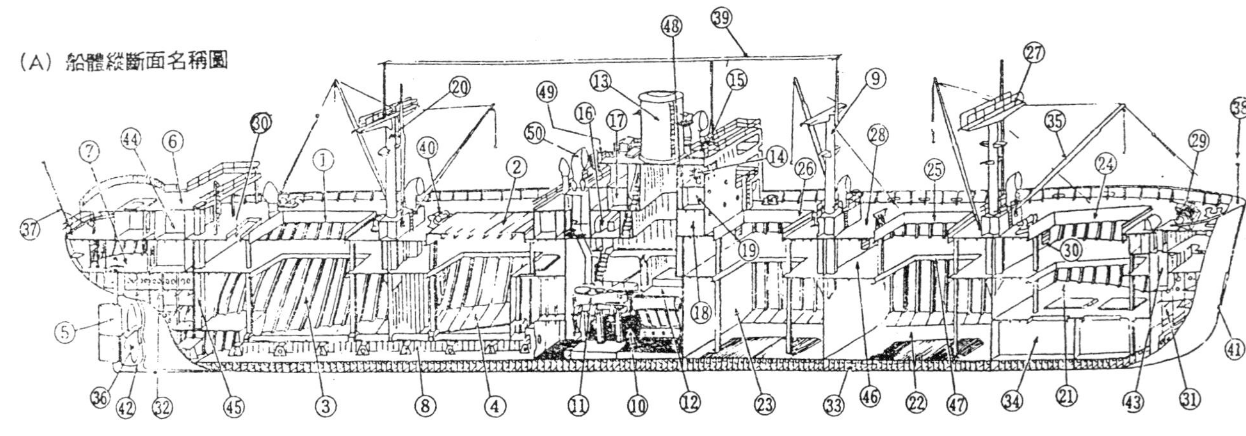

그림 5－7　선체종단면 명칭도

① 제 5 화물(第五貨物) 해치 No. 5 Cargo hatch
② 제 4 화물(第四貨物) 해치 No. 4 Cargo hatch
③ 제 5 선창(第五船倉) No. 5 Hold
④ 제 4 선창(第四船倉) No. 4 Hold
⑤ 키(舵) Rudder
⑥ 선미선교(船尾船橋) Docking bridge
⑦ 조타기실(操舵機室) Steering engine room
⑧ 축로(軸路) Shaft tunnel
⑨ 메인 마스트(主檣) Main mast
⑩ 기관실(機關室) Engine room
⑪ 주기관(主機關) Main engine
⑫ 보일러(汽鑵) Boiler
⑬ 연돌(煙突) Funnel
⑭ 조타실(操舵室) Steering room
⑮ 정부조타소(頂部操舵所) Upper steering position
⑯ 조리실(調理室) Galley
⑰ 직원실(職員室) Officer's cabin
⑱ 부원실(部員室) Crew's rooms
⑲ 식당(食堂) Dining saloon
⑳ 미즌 마스트(後檣) Mizzen mast
㉑ 제 1 선창(第一船倉) No. 1 Hold
㉒ 제 2 선창(第二船倉) No. 2 Hold
㉓ 제 3 선창(第三船倉) No. 3 Hold
㉔ 제 1 화물(第一貨物) 해치 No. 1 Cargo hatch
㉕ 제 2 화물(第二貨物) 해치 No. 2 Cargo hatch
㉖ 제 3 화물(第三貨物) 해치 No. 3 Cargo hatch
㉗ 포어 마스트(前檣) Foremast
㉘ 차랑갑판(遮浪甲板) Shelter deck
㉙ 윈들러스 Windlass
㉚ 감톤개구(減噸開口) Tonnage opening
㉛ 선수수조(船首水槽) Fore-peak tank
㉜ 선미수조(船尾水槽) After-peak tank
㉝ 이중저(二重底) Double bottom
㉞ 심수조(深水槽) Deep tank
㉟ 데릭 붐 Derrick boom
㊱ 프로펠러 Propeller
㊲ 선미깃대(船尾旗竿) Ensign staff
㊳ 선수깃대(船首旗竿) Jack staff
㊴ 무선(無線) 안테나 Wireless antenna
㊵ 윈치 Winch
㊶ 선수재(船首材) Stem
㊷ 선미골재(船尾骨材) Stern frame
㊸ 묘쇄고(錨鎖庫) Chain locker
㊹ 식품고(食品庫) Provision store
㊺ 이스케이프(逃出) 트렁크 Escape trunk
㊻ 상갑판(上甲板) Upper deck
㊼ 상갑판화물(上甲板貨物) 해치 Upper deck cargo hatch
㊽ 해도실(海圖室) Chart room
㊾ 구명정(救命艇) Lifeboat
㊿ 통풍통(通風筒) Ventilator

지 달하지 않는 것을 갑판실이라 한다.

선루는 그의 위치에 따라 선수루(船首樓 ; Forecastle), 선교루(船橋樓 ; Bridge), 선미루(船尾樓 ; Poop) 등이 있다.

5·2 선체 각부의 명칭

1. 선체종단면(船體縱斷面) 명칭도(그림 5－7)

2. 선체중앙단면(船體中央斷面) 명칭도(그림 5－8)

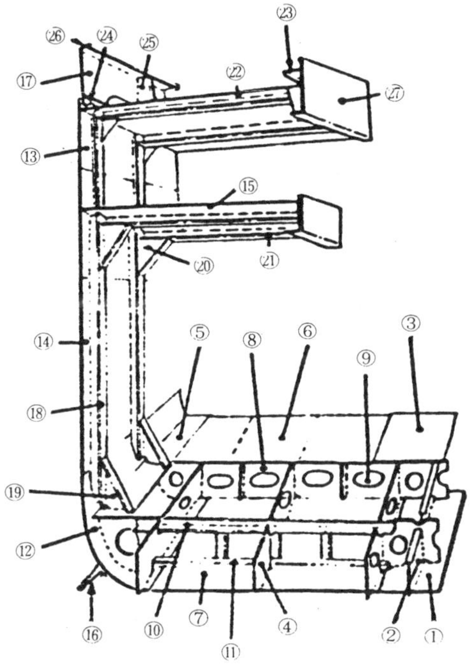

그림 5－8 선체중앙횡단면 명칭도

〔船體中央橫斷面名稱〕

① 평판용골(平板龍骨) Plate keel
② 중심선(中心線) 거더 Center girder
③ 중심선내저판(中心線內底板) Center(line) strake
④ 측(側) 거더(桁板) Side girder
⑤ 수평연판(水平緣板) Horizontal margin plate
⑥ 내저판(內底板) Inner bottom plating
⑦ 선저외판(船底外板) Bottom plating
⑧ 플로어(肋板) Floor
⑨ 맨홀(人孔) Manhole
⑩ 부륵재(副肋材) Reverse frame
⑪ 정륵재(正肋材) Main frame
⑫ 만곡부외판(彎曲部外板) Bilge strake
⑬ 현측후판(舷側厚板) Sheer strake
⑭ 선측(船側) 외판(外板) Side plating
⑮ 상갑판(上甲板) Upper deck
⑯ 빌지 킬(彎曲部龍骨) Bilge keel
⑰ 불워크 판(舷檣板) Bulwark plating
⑱ 프레임(肋骨) Frame
⑲ 이중저외측주판(二重底外側肘板) Tank side bracket
⑳ 빔 브래키트(肘板) Beam bracket
㉑ 갑판(甲板) 빔 Deck beam
㉒ 차랑갑판(遮浪甲板) Shelter deck
㉓ 수평 스티프너(水平補強材) Horizontal stiffener
㉔ 거늘재(舷側山形材) Gunwale angle
㉕ 불워크 지주(舷檣支柱) Bulwark stay
㉖ 난간·손잡이 Hand rail
㉗ 창구연재(倉口緣材) Hatch side coaming

〔注〕 그림 5－7의 차랑갑판형(遮浪甲板型)이라 함은 상갑판 위에 다시 1층 차랑갑판이라 부르는 갑판을 설치하고, 그 갑판 사이를 총톤수로부터 면제받기 위하여 드러나는 부분에 ㉚ 감톤개구를, 횡격벽에는 미닫이판 또는 판자문 정도의 감톤 출입구를 만들고, 상갑판에다가 차랑갑판에서 조작할 수 있는 자동 불환 밸브를 현측에 설비한 선형을 말한다.

5·3 주요 선체도면(船體圖面 ; Principal hull drawing)

선체의 구조를 이해하기 위해서는 선체의 도면(圖面)이 필요하다. 선체 도면은 상당히 복잡하고 여러 종류가 있으나 보통 필요한 것은 다음과 같은 것들이 있다. 도면이란 구조와 기타를 설명하기 위한 것으로 설계도면(設計圖面 ; Design drawing)이라 한다. 설계도면은 축척의 관계로 상세히 표시하기 어려우므로 이 이외에도 조선소에서 실제로 선박을 건조할 때 필요로 하는 현장도(現場圖 ; Working drawing)를 따로 만든다.

1. 선도(線圖 ; Lines 또는 Plan) (그림 5 — 9)

선도(線圖)는 선체를 종횡(縱橫) 및 수평으로 등분한 절단선(切斷線)으로 선체의 형(型)을 정확하게 나타내는 도면이다. 선체의 길이를 등분한 선을 횡단선(橫斷線 ; Station line)이라 하고, 그 곡선은 횡단면(橫斷面 ; Body plan)에 선체의 길이를 등분한 선의 곡선은 평면도(平面圖 ; Plan)에 그리고 폭을 등분한 곡선은 정면도(正面圖 ; Elevation)에 선수선(船首線), 선미선(船尾線 ; Bow and buttock lines)으로 나타낸다. 톤수 및 기타 각종의 계산은 모두 이 선도에서 산출되며, 이 선도에 의하여 모형을 만들고 Tank test에 의하여 소요마력이나 속력 등이 추산된다. 이 선도를 숫자로 나타낸 것을 Offset라 한다.

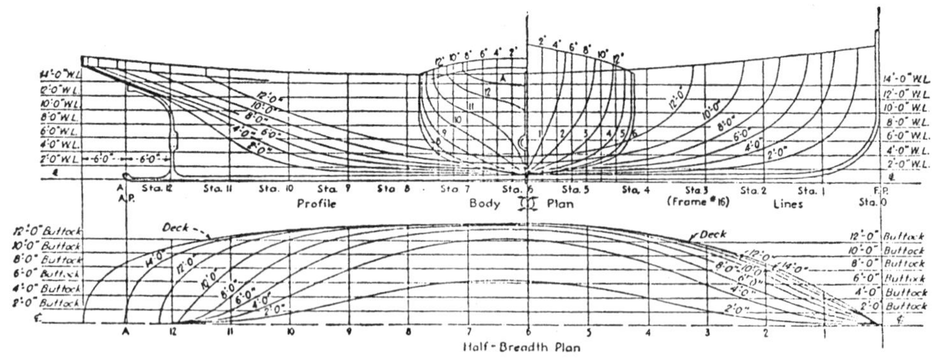

그림 5 — 9

2. 중앙단면도(中央斷面圖 ; Midship section) (그림 5 －10)

선체의 중앙부를 횡단(橫斷)하여 각부(各部)의 구조와 촌법(寸法)을 나타내는 도면이다.

선형(船型)에 따라 여러 종류가 있으나 여기에서는 Oil tanker의 하나를 소개하겠다.

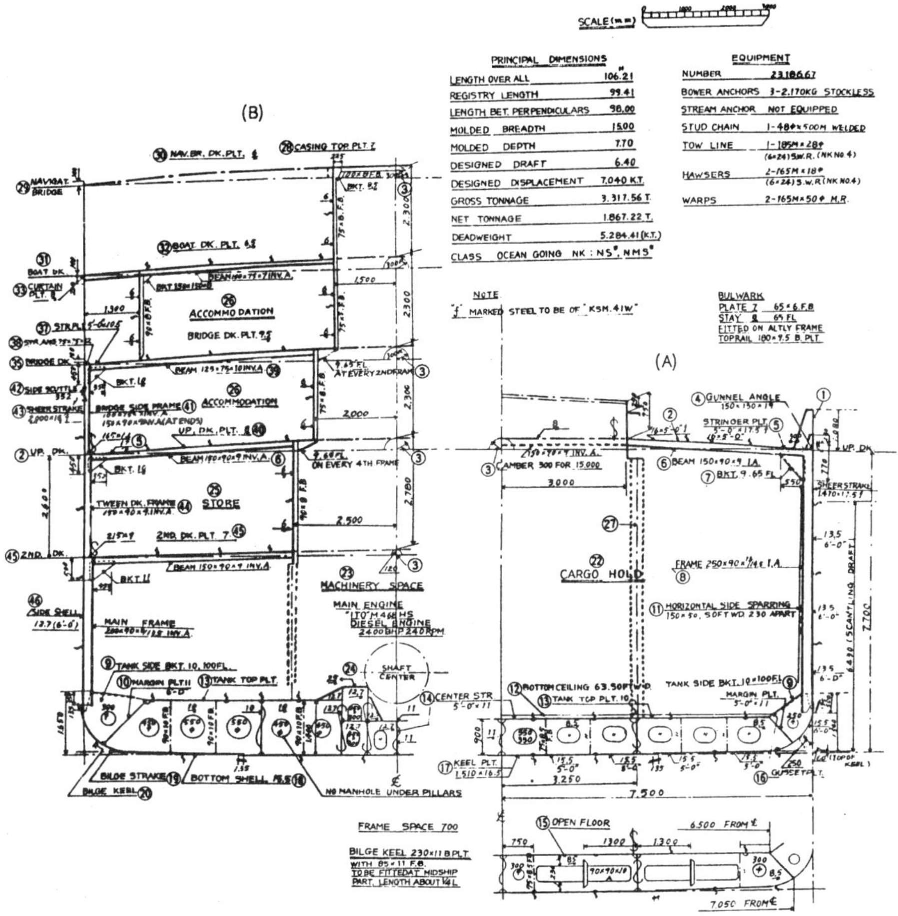

그림 5 －10 중앙횡단도(Midship section)

3. 선체종단면도(船體縱斷面圖) 또는 구조도(構造圖 ; Construction profile) (그림 5 - 11)

선체의 종단면을 나타냄과 동시에 평판평면도(平板平面圖 ; Deck plan)와 Hold 또는 2중저평면도(二重底平面圖 ; Hold plan or Double bottom plan)를 부기한 것으로 Stringer, Deck, Beam 기타의 구조 촌법을 나타낸 것이다.

4. 일반배치도(一般配置圖 ; General arrangement) (그림 5 - 12)

의장도(艤裝圖 ; Rigging plan)라고도 하며 이것은 Mast, Funnel, Rigging, Accommodation, Hold, Engine room, Water tank, Derrick, Hatchway, Winch, Windlass 등의 시설과 배치 등을 나타낸다.

5. 외판전개도(外板展開圖 ; Shell expansion) (그림 5 - 13)

외판을 평면적으로 전개하여 나타낸 도면으로 외판과 Frame의 관계위치(關係位置), 개구부(開口部)의 위치 및 촌법(寸法), 외판의 두께와 접합 방법, Bulkhead나 각종 종통재(縱通材)의 외판 접합 등을 나타내는 중요한 도면이다.

보통 종(縱)의 축척을 1/100로 하면 횡(橫)의 축척은 1/50로 하는 것이 보통이지만 최근 용접구조선에서는 같은 축척(縮尺)으로도 표현하고 있다.

6. Pipe배치도(Piping arrangement) (그림 5 - 14)

이것은 Pump용 Pipe의 배관은 물론 공기관(空氣管), 측심관(側深管), 기타 모든 Pipe의 배치를 나타내는 도면이다.

7. 용량도(容量圖 ; Capacity plan) (그림 5 - 15)

Hold, Water tank, Oil tank 등의 배치와 용량을 나타낸다.

8. 기타 도면

이상과 같은 도면 이외에도 재화중량척도(載貨重量尺度 ; Deadweight scale), 국부적인 것으로는 Bulkhead plan, Double bottom in engine space, Double bottom in hold, Stem plan, Stern frame plan, Rudder plan, Life boat stowage plan, Mast and derrick arrangement, Hydrostatic curve 등의 도면이 있다.

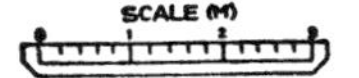

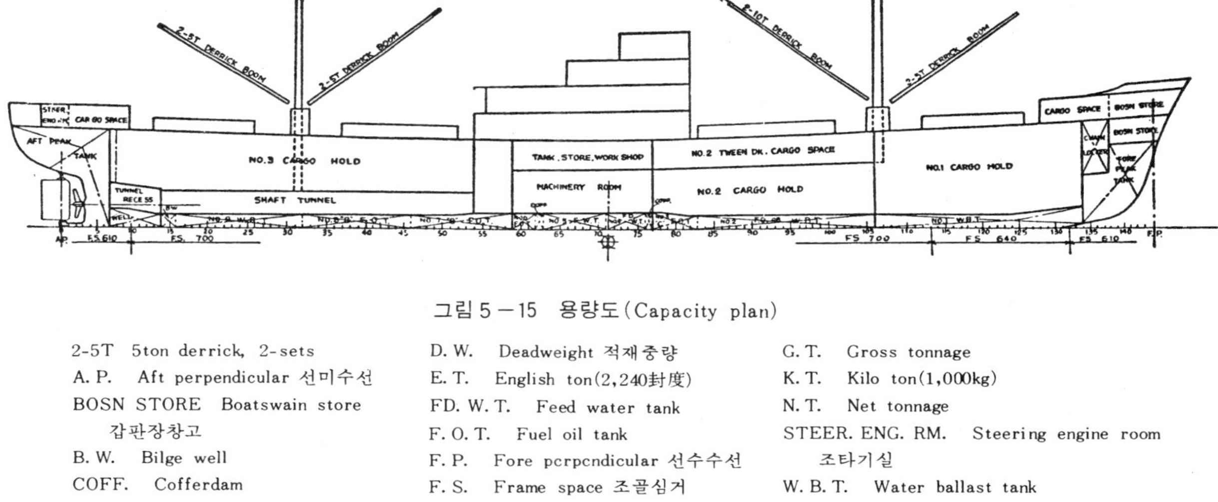

그림 5－15 용량도(Capacity plan)

2-5T 5ton derrick, 2-sets
A. P. Aft perpendicular 선미수선
BOSN STORE Boatswain store 갑판장창고
B. W. Bilge well
COFF. Cofferdam
Dft. Draft
D. W. Deadweight 적재중량
E. T. English ton(2,240封度)
FD. W. T. Feed water tank
F. O. T. Fuel oil tank
F. P. Fore perpendicular 선수수선
F. S. Frame space 조골심거
F. W. T. Fresh water tank
G. T. Gross tonnage
K. T. Kilo ton(1,000kg)
N. T. Net tonnage
STEER. ENG. RM. Steering engine room 조타기실
W. B. T. Water ballast tank

第6章
鋲接(Riveting)과 鎔接(Welding)

선체를 구성하는 강재를 접합하는 방법으로는 Riveting과 Welding이 있으나 최근에는 주로 전기용접(電氣鎔接 ; Electric welding) 방법으로 하고 있다.

6·1 鋲接(Riveting)

Welding 기술의 발달로 점차적으로 줄어들고 있는 접합방법(接合方法)이지만 전용접선(全鎔接船)에서도 그 일부분에는 Riveting 방법이 채용되고 있다.

1. Rivet의 종류

선체의 구조에 보통으로 사용되는 Rivet는 그의 두부(頭部)의 형상에 따라 여러 가지의 종류가 있다(그림 6-1).

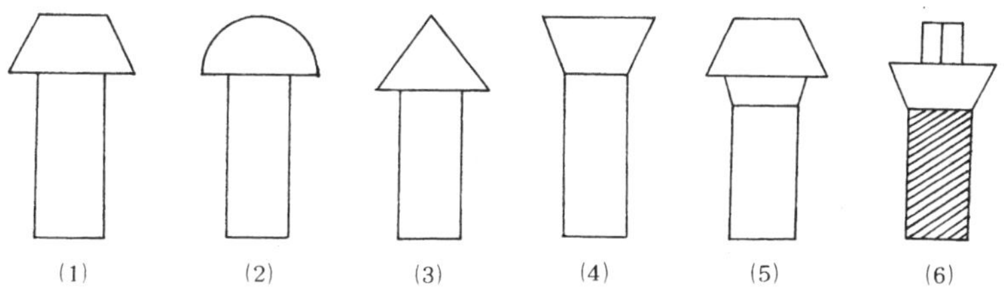

그림 6-1 각종 Rivet의 종류

(1) Pan head rivet
(2) Button(Snap) head rivet
(3) Steeple head rivet
(4) Counter sunk head rivet
(5) Pan head rivet with swell neck
(6) Top rivet 또는 Stud rivet

상선(商船)에서 많이 사용되는 것은 납작머리(Pan head rivet)이고 둥근머리(Button or Snap head rivet), 접시머리(Countersunk head rivet) 및 뾰죽머리(Steeple head rivet)도 많이 사용된다.

Button head rivet는 상부 구조물에 사용되고 Pan head rivet는 일반구조용이지만 Punch에 의해서 뚫은 경사진 Rivet hole에는 Pan head rivet with swell neck를 사용하고 전기 Drill에 의한 직선(直線) Hole에는 Pan head rivet를 사용한다.

Top rivet는 보통의 Rivet로는 불가능한 곳, 즉 선미재(船尾材)와 같은 두꺼운 주물에 외판을 붙일 때 사용된다. 머리부분(Tap rivet head는 보통 4각형이며 Wrench를 사용하기 위한 부분)은 작업후 절단한다. 이는 보통의 Rivet의 경(徑)보다 3mm 더 두꺼운 것을 사용한다.

2. Rivet의 재질

상선에서 Rivet는 대부분 연강이다. Rivet재는 Killed강이나 Semi-Killed강으로서 인장, 굴곡 및 종압시험(縱壓試驗)에 합격한 것이 아니면 안된다. 또 제조된 것은 두부(頭部)의 타전시험(打展試驗)을 실시한다. 강판(鋼板)과 Al 등과 같이 접합하는 재료가 서로 다를 때에 Rivet의 재질은 일반적으로 재질이 약한 쪽의 것으로 하는 것이 보통이다. 그러므로 이 경우는 Al Rivet로 한다.

3. Riveting

강재를 Riveting시는 Rivet hole을 뚫을 때는 Punching이 잘 사용되나 이 방법은 재료가 굽히거나 촌법(寸法)이 부정확하게 되기 쉬워서 중요한 곳에는 Drilling을 한다.

Bolt로 강재를 밀착시킨 후 적열(赤熱)된 Rivet를 hole에 넣은 다음 Head에서 판으로 누르고 Point쪽을 Pneumatic이나 Hydraulic riveter로 때려서 고착시킨다.

4. Rivet 각부의 명칭(그림 6 - 2)

Riveting후 Head의 반대쪽에 Head와 비슷한 것이 생기는데 이것을 Point라 한다. 크기는 徑(Shank의 직경), Head크기(Head의 직경), 길이

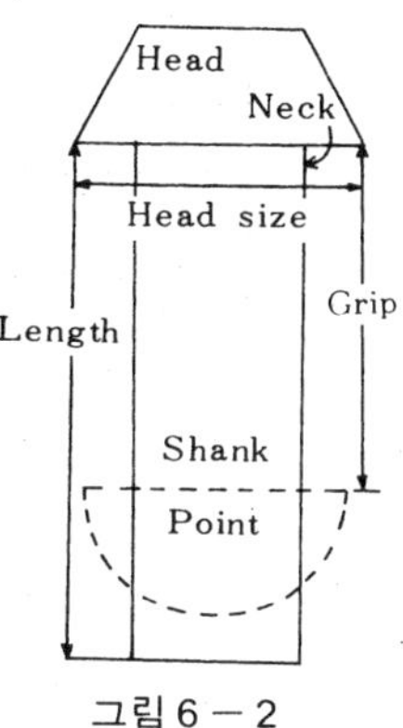

그림 6 − 2

(Shank의 길이) 및 Grip(Head와 Point사이의 길이)로 표시한다.

Head 바로 밑의 Shank부분을 Neck라 한다. Neck는 Swell을 이룰때가 있다.

5. Rivet의 경(徑)

강재의 두께에 따른 Rivet의 경이나 Rivet hole의 경의 표준치는 표 6 − 1과 같다.

Rivet hole의 경은 Rivet경 보다 1 ~ 2 mm 더 크게 한다.

표 6 − 1

강재의 두께(mm)	Rivet의 경(mm)	Rivet hole의 경(mm)
4.5초과 ~ 6.0이하	13	14
6.0 〃 ~ 9.0 〃	16	17
9.0 〃 ~13.0 〃	19	20.5
13.0 〃 ~18.3 〃	22	23.5
18.3 〃 ~24.0 〃	25	26.5
24.0 〃 ~29.0 〃	28	29.5
29.0 〃 ~32.5 〃	32	34

두께가 다른 Butt접합에는 두꺼운 판을 Seam접합 및 강판(鋼板)과 형강(形鋼)의 고착에는 얇은 판을 기준으로 하여 Rivet의 경을 정한다.

6. Riveted joint

(1) Riveted joint의 종류(그림 6 − 3)

두개의 강판을 Rivet로 접합시키는 방법에는 Lap joint와 Butt joint가 있다. Butt joint에는 Butt strap를 한쪽에만 댄 Single butt strap와 양쪽에 모두 댄 Double butt strap가 있다. 이때 전자를 Single strapped joint라 하며, 후자를 Double strapped joint라 한다. 또한 두 강판을 Angle로 접합시키는 것을 Angle connecting이라 한다.

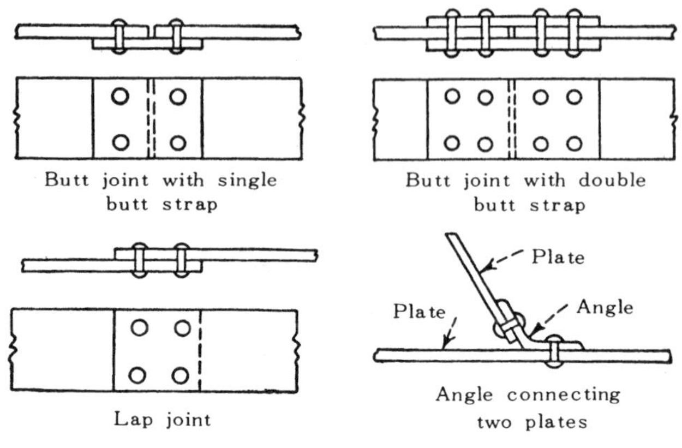

그림 6 — 3

(2) **Rivet의 열수**(列數 ; Row of rivet)

열수(列數)에 의하여 Single, Double, Treble, Quadruple riveted joint가 있다. 단, Butt joint의 경우는 이음매의 한쪽의 열수를 말한다. 또 2 열 이상은 배열방식에 따라 Chain riveting과 Staggered(or Zigzag) riveting이 있다. 열의 간격은 Seam에서는 Rivet경의 2.5배 이상, Butt 에서는 3 배 이상으로 하고 Hole의 중심에서 강재의 가장자리까지의 거리는 Rivet경의 1.5배 이상으로 해야 한다.

(3) 산형강(山形鋼)의 접합

이는 Butt joint의 형식으로 하여 내측이나 외측에서 단산형강(短山形鋼)으로 고착시키는 것이다. 이때 내측에서 접합시키는 것을 Bosom joint 라 하며, 이때 사용한 단산형강을 Bosom piece라 한다. 또 외측에서 접합시키는 것을 Back piece joint라 하고 이때 사용한 단산형강을 Back piece (or Backing angle)라 한다.

(4) **Scarfed joint**(그림 6 — 4)

Bar keel, Stem 및 Stern frame 등의 단강재를 접합하는 경우에는 양재(兩材)의 선단에 경사면을 만들고, 그 부분을 밀착시켜 Riveting하는 것을 말한다.

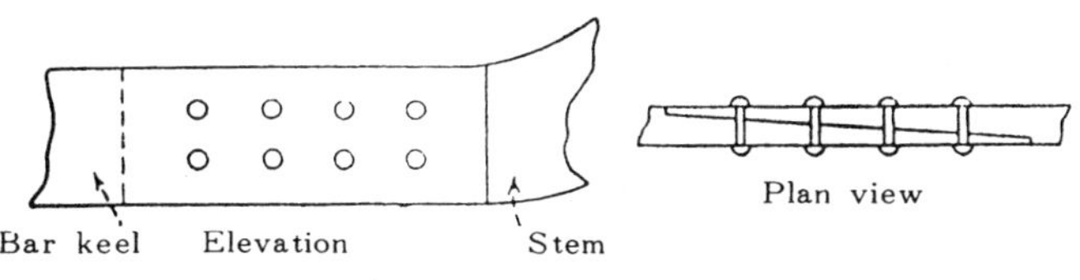

그림 6－4　**Scarfed joint**

(5) Rivet의 Pitch

Rivet의 중심간의 거리를 Pitch라 하며 Rivet경의 배수(倍數)로 나타낸다. Pitch는 Joint의 강도와 수밀(水密)의 정도에 따라서 정해지며 개략적인 값은 다음 표 6－2와 같다.

표 6－2

Tightness의 종류	기　호	Rivet의 Pitch
Gasoline유밀	G T	3.5
유밀을 요하는 장소	O T	4
수밀을 요하는 장소	W T	5
기밀을 요하는 장소	A T	6
기타의 장소	D T	8

7. Tightness(그림 6－5)

이음매가 물, 유류, 공기 등이 새지 않도록 하는 성능을 Tightness라

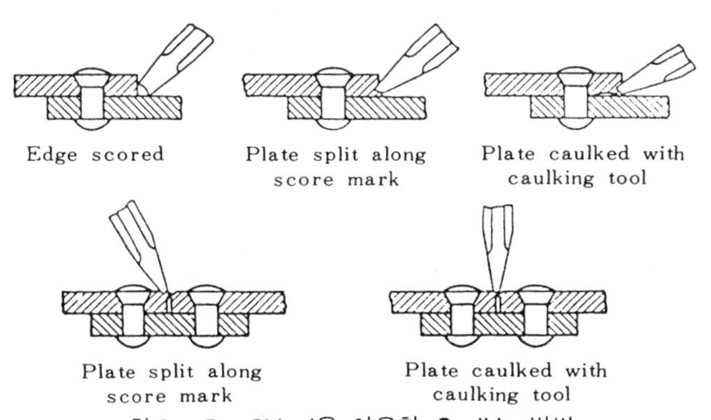

그림 6－5　**Chisel**을 이용한 **Caulking**방법

하며, 이를 확보하기 위해서는 Joint를 Watertight(W.T.), Oiltight(O.T.), 또는 Airtight(A.T.)로 해야 한다. 그 방법으로 Joint에서 강재를 밀착시키는 것이다. 이를 Metal touch라 한다. 이때 강재 사이의 틈을 Air hammer나 Calking chisel을 사용해서 Caulking 한다. 이 방법으로도 Tightness를 기하기 어려울 때는 마포(麻布)에 Paint를 발라서 강재의 사이에 끼운 다음 Riveting 하는 방법이 있다. 이를 Stop water라 한다.

8. **Rivet**의 검사(그림 6-6)

불량한 Rivet를 발견하면 이를 바꾸던가 보완해야 하며 검사시에는 다음과 같은 점에 주의해야 한다.

(1) Test hammer로 Head를 경타해서 그 소리로 검사한다.
(2) 규정대로의 촌법(寸法)으로 되어 있는가 살핀다.
(3) 판과 Rivet 사이에 틈은 없는가 살핀다.
(4) Head와 Point에 흠은 없는가 살핀다.
(5) Head와 Point를 연결하는 선이 Hole의 중심선과 일치하는가 살핀다.
(6) Filling tank나 Hose test로 수밀(水密)상태를 검사한다.

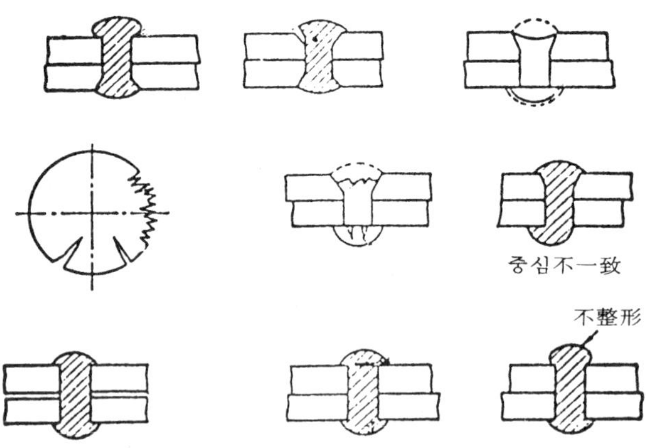

그림 6-6 불량한 **Rivet**

9. Riveting의 장단점

Riveting 방법에 의해서 건조된 선체는 큰 힘이나 Shock를 받았을 때에도 대단히 강하고 신뢰성이 있다. 이는 Riveting에는 다음과 같은 장점이 있기 때문이다.

(1) 장점

① 검사가 용이하여 불량한 것은 쉽게 수리할 수 있으므로 Joint에 신뢰성이 있다.

② 선체가 큰 응력을 받아도 Rivet joint의 일부에 약간의 Slip가 생기므로 응력을 흡수하여 이것이 안전장치의 역할을 한다.

(2) 단점

① Rivet joint에서는 강판에 Rivet hole을 뚫기 때문에 Joint의 강도가 원판(原板)의 강도의 70~80% 정도로 감소된다.

② 선체 자중(自重)이 커진다.

③ 완전한 Tightness를 기하기 어렵다.

④ 조선(造船) 기간이 길어진다.

6•2 용접(Welding)

Welding은 Riveting 보다 많은 장점이 있고 Welding기술의 발달로 인해서 근년에는 완전히 Welding시대를 이루고 있다.

1. 용접의 종류

선체를 구성하는 강재의 접합방법으로는 단접법(鍛接法)과 용접법(鎔接法)이 있고 단접법(Forged weld)은 금속을 용점(鎔点) 부근까지 가열하여 두들겨 붙이는 방법으로 함유 C가 적은 철류(鐵類)에 사용되며 지금도 Anchor chain의 제작에 채용되고 있다. 용접법(Fuse weld)은 접속할 재료의 접속점을 부분적으로 가열 용융하여 그곳에 동질(同質)의 용접봉(鎔接棒 ; Electrode)을 녹혀 때우는 것으로 Gas용접과 Arc용접이 있다.

(1) **Gas Welding**

산소 Acetylene gas를 사용하는 방법(Oxy-acetylene welding)이 가장 보편적으로 이용된다. 물에 탄화석회(炭化石灰 ; Carbide)를 넣었을 때 발생하는 Acetylene gas에 산소를 혼합한 기체를 점화하여 그 고열(高熱)의 화염(火焰)으로 접합부를 가열함과 동시에 용접봉을 녹혀서 매우는 방법이다.

이 방법은 Arc용접에 비하여 용접 효과가 뒤떨어지므로 박판의 접합에 사용되고 Gas flame에 의한 강재의 절단에 사용된다.

(2) **Electric arc welding**(그림 6 — 7 의 a, b)

최근에 많이 이용되는 방법으로 전기용접이라고도 한다. 용접봉과 모재(母材 ; Parent metal) 사이에 전류가 흐르면 Arc가 발생하여, 이때 생기는 고열(高熱)이 용접봉과 모재의 일부를 녹혀서 용착(鎔着)시킨다.

이 방법에는 탄소 Arc용접법(그림 6 — 7 의 a)과 금속 Arc용접법(그림 6 — 7 의 b)이 있다.

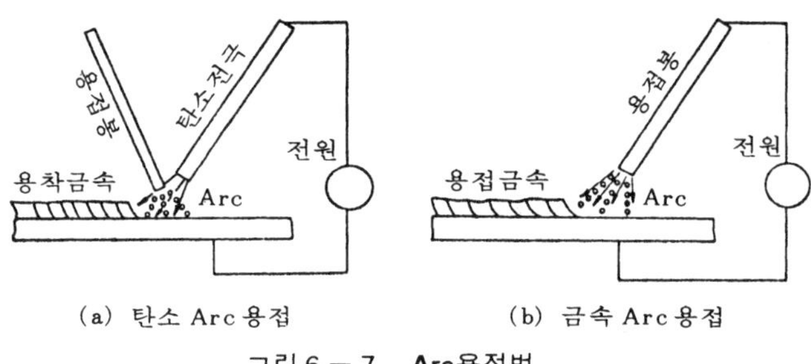

(a) 탄소 Arc 용접 (b) 금속 Arc 용접

그림 6 — 7 **Arc용접법**

용접시에 공기중의 산소나 질소가 Arc에 의하여 녹혀진 고열의 금속중에 들어가서 용착금속(鎔着金屬)의 성질을 크게 저하시키는 것을 방지하기 위하여 용접봉은 심선(心線) 위에 여러가지 물질을 혼합한 피복재를 입힌 피복용접봉(Coated electrode)이 사용된다.

심선이 녹음과 동시에 피복재가 연소하여 발생하는 Gas나 Slag가 공기를 차단하여 용착금속을 보호

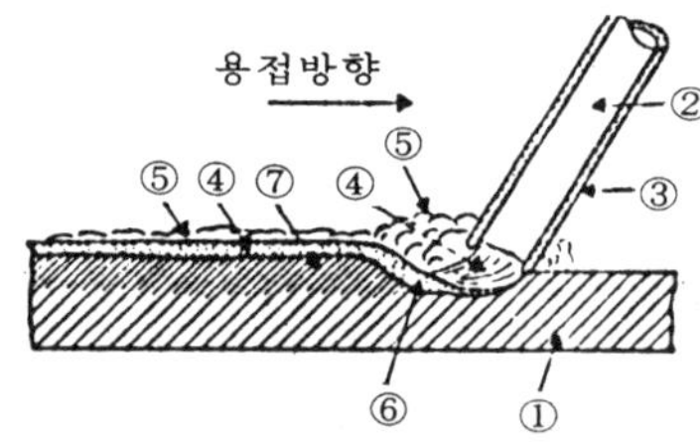

① Mother plate 모재
② Electrode 용접봉
③ Flux 피복재
④ Molten metal 용접
⑤ Slag
⑥ Deposite metal 용착금속
⑦ Effected zone 영향을 받은 부분

그림 6 — 8 용접법의 개략
(Outline of welding)

한다(그림6－8).

2. Welded joint의 종류(그림6－9)

전기용접의 Joint의 종류는 모판(母板；Mother plate)의 접속방법에 따라 다음과 같은 것이 있다.

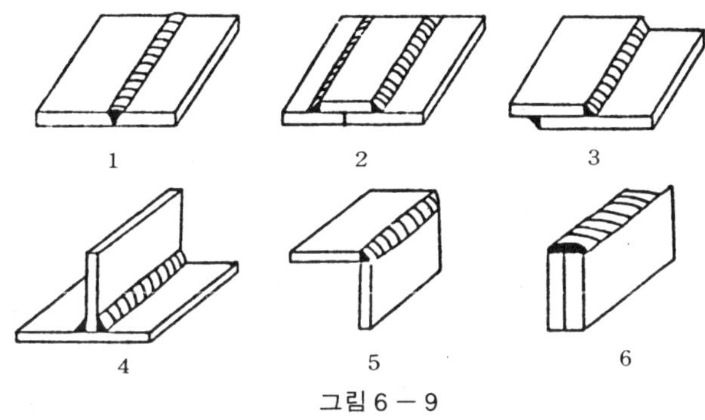

그림6－9

(1) Welded butt joint

두 모재(母材)의 가장자리를 맞대고 용접하여 한 강판과 같이 만드는 방법

(2) Strapped joint

두 모재를 맞대고 그 위에 Flat bar와 같은 것을 놓고 이의 양끝을 Welding한 것이다.

(3) Welded lap-joint

두 모재의 끝 부분을 겹쳐 그 양쪽 끝을 Fillet weld 하는 것으로 위의 (1)의 방법 보다 견고하지 못하다.

(4) Welded T-joint

강판에 Angle을 수직으로 접속시킬 때 이용된다. 예를 들면 Bulkhead stiffener 등이다.

(5) Corner joint

두 개의 모재 끝을 서로 각을 이루도록 마주대고 그의 모서리를 따라 Welding한 것이다.

(6) Edge joint

두 개의 모재를 나란히 겹쳐 놓고 그의 끝 부분을 Welding한 것이다.

3. Welding방법

Joint의 종류에 따라 Welding의 방법도 다음과 같이 구분된다.

(1) Butt Weld(그림 6 — 10)

Welded butt joint를 할때 이용되는 형식으로 모재의 가장자리는 미리 사면(斜面)으로 깍아 둔다. 이를 Chamfering-off라 하며 형식에는 I형용접(I weld), V형(V weld), X형(X weld), U형(U weld), H형(H weld) 용접 등이 있다. 그림에서 (h), (i), (j)는 두께가 서로 다른 것을 Welding하는 것이고, (k), (l), (m), (n)은 Fillet weld이다.

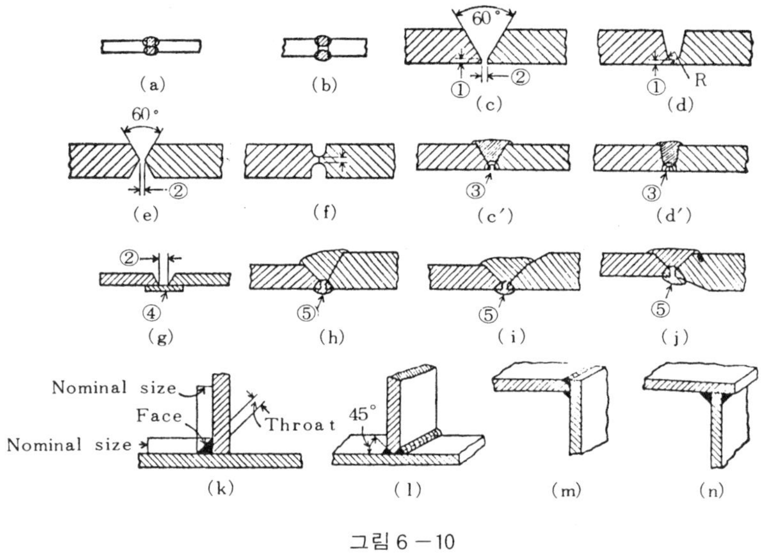

그림 6 — 10

(2) Fillet weld(그림 6 — 11)

Welded lap joint, T-joint 또는 Corner joint에 사용되는 방법으로 Continuous fillet(or weld)와 Intermittent fillet(or weld)가 있다. Continuous fillet는 수밀(水密)이나 유밀구조(油密構造)등 중요한 구조의 접속(接續)에 채용되며, Intermittent fillet에는 Chain weld와 Staggered(or Zigzag) Weld가 있다.

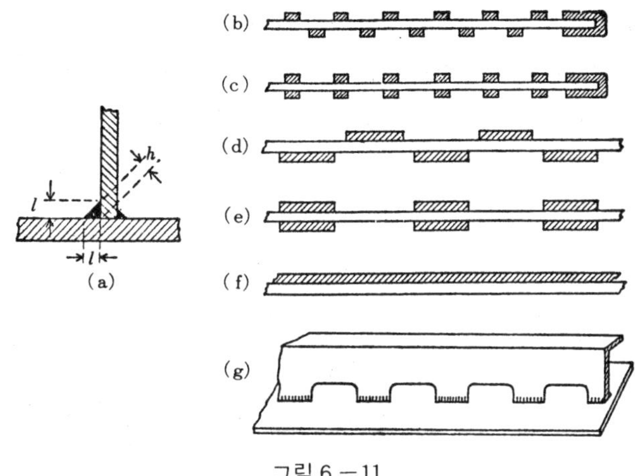

그림 6 — 11

(a) Fillet weld : 좌측은 Heavy weld, 우측은 Light weld
(b) Staggered or Zigzag welding
(c) Chain welding
(d) Staggered or Zigzag increment weld
(e) Chain increment weld
(f) Full weld(One side) or Continuous fillet
(g) Scalloping or Serration weld

(3) Plug(or Slot) **Weld**

두 모판(母板)의 한쪽에 원형이나 타원형의 구멍을 뚫고 여기에 용착철(鎔着鐵)을 녹혀 넣어서 양 모판을 용접하는 방법이다.

(4) Tack weld

용접을 시작하기 전에 위치가 움직여서 변하지 않도록 하기 위해서 상당한 간격을 두고 임시로 용접하는 것이다.

(6) Scalloping weld(그림 6 — 11의 g)

Floor plate, Frame, Beam 또는 Side girder 등을 강판과 T-joint, Intermittent weld로 할때 용접부가 아닌 부분에 뚫어 놓은 구멍을 Scallop라 한다. 이것은 강도의 영향도 없고 용접상의 결함도 남지 않으며 선체의 자중을 경감시킨다. 이는 Oil tanker에서 많이 채용되고 있다.

3. 용접부의 결함(그림 6 −12)

(1) 변형(Deformation)

용접법은 고열로 국부적으로 용융하여 냉각하므로 그곳에 국부적 수축(Local shrinkage)이 일어나 변형이 생기는데, 이것은 용접공법의 최대의 결점이다.

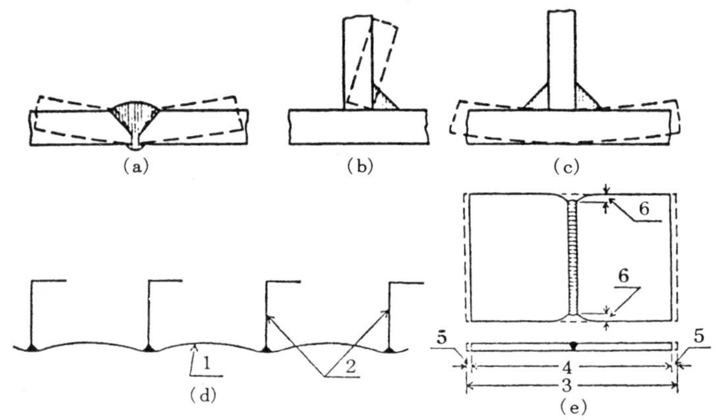

그림 6 −12 **Deformation due to welding**

(a) Butt weld	1. Plate
(b) Fillet weld (single)	2. Angle
(c) Fillet weld (double)	3. Original width
(d) Angles welded on a plate	4. Final width
(e) Shrinkage of butt welding	5. Transverse shrinkage
	6. Axial shrinkage

(2) 용접부의 결함

전기용접법에 의한 용접부에는 다음과 같은 결함이 생기기 쉽다.

① 촌법상(寸法上)의 결함 : 변형 및 용접형상의 불량이다. 특히 용착금속부(Deposit metal)의 크기와 형상이 불량하면 강도가 부족되거나 응력의 집중이나 부식 등이 생긴다.

② 구조상의 결함 : 용접방법이 나쁘면 용착금속부에 기공(氣孔), 비금속의 개재, Slag의 침투, 용합불량(鎔合不良), Under cut, 균열 등의 구조상의 불연속부를 일으킨다.

③ 성질상(性質上)의 결함 : 용접부의 강도의 부족, 화학성분의 불량 등이다.

4. 용접부의 검사

전기용접에 의한 용접부의 제결함(諸缺陷)을 발견하기 위하여 다음과 같은 검사를 한다.

① 외관육안검사(外觀肉眼檢査) : 육안이나 확대경을 사용하여 촌법상 및 구조상의 결함을 검사한다.

② 방사선투과검사(放射線透過檢査) : X선 또는 γ선 등의 방사선을 이용한 투과 사진에 의한 구조상의 결함을 검사한다. 강력갑판(強力甲板) 및 외판의 Seam과 Butt를 용접한 경우 등에 이용된다.

③ 침투검사(浸透檢査) : 용접부의 표면에 경유(輕油) 등을 발라서 그의 침투에 의해서 균열이나 기공(氣孔) 등을 검사한다.

④ 음향검사(音響檢査) : Hammer로 경타(輕打)하여 소리를 들어서 용접부의 균열이나 기공 등을 검사한다.

⑤ Drill test : 용접부에 Drill로 구멍을 뚫어 용착불량, 기공의 유무(有無) 등을 검사한다.

⑥ 기계적 검사 : 시험편(試驗片)에 의하여 각종의 강도시험을 행한다.

⑦ Oiltight 및 Watertight test를 한다.

5 Welding의 장단점

전기용법 방법은 Riveting공법에 비하여 많은 장점이 있으나 단점도 있다.

(1) 장점

① 접속효율(接續効率) : Riveted joint는 원판강도(原板強度)의 70～80%이지만 Butt weld에서는 거의 100%이다.

② 재료의 절감 : 선체의 중량을 경감하므로 재화중량(載貨重量)이 증가된다. 이는 강판의 Overlap, T-joint에 의한 고착 Angle, 형강의 접합변(接合邊 ; Fitting flange), Rivet head 등이 불필요하기 때문이다. 선체 중량의 경감은 대략 15% 정도이다.

③ 저항(抵抗)의 경감 : 선저 및 외판에 Rivet head가 없으므로 물의 저

항을 받지 않는다.

④ 수밀(水密)이나 유밀(油密)이 완전하다.

⑤ 건조공수(建造工數)의 감소 : Riveting에는 Hole, 가열, 고착 및 C-aulking 등의 공정이 필요하지만 Welding시는 간단하다.

⑥ 건조기간(建造期間)의 단축 : Block식 건조방법을 이용하여 많은 사람이 능률적으로 동시에 작업할 수 있다.

⑦ 건조비(建造費)의 절감 : 강재의 절약, 작업능률의 향상, 공기의 단축 등으로 건조비의 절감을 가져온다.

(2) 단점

① 변형(變形)이 생기기 쉬우며, 내부에 응력이 남아있어 균열의 원인이 될 때가 있다.

② 용접부의 내부 결함을 발견하기가 어렵다.

③ 용접구조에서는 발생된 균열의 진전을 막기 어렵다.

④ 용접부재(鎔接部材)의 재질의 영향이 크다.

第7章 船體의 一般構造

선저(船底)의 중심선을 종통(縱通)하는 것은 Keel로서, 마치 사람의 척추와 같은 역할을 하는 것으로써 선체의 종강력재(縱強力材)의 주된 것이다. 이는 구조방식에 따라 방형(方形) Keel, 측판(側板) Keel, 평판(平板) Keel과 Duct keel 등이 있다.

7·1 용골(龍骨 ; Keel)

1. 방형(方形) **Keel**(Bar keel) (그림 7－1)

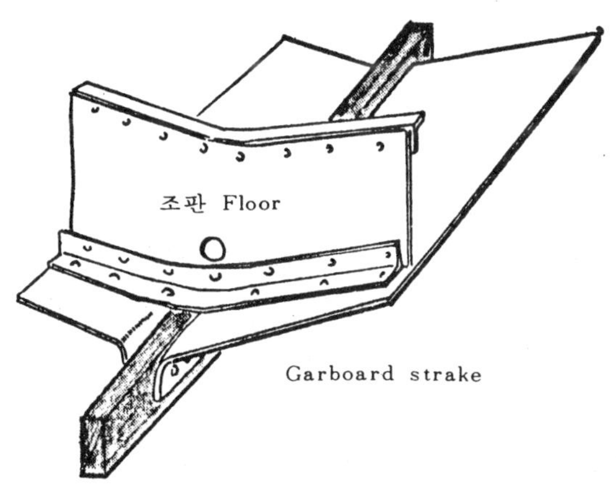

그림 7－1 방형용골 **Bar keel**

Bar keel은 장방형단면(長方形斷面)의 단강(鍛鋼)이나 압연강재(壓延鋼材)가 이용되며 Garboard strake에 의해서 양쪽에서 고정되어 마치 목선(木船)의 Keel의 형(形)을 그대로 받아들인 형태이다.

이것은 전체를 하나의 재료로 하는 것이 바람직하나 선체가 대형화하므로써 부득이 할 경우는 Scarf로 연결시킨다. Stem이나 Stern frame과의 연결도 이 Scarf연결방식을 취한다.

이 방형 Keel은 선저의 중앙부에서 돌출(突出)되어 흘수(吃水)를 증가시키며, 또 Docking시에 손상을 입을 염려가 있으며 선저 내부의 구조와의 연결이 불완전하기 때문에 종강력(縱強力)이 부족하다. 따라서 대형선에서는 부적합하다. 그러나 구조가 간단하며 선(船)의 Rolling을 억제하는 역할을 하고 선체의 바람에 의한 횡류(橫流 ; Lee way)를 적게하고 좌초시에 선저 외판을 보호하므로 소형선, 범선, 어선 등에 채용되고 있다.

2. 측판(側板) **Keel**(Side bar keel) (그림 7 - 2)

선내(船內)의 중심선에 설치된 입판(立板 ; 單底의 중심선 貫通板, 二重底에 있어서는 중심선 Girder)을 하방(下方)의 선외(船外)에 연장하여 그의 양측에 Side bar를 붙이어 방형 Keel을 구성한 Keel을 측판Keel이라 한다.

이것은 방형Keel 보다 견고하게 내부 구조물과 연결되며 방형Keel과 같은 장점이 있으나 구조가 복잡하여 공작이 곤란하며 수리가 어렵고 건조비가 비싸다는 등의 결점이 있어 현재에는 거의 채용되지 않고 있다.

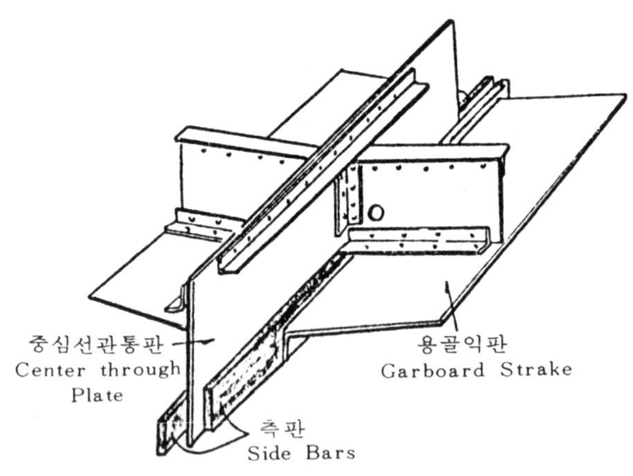

그림 7 - 2 **Side bar keel**

3. 평판(平板) Keel(Flat plate keel) (그림 7 — 3)

Keel이라 해서 일매의 보통의 강판을 사용하는 형식을 평판 Keel이라 한다. 이것이 선저 외판의 일부를 구성하며 평판의 두께는 다른 선저 외판의 두께 보다 약 50% 정도 더 두꺼운 것으로 한다.

평판 Keel의 촌법(寸法)은 배의 길이와 만재흘수에 의해서 결정하지만 대략 길이 150m(G.T. 약 1만톤)의 선박에서 폭은 1.4m, 두께는 23mm 정도이다.

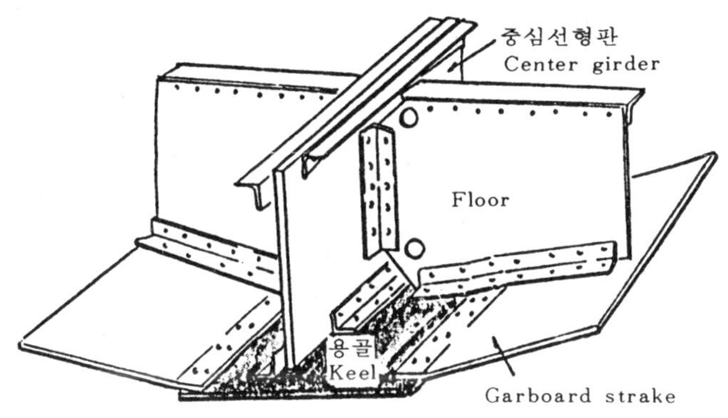

그림 7 — 3 평판 Keel

이 평판 Keel은 다음과 같은 장단점이 있다.

(1) 장점

① 외판과 다른 점이 없어 흘수를 증가시키지 않는다.

② 선저의 내부구조와 연결이 완전하여 선저에 필요한 강도를 부여한다.

③ 공작상(工作上) 고착법(固着法)이 용이하다.

④ 수밀(水密)을 기하기가 용이하다.

(2) 단점

① Rolling 방지의 효과가 없다.

② Rolling 억지용의 Bilge keel을 붙여야 한다.

③ 선저 보호의 목적에 부적합하다.

4. Duck keel(그림 7 － 4)

선체 중심선의 양측에 2개의 Girder가 종통하여 Center girder의 역할을 함과 동시에 평판Keel 및 Center line strake와 함께 하나의 Duct를 형성한다. 이 Duct의 내부에는 Ballast water의 흡수관(吸水管)이 통하므로 Pipe duct라고도 한다.

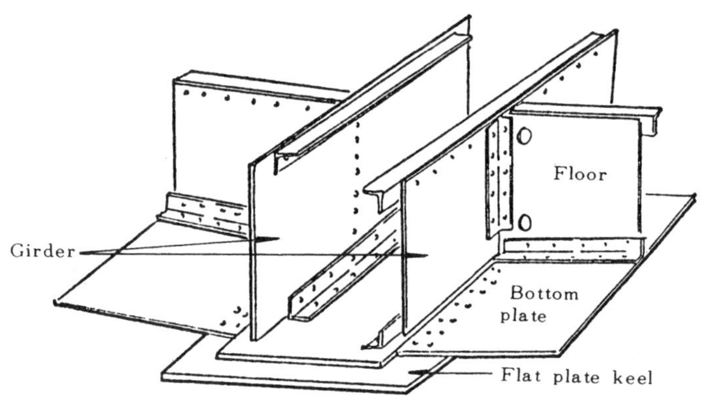

그림 7 － 4 **Duct keel**

이 구조는 기관실을 제외한 배의 전장(全長) 또는 그 일부에 설치되어 Floor판을 절단하므로 선체의 횡강력을 감소시키지만 이를 보호하기 위해서 평판Keel의 두께를 증가시키거나 Doubling한다. 또한 다음과 같은 장점이 있다.

① Ballast water의 흡수관 및 기타의 Pipe를 설치해서 쉽게 접근할 수 있다.

② Pipe의 Joint로부터의 누수에 의한 화물의 손상을 방지할 수 있다.

7·2 선수구조(船首構造 ; Bow construction)

어떤 일이건 유종(有終)의 미(美)를 거두기란 어려운 일로써 선체도 중앙부 1/2L간이 선체의 주체이지만 선수(船首)나 선미부(船尾部)의 끝 마무리도 매우 중요하고 어려운 일이다.

1. 선수의 형상(Bow form) (그림 7 — 5)

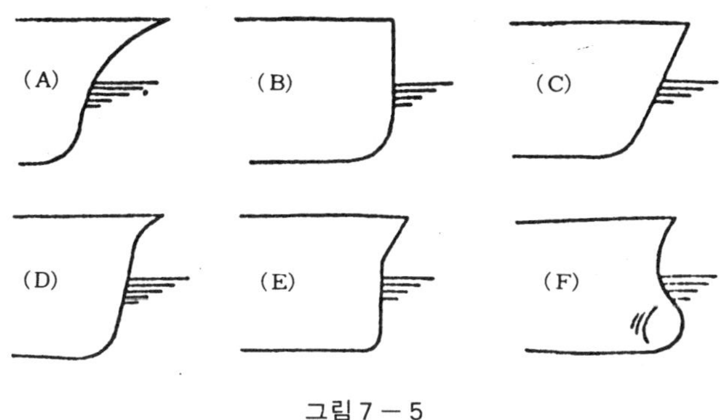

그림 7 — 5

(1) Ram형

옛날의 전투함에서는 포탄이 떨어졌을 때 돌진해서 적함의 측부를 들이받아 침몰시킬 목적으로 선수하단(船首下端)에 돌격용(突擊用)의 Ram을 만들었으나 일노전쟁(日露戰爭) 이후 일본해군이 이것을 전폐하므로써 자취를 감추었다.

(2) Clipper형 (그림 7—5의 A.D.E)

범선(帆船) 시대의 유물이며 Steam ship의 출현 초기에 채용되었었다. 지금은 Yacht등에 채용되며 미관상 좋다.

(3) 직립형(直立型 ; Upright stem) (그림 7—5의 B

선수의 전면(前面)이 직립이며 Even keel시는 수면과 직각을 이루나 Trim by the stern시는 선수의 상부(上部)가 오히려 후방으로 경사되어 좋지 않으므로 현대에는 잘 채용되지 않는 형이다.

(4) 경사형(傾斜型 ; Raked stem) (그림 7—5의 C)

Sheer를 가진 선(船)이 해면에 떠 있을 때 선수가 내측(內側)으로 경사된 것 같아 둔하게 보이므로 이 선수를 조금 전방으로 경사시킨 형이다.

(5) 구상형(球狀型 ; Bulbous stem) (그림 7—5의 F)

최근 대형선의 선수는 거의 직립하고 그의 하부는 옛날 군함의 Ram과 비슷한 큰 구체(球體)를 갖는 구상선수(球狀船首 ; Bulbous stem)가 채용되고 있다.

최초에는 깊은 흘수로써 속력 30knot 정도를 내는 선박에 채용되었던 것으로 선수부에 이와 같은 구체가 있으므로 선수 쪽에서 일어나는 파(波)가 작아져서 조파저항(造波抵抗)이 작아지기 때문에 이에 의한 추진효율을 높이기 위해서 고안된 형이다.

2. 선수의 구조(Bow Construction) (그림 7 − 6)

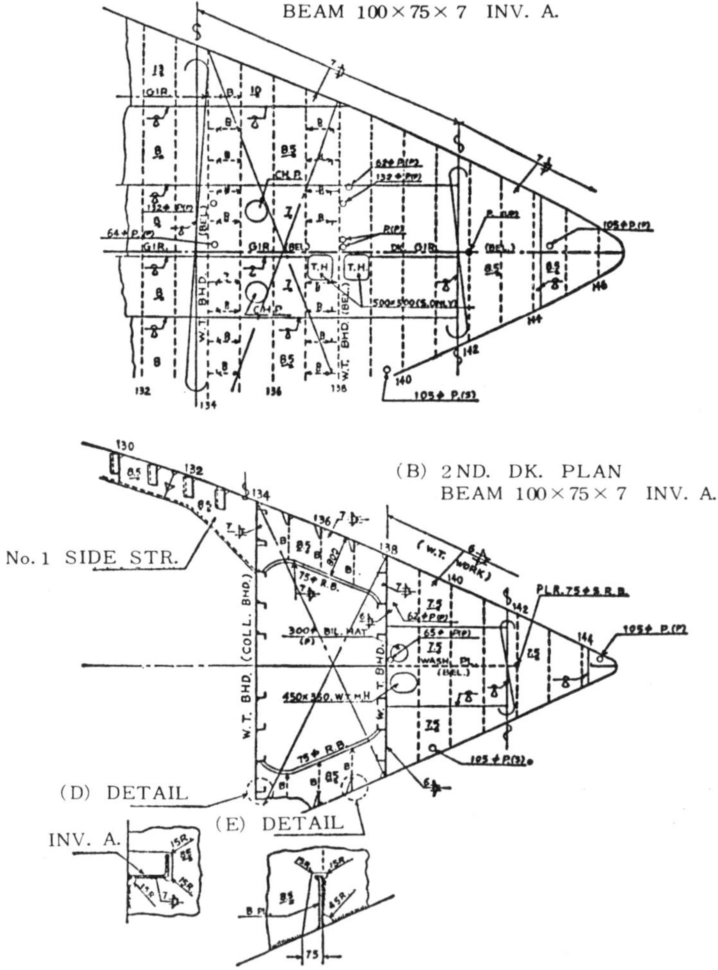

그림 7 − 6 선수구조(Bow construction)

선수는 항상 파(波)와 정면 충돌하는 곳으로 특히 공선시(空船時)에는 Slamming action을 일으키므로 이에 대비하기 위해서 선저를 보강해서 강력한 선수격벽(船首隔壁)을 설치해서 No. 1 Hold에는 상하 2개조의 선측종통재(船側縱通材 ; Side stringer)를 배치하고 선수창내(船首倉内)에는 상부종통재의 연장선(延長線)에 제2갑판을 설치하고 하부종통재의 연장선에는 Chain locker 밑의 갑판을 그의 전방에 강력한 방요종통재(防撓縱通材 ; Panting stringer)를 설치해서 Panting beam으로 지지하고, No. 2 Hold 전단의 Double bottom을 높여서 Floor를 깊게하고 선수창내의 Floor도 충분히 깊게 한다. Chain locker의 아래 갑판의 전단에서 상갑판까지 수밀격벽(水密隔壁)을 설치해서 후방을 Chain locker로 이용한다. 2-nd deck 이하의 Water tank쪽에는 중심선에 제수판(制水板 Wash plate)을 삽입해서 선체의 Rolling시에 생기는 유동(遊動)을 억제함과 동시에 종강력을 증가시키고, 상갑판하(上甲板下)에는 중심선에 Deck girder를 관통시켜 상갑판의 종강력을 보강한다.

3. 선수재의 구조

(1) **Bar stem**(그림 7 - 7)

선수재를 단강, 압연강재로 만들 경우의 구조는 그림 7 - 6의 A와 같은 각형선수재(角形船首材)로 옛날부터 사용된 것이며, 근년에 와서는 B의 그림과 같이 유선형(流線型)의 것이 많이 쓰이고 있어 주강재로 만든 선수재의 외부를 물의 저항에 적응하는 단면으로 해서 그의 내측에는 적당한 간격으로 Rib을 붙여 놓았다.

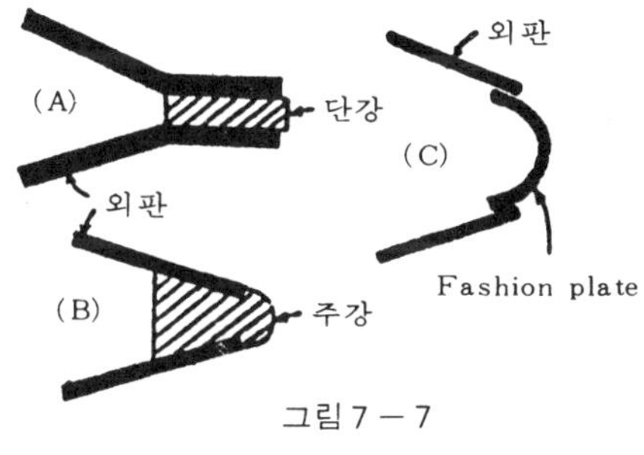

그림 7 - 7

(2) **Fashion plate stem**(그림 7 - 7의 (C), 그림 7 - 8)

최근에는 각형선수재의 대신으로 만재흘수선 이하를 주강제의 유선형으로 하고 그의 상방(上方)은 강판을 굴곡시켜 접합시킨 선수재가 이용되고 있다. 이 강판을 Fashion plate라 하며 위로 갈수록 넓게 퍼지도록 하고 있다. 이 강판제의 선수재를 Fashion plate stem이라 한다.

이 판의 두께는 배의 길이가 50m인 경우에 10mm, 100m의 경우에는 13mm, 150m인 경우에 16mm 정도로써 약 1 m 간격으로 수평 Rib(Breast hook)을 배치하고 그의 선단(先端)의 곡율반경(曲率半經)의 큰 부분에는 Center line상의 종방향에 보강재를 붙인다. 이와 같은 강판제의 선수재는 갑판면적을 증가시킴과 동시에 선수부의 외판의 Flare와 조화를 이루어 외관을 좋게 하고 만일 선체가 충돌했을 경우에 B-ar stem에 비해서 손상이 작고 수리도 용이하므로 최근에 선수재를 강판제로 한 것도 출현하고 있다.

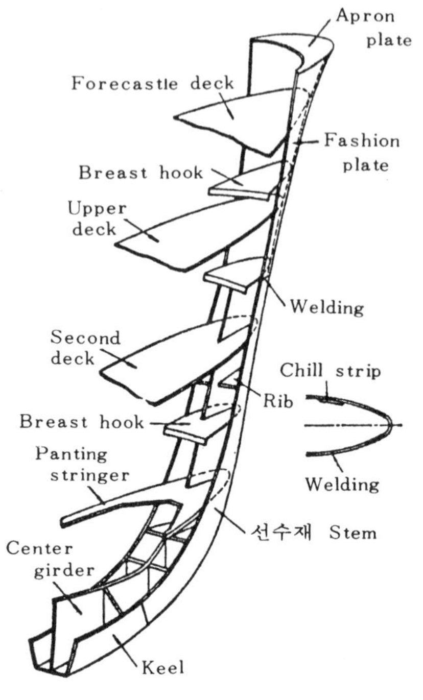

그림 7-8 선수재

4. 선수재와 **Keel**의 고착

선수재의 하단은 선수격벽의 전방에서 그쳐야 한다. 이것은 선수가 충돌했을 때 손해를 선수격벽의 전방에 국한시키기 위함이다.

방형 Keel의 경우에는 선수재와 Scarf joint로 결합되지만 평판 Keel의 경우에 있어서 Keel은 선수재의 하단을 둘러싸서 이것과 겹쳐서 고착시킬 때가 많다.

7·3 선미구조(船尾構造 ; Stern construction)

선미는 Rudder를 중심으로 한 전후의 부분을 말하며 선체는 선미에 있어서 점점 뾰족해지므로 그 형상을 유지하기 위해서 선미골재(船尾骨材)를 배치한다.

Rudder post후방의 돌출부를 Counter라 하는데, 이것은 선체의 부력을 증가시키고 갑판면적을 크게 하며 동시에 Rudder를 보호하기 위한 것이다.

1. 선미의 형상(Stern form) (그림7－9)

(1) 타원형선미(楕圓型船尾 ; Elliptical stern)

선미형상으로서 가장 오래된 것이다. 이를 Counter stern 또는 Knuckle stern이라고도 부르며, 범선의 것을 기선이 본딴 것이다. 순양함형선미를 군함형선미로 부르는데 대하여 이를 상선형선미라고도 한다.

타원형선미는 측면에서 보면 그림7－9의 (A), (B), (C)와 같은 종류가 있다.

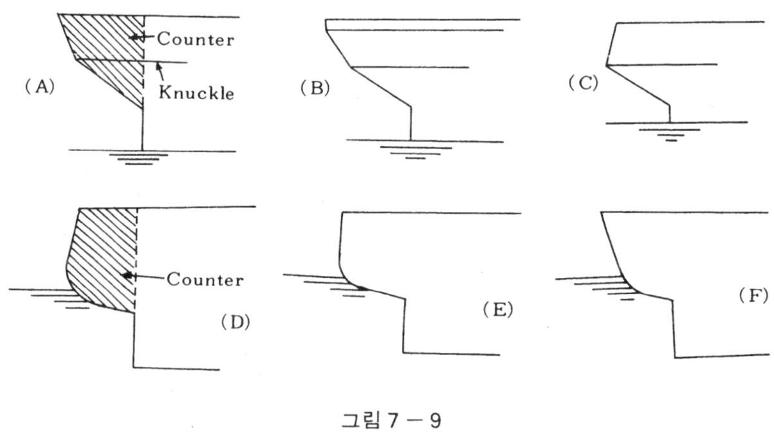

그림7－9

(2) 순양함형선미(巡洋艦型船尾 ; Cruiser stern)

순양함형선미는 군함에서 이용되었던 것으로 군함에서는 Rudder나 Propeller를 수면하(水面下)에 깊게 할 필요가 있어 여기에서 유래된 것으로 측면에서 보면 그림7－9의 (D), (E), (F)와 같은 것이 있다. 그후 상선에서도 여러 가지의 순양함형선미가 이용되고 있다.

2. 선미의 형(그림7－10)

선미의 형은 그림7－10에서와 같이 Knuckle을 1개(貨物船), 또는 2개(客船)를 두어서 선미를 구성시킨 Knuckle counter형이 많았으나 현재는 Cruiser stern이 주를 이루고 있다. 군함에서는 Rudder나 Propeller를 깊이 침하(沈下)시켜서 보호하기 위해서, 또는 고속(高速)을 얻기 위해서 수선(水線)을 길게 선미를 직립(直立)시켰다. 이것이 장점이 있으므로 상선에서도 채용되었다.

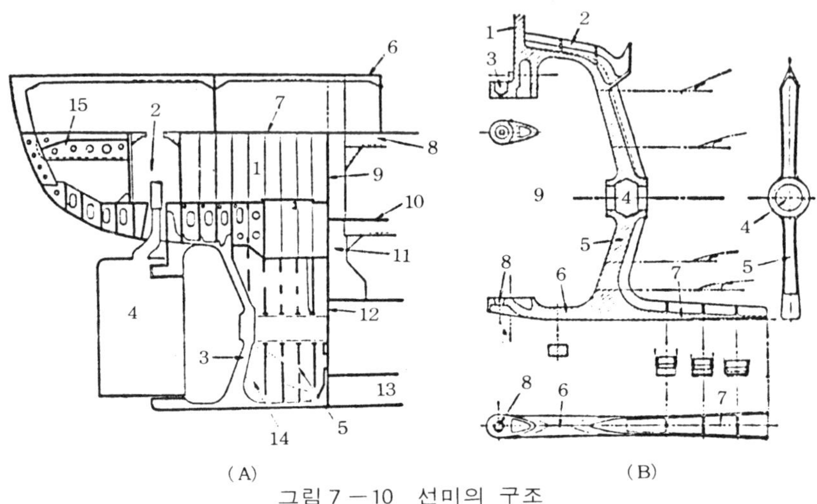

(A) (B)

그림 7—10 선미의 구조

(A) After part construction

1. After peak water tank
2. Rudder stock trunk
3. Stern frame
4. Rudder
5. Deep floor
6. Shelter deck
7. Upper deck
8. Deck girder
9. Watertight bulkhead
10. Second deck
11. Escape trunk
12. Stuffing box bulkhead
13. Double bottom
14. Cement
15. Deck girder

(B) Stern frame plan

1. Top projection
2. Crown part
3. Top gudgeon
4. Boss
5. Propeller post
6. Shoe piece
7. Heel
8. Bottom gudgeon
9. Screw aperture

3. 선미골재의 종류(그림 7—11)

선미골재는 Keel의 후부에 연결되어 선미를 강하게 함과 동시에 형상을 유지하며 양현(兩舷)의 외판을 결합시키고 Rudder와 Propeller를 지지하는 것으로 여러 종류가 있다.

(1) Stern tube가 있는 선미골재(그림 7—11의 (B))

이는 Unballanced rudder를 갖는 Single screw ship에서 이용된다. 타

주(舵柱)와 Propeller post등이 상부는 Arch에 의해서 하부는 Shoe piece에 의해서 결합되어 Stern tube와 Propeller aperture를 형성한다.

Rudder post에는 몇개의 Gudgeon을 설치하고 이것에 Rudder pintle로 Rudder를 취부(取付)한다. 또 Propeller post의 중앙부에는 Propeller shaft를 관통(貫通)시키기 위한 Boss를 설치한다.

선체에 취부를 견고하게 하기 위하여 Rudder post와 Propeller post의 상부는 선체 내부에 연장해서 이것을 Transom과 Floor에 고착시킨다. 또 Shoe piece를 전방에 연장해서 Flat plate keel에 결합시킨다. 이 부분을 Heel piece라 한다.

선미골재의 재질은 주강으로 대형의 것은 2개의 것을 Scarf joint로 한다.

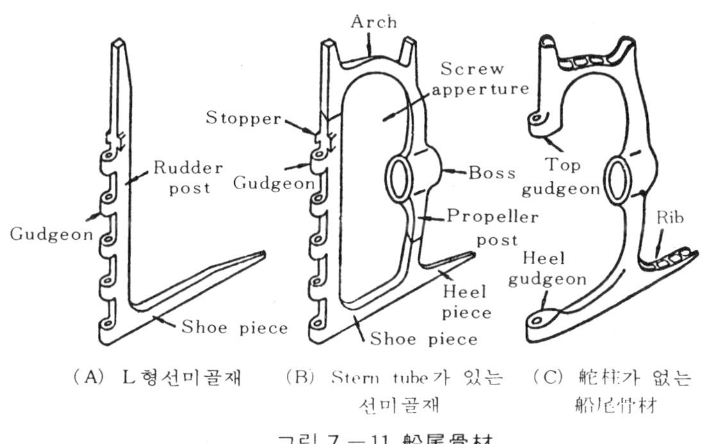

그림 7 －11 船尾骨材

(2) 타주(舵柱)가 없는 선미골재(그림 7 －11의 (C))

Ballanced rudder를 가지는 Single screw ship에서이용된다. Ballanced rudder이기 때문에 Rudder post는 필요치 않고 Rudder는 상하 2개의 Gudgeon으로 고정된다. 그 때문에 Shoe piece에는 큰 힘이 가해지므로 그 부분의 폭이나 두께를 증가시킬 필요가 생긴다. 이 선미골재는 최근 선박에 많이 채용되며, 그의 단면의 형은 유선형으로 한다. 재질은 주강이 주가 되나 Boss와 Gudgeon의 부분을 제외하고 강판제(鋼板製)로 된 것도 많다.

(3) L형 선미골재(그림 7 －11의 (A))

Bar keel의 연장상(延長上)에 단지 Rudder를 붙이기 위해서 Gudgeon만을 갖는 것으로써, 그의 모양이 L자형이므로 L post라 한다. 수직부를 Rudder post라 하고 그의 상부는 선체의 내부에 연장되어 Transom floor에 견고하게 이어진다.

4. 선미관(船尾管 ; Stern tube) (그림 7 －12)

선미관은 Propeller shaft를 지지하고 선체 내부로 해수의 침입을 억제한다.

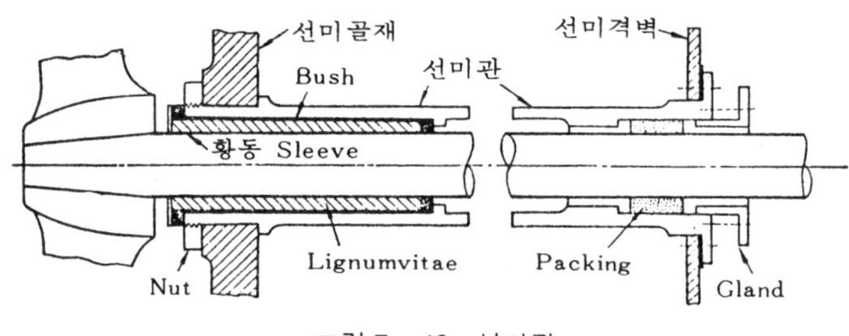

그림 7 －12 선미관

(1) 구조

Stern tube는 주강제(鑄鋼製)의 원통으로 Propeller shaft가 선외로 돌출하는 부분에 취부되어 축을 받치는 축수(軸受)로써 선내(船內)로 해수의 침입을 막아주는 Stuffing box의 역할을 한다.

Stern tube의 내면에는 황동제(黃銅製)의 Bush를 끼워 여기에 Lignumvitae라고 하는 견질목재(堅質木材)를 취부해서 이것으로 Propeller shaft를 받쳐준다. 축의 회전에 의한 마찰은 Sleeve와 Lignumvitae의 사이에서 생긴다. 이 마찰면을 부드럽게 하고 냉각시키기 위해서 Lignumvitae의 세편(細片)과 세편의 틈으로 해수를 통과시킨다.

선미관의 전단에는 Packing box를 설치하고 Grease를 칠한 면사를 감아서 선미관내의 해수가 선내에 침입하는 것을 방지한다.

(2) 유윤활식 선미관(油潤滑式船尾管)

Lignumvitae의 대신으로 White metal를 이용해서 해수의 대신으로 윤활유를 강제순환(強制循環)시키는 유윤활식 선미관이 최근의 선박에 채용하게 되었다. 선미관내의 유압은 선외의 수압 보다 조금 높게 해서 유(油)의 유출(流出)을 방지하기 위한 특수한 고무제 Ring을 사용하고 있다.

5. 축 **Bracket**(Shaft bracket) (그림 7 — 13)

2 축선(軸船) 또는 4 축선(軸船)에서는 Shaft bracket를 설치해서 Propeller shaft를 지지하고 있다.

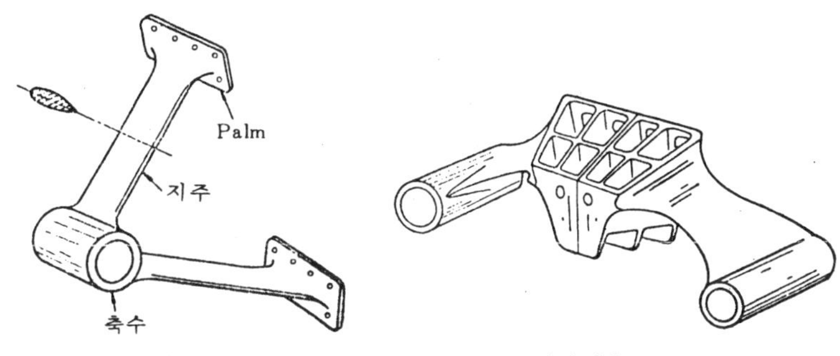

(A) A자형축 Bracket (B) 안경형축 Bracket

그림 7 — 13

(1) **A자형 Bracket**(그림 7 — 13의 (A))

선외(船外)로 돌출한 Propeller shaft를 Propeller의 직전에서 지지하는 원통형의 축수부(軸受部)와 이것을 떠 받치는 2개의 지주(支柱)로 구성된다. 지주는 물의 저항을 적게하기 위해서 유선형단면(流線形斷面)으로 하고 Palm을 외판에 취부하든가 아니면 돌입시켜 선체 내부의 특별히 보강된 다른 구조물에 결합시킨다.

이 축 Bracket는 구조가 간단해서 선체의 저항도 작으나 Propeller shaft가 해중(海中)에 노출되므로 손상을 입거나 Rope에 감기는 등의 위험이 있다. 그러므로 소형선이나 Fine형의 고속선(高速船)에 이용된다.

(2) 안경형(眼鏡形) 축 **Bracket**(Spectacle stern frame) (그림 7 — 13의 (B))

Propeller shaft를 해중(海中)에 노출시키지 않기 위해서 외판의 일부를 변형(變形)해서 Bossing으로 축을 선내(船內)로 끌어들여서, 그의 후단부(後端部)에 강고(強固)한 안경형 축 Bracket를 설치한다.

이 축 Bracket는 Propeller축의 보호에는 적합하나 선미의 구조나 형상이 복잡해져서 Bossing에 의한 선체저항(船體抵抗)이 커진다. 선미부가 넓어진 상선(商船)에서 많이 채용된다.

7·4 단저(單底 ; Single bottom)와 2중저(二重底 ; Double bottom)

1. 단저의 구조(Single bottom construction) (그림 7－14)

Single bottom construction은 Double bottom을 갖지 않은 간단한 선저 구조로써, 소형선에 이용되는 것으로 선저부의 강도를 유지한다.

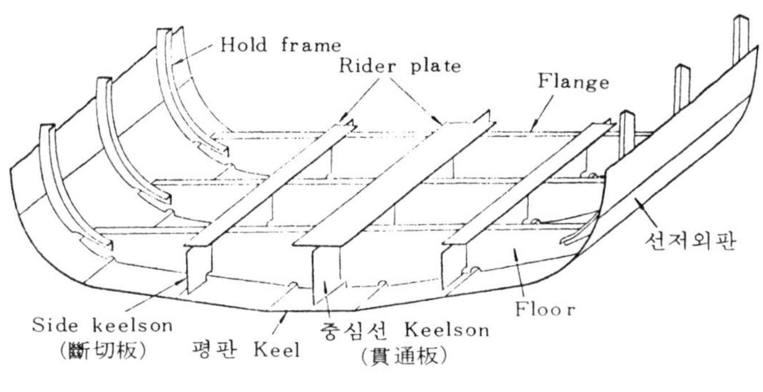

그림 7－14

(1) 구조

선저(船底)에 횡방향(橫方向)으로 배열된 Floor와 이것에 직교(直交)하는 종방향(縱方向)의 Keelson을 조합시켜 선저를 고정시킨다. 화물창내에 있어서는 이 위에 내장판(內張板)을 깐다.

(a) Floor(그림 7－14)

횡방향으로 Frame의 위치에 설치해서 양단(兩端)은 Hold내의 Frame의 하단(下端)과 견고하게 결합시킨다. 중요한 횡강력재(橫強力材)이다. Floor를 형성하는 강판을 Floor plate라 한다. 이것의 상연(上緣)은 Flange로 한다. 때로는 Reverse frame을 붙여서 선측(船側)에서의 횡압력(橫壓力)에 의한 Floor plate의 Buckling을 막아준다.

Floor plate에는 가능한 한 낮은 위치에 Limber hole을 뚫어서 Bilge water의 유통(流通)을 원활하게 한다.

Floor plate를 선저 외판에 취부(取付)할 때는 Welding시는 Floor plate의 하연(下緣)을 직접 Fillet weld 하면 좋지만 Rivetting시에는 Main frame을 배치하지 않으면 안된다.

(b) Keelson(그림 7－15)

선저의 내측을 선수에서 선미까지 종통(縱通)해서 선체의 종강도(縱強度)를 유지한다. Keelson에는 중심선 Keelson과 Side line keelson이 있다.

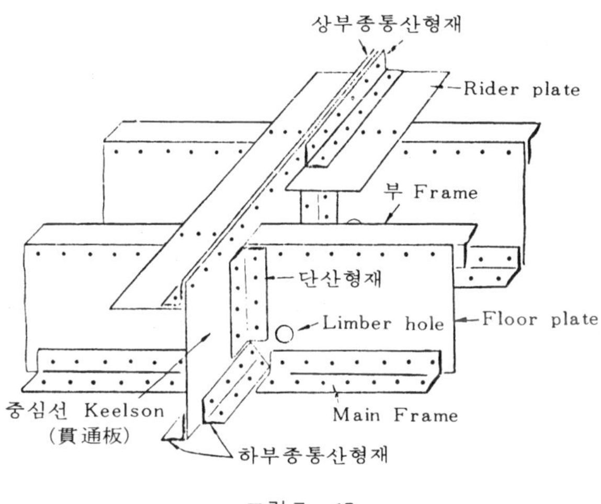

그림 7－15

① Center line keelson은 선체중심선상(船體中心線上)에 위치한 강력한 것으로 이의 구조에는 다음과 같은 2가지 종류가 있다.

㉠ 중심선관통판(中心線貫通板)과 Rider plate를 조합시킨 것 : 중심선관통판도 Rider plate도 종방향으로 연속되어 있어 종강도를 유지하는 것으로써, 소형선중에서도 특히 종강도를 필요로 하는 비교적 큰 배에 이용된다. Keelson이 관통하는 것으로써 Floor판은 중심선에 의해서 좌우로 2등분된다.

㉡ 중심선관통판의 대신(代身)으로 단절판(斷切板)을 사용해서 Rider plate와 결합시킨 것 : 단절판을 사용한 것으로 Rider plate만이

종통하게 되어 종강도는 감소되나 그 반면에 Floor가 좌우로 관통하므로써, 횡강도(橫強度)를 증가시킨다. 종강도(縱強度)를 그다지 필요로 하지 않는 비교적 소형선에 적합한 것이다.

② Side line keelson은 선체중심선상(船體中心線上)에 있지 않은 Keelson으로 중심선Keelson과 Bilge 하부와의 사이에 2.15m를 넘지 않는 간격으로 배치한다. 그 외에도 필요에 따라 다음과 같이 보강한다.

㉠ 선수격벽과 선수 선저 보강부(補強部)의 후방 1/20L의 개소의 사이에는 파(波)의 충격에 대응하는 외판의 보강을 위해서 간격을 0.9m 이하로 한다.

㉡ 중앙부 2/5L간에서 Floor가 직접 외판에 Welding된 경우에는 중간에 적어도 한쌍의 외판 방요재(防撓材)를 배치한다. 외판 방요재에는 Inverted angle을 하는 경우가 많다.

Side keelson의 구조는 단절판(Intercoastal plate)과 Rider plate와 결합시킨 것과 때로는 단절판을 생략하고 종통(縱通) 2중산형강(二重山形鋼)으로 구성된다.

2. 2중저구조(二重底構造 ; Double bottom construction)

(1) 이점(利點)

선저 외판의 내측에 수밀의 내저판(內底板)을 설치해서 선저를 2중으로 하면 다음과 같은 이점이 있다.

① 만약 선저가 파손되어도 내저판으로 해수(海水)의 침입을 막을 수 있어 선체와 화물의 안전을 가질 수 있다.

② 선저의 강도(종강도, 횡강도, 국부강도)를 증가시킨다.

③ 2중저의 내부를 구획으로 해서 Tank로 이용하면 공간을 활용할 수 있을 뿐만 아니라 배의 중심을 하강(下降)시키게 된다.

④ 공선항해시(空船航海時)에는 Ballast tank에 해수를 넣어 Draft나 Trim을 조정(調整)해서 배의 중심을 하강시켜 복원성(復原性)을 좋게 하므로써 안전항해(安全航海)를 할 수 있다.

(2) 2중저를 설치하는 범위

2중저는 많은 이점이 있으므로 이것을 채용(採用)하는 배가 많으나 법규상(法規上)으로는 다음과 같은 규정이 있다.

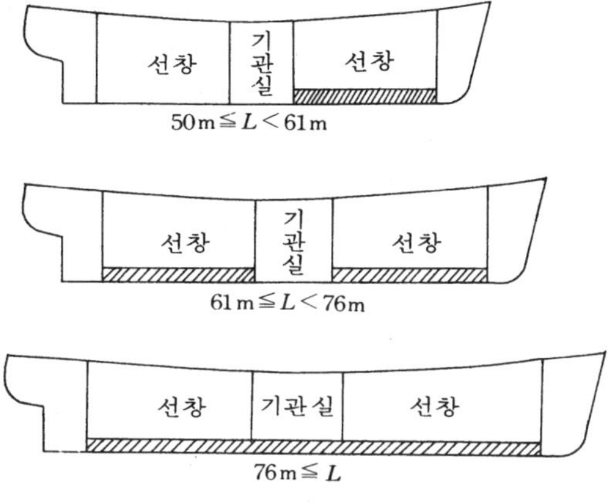

그림 7－16 국제항해에 종사하는 여객선의 2중저

(a) 종방향(縱方向)

① 일반선박 : 강선구조(鋼船構造) 규정에 의하여 배의 길이 L가 100m 이상의 선박에는 선수격벽에서 선미격벽까지 종통(縱通)하는 2중저를 설치하지 않으면 안된다.

② 국제항해에 종사하는 여객선에서는 L가 50m 이상의 배에는 다음과 같은 단계에 의해서 2중저를 설치하지 않으면 안된다(船舶區劃規程)(그림 7－16).

③ Oil tanker : 배의 길이에 관계 없이 2중저를 설치하지 않아도 된다.

(b) 횡방향(横方向)

선박구획 규정에 의해서 2중저는 횡방향에도 될 수 있는 한, 폭넓게 선저를 보호하기 위함이다. 그러기 때문에 Margin plate와 Bilge strake와의 교선(交線)은 어느 부분에 있어서도 선체 길이의 중앙에 있어서 Base line상의 선체중심선(船體中心線)에서 선폭(船幅)의 1/2의 거리에 있는 점

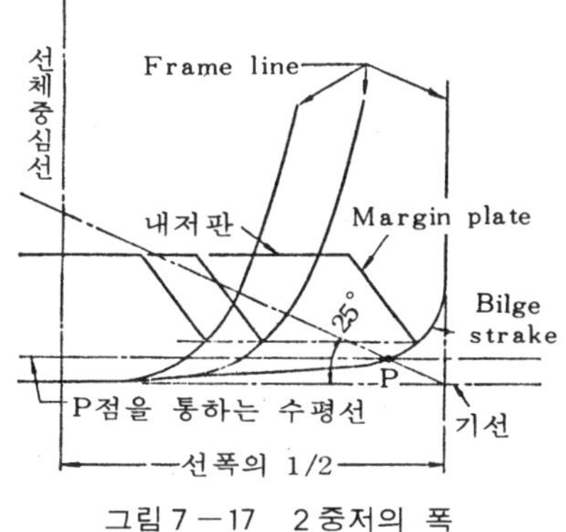

그림 7－17 2중저의 폭

을 통해서 Base line과 25°의 경사로 그은 선과 Frame line과의 교점 P를 통하는 수평면(水平面)의 상방(上方)에 있는 것과 같이하지 않으면 안된다(그림 7 －17).

(3) 구조 양식

이에는 Mac. Intyre식과 구획식 2 중저(區劃式二重底 ; Cellular double bottom)가 있다. 또 구획식에는 횡식(橫式)과 종식(縱式)의 구별이 있다.

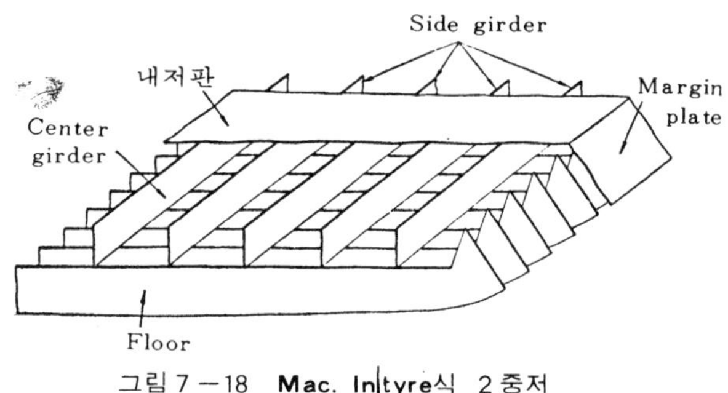

그림 7 －18 **Mac. Intyre식 2중저**

(a) Mac. Intyre식 2 중저(그림 7 －18)

단저에서 2 중저로 변화하는 초기의 양식으로 요즈음에는 단저구조의 배에서 선저의 일부를 Tank로 이용할 목적으로 채용된다.

구조는 단저구조와 비슷해서 Keelson의 형(形)을 변화시킨 Girder를 종방향으로 배치하고 그 위에 내저판(內底板)을, 측면에는 Margin plate를 깐다.

(b) 구획식 2 중저(그림 7 －19)

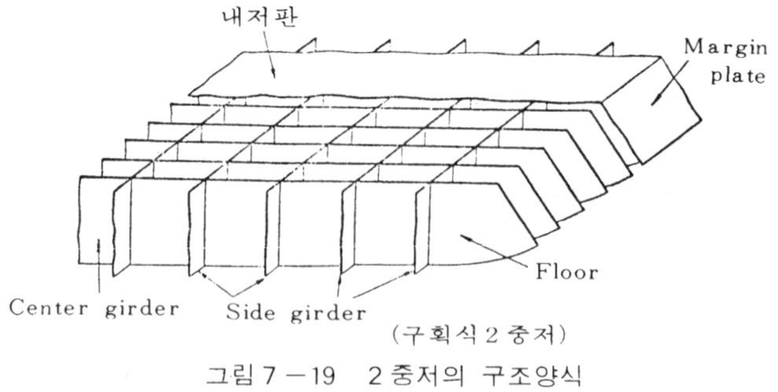

그림 7 －19 2중저의 구조양식

① 횡식구조(橫式構造) (그림 7 －20)

Mac. Intyre식 2중저의 Girder나 Floor의 깊이를 2중저의 높이와 같게 연장시킨 것이 구획식 2중저이다.

횡식구조에 있어서는 주된 부재(部材)를 횡방향으로 배치하는 것으로써 Solid floor를 설치하지 않은 각 Frame위치에는 반드시 Open floor를 설치해서 Frame과 연결시켜서 횡강도를 확보한다. 중소형선(中小型船)에 흔히 채용된다.

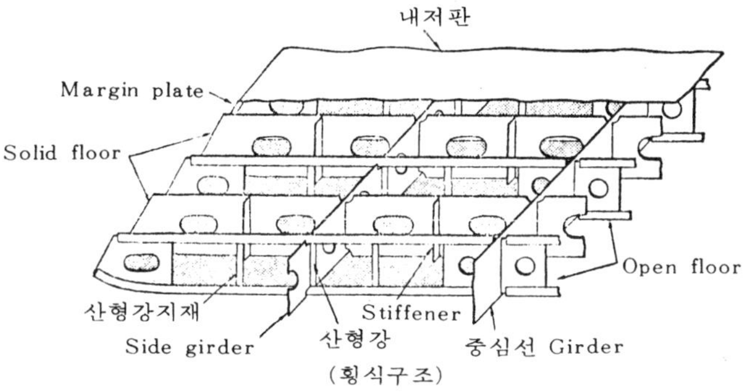

그림7－20 구획식 2중저구조

② 종식구조(縱式構造) (그림 7 －21)

Solid floor를 설치하는 대신에 종방향으로 1 m 이하의 간격으로 종Frame을 선저외판(船底外板)이나 내저판(內底板)에 연결시킨다.

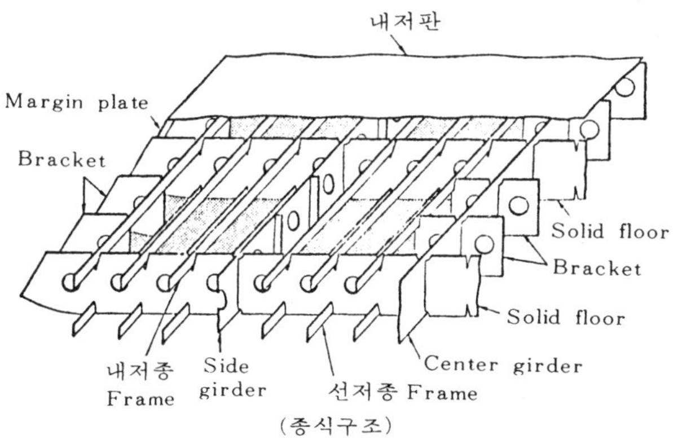

그림7－21 구획식 2중저구조

이들 종 Frame는 2중저내를 종통(縱通)해서 종강도를 증가시킨다. Welding구조의 대형화물선에 많이 이용된다.

(4) Girder

(a) 중심선 Girder(Center girder) (그림 7-19)

선체 중심선상에 있어서 2중저내를 종통하는 종강력재이다. 평판 Keel과 중심선내저판(底板)의 3개가 하나의 강력한 I Beam을 형성하고 이것은 일명 Vertical keel이라 부르기도 한다.

이 Center girder는 하나의 중요한 종강력재이므로 L이 100m 이상의 선박에서는 중앙부 3/4L간에서는 Man hole을 설치할 수 없다. 또한 연료유(燃料油), 청수(淸水), Ballast를 적재하는 곳에는 자유수(自由水)의 영향을 생각해서 수밀구조(水密構造)로 한다. 보통 대형선의 2중저 용적은 재화용적의 약 15% 정도이다. Center girder의 높이는 68㎝ 미만은 허락되지 않는다.

(b) Side girder(그림 7-20)

Center girder와 Margin plate와의 사이에 설치하는 종통재(縱通材)로써 Floor의 위치를 유지하고 Floor 사이에 있어서 외판과 내저판과의 연결을 강화할 목적으로 설치한다. 이 Girder의 수는 표준으로는 폭이 10.5m를 초과하고 19.5m 이하일 때는 각현에 하나, 19.5m를 초과하고 24m 이하일 때는 각현(各舷)에 두개씩을 설치한다.

이 이외에도 국부강력(局部強力)이 미치는 곳의 하부는 보강한다. 즉, Main Engine, Thrust bearing seat 하부와 선수선저부(船首船底部) 1/4L간은 Girder 사이에 2.13m를 넘지 않는 간격으로 Side girder를 증설한다. 특히 선수선저부에는 다시 이들 중간에 Half girder를 설치한다. Center girder는 Solid floor의 위치에서도 절단되지 않는 관통판(貫通板)으로 하지만 Side girder는 Solid floor의 위치에서 절단되는 단절판(斷切板; Intercostal plate)으로 하는 경우도 있다. 절단판은 종강도를 감당하지 못한다.

(5) Floor판

2중저내(二重底內)에 위치하는 Frame의 위치에는 횡방향(橫方向)에 Floor판이 배치되므로 이것에는 실체 Floor(Solid floor)와 조립 Floor(Open floor)가 있다.

(a) Solid floor(실체 Floor) (그림 7-22)

이는 2중저내에 횡방향으로 배치하여 선체의 횡강도를 유지함과 동시에 선저를 강하게 한다. 특히 큰 힘이 작용하는 다음의 개소에는 이 Solid floor를 설치해야 한다.

① 주기실(主機室)의 하부, 횡식구조인 경우는 각 Frame의 위치, 종식구조의 경우에는 주기대(主機台)의 하부는 각 Frame의 위치에 기타의 개소에는 Frame 하나 건너서 설치한다.

② Thrust bearing seat(推力受台)나 Boiler stool의 하부

③ 횡격벽(横隔壁)의 하부

④ 선수격벽(船首隔壁)에서 선수선저보강부(船首船底補強部)의 후단까지의 곳. 횡식구조인 경우에는 각 Frame위치, 종식구조의 경우에는 적어도 Frame 하나 건너에는 설치해야 한다. 기타의 개소에도 Frame space에 관계 없이 3.65m를 넘지 않는 거리에 Solid floor를 설치하지 않으면 안된다.

수밀(水密)을 필요로 하지 않는 실체 Floor에는 2중저의 통행이나 공기(空氣)나 오수(汚水)의 유통을 위해서 Man hole, Lightening hole, Air hole, Bilge hole등을 설치한다.

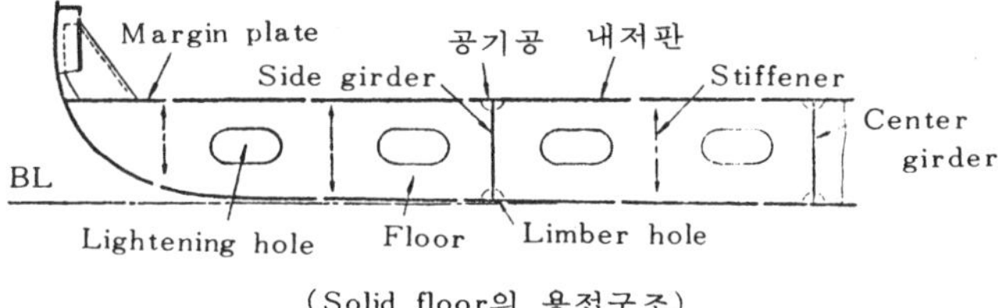

(Solid floor의 용접구조)

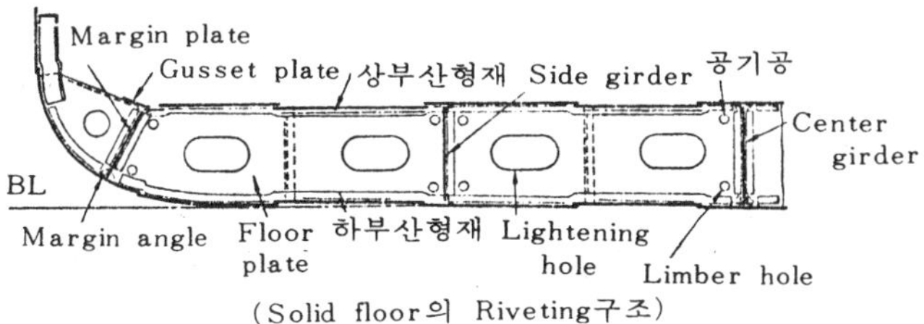

(Solid floor의 Riveting구조)

그림 7-22 **Solid floor의 구조**

(b) 조립 Floor(Open floor or Bracket floor) (그림 7-23)

Solid floor가 없는 Frame 위치에 Open floor를 설치한다. 이는 비교적 강도를 필요로 하지 않는 곳에 선체의 중량을 경감시키기 위하여 사용된다.

이것은 Main Frame과 Reverse frame으로서 Bulb angle이나 Channel angle 등의 대형 형강(形鋼)을 사용하고 Floor판을 생략하고 양단(兩端)에는 Bracket를 배치하여 Center girder 및 Margin plate와 고착(固着)시킨다. Bracket와 Side girder 중간에는 Angle strut를 두어서 정부(正副) Frame을 연결한다.

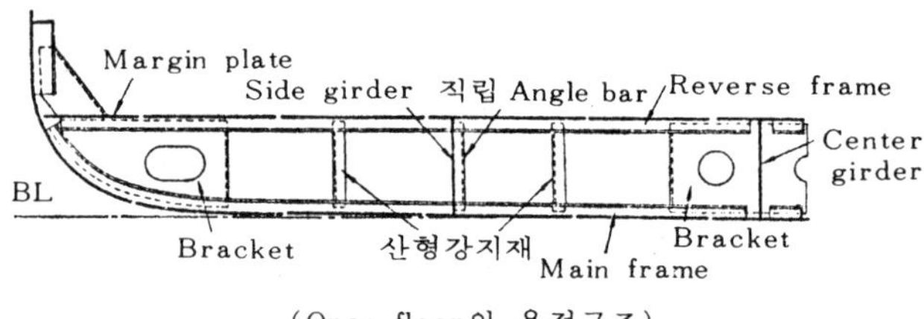

(Open floor의 용접구조)

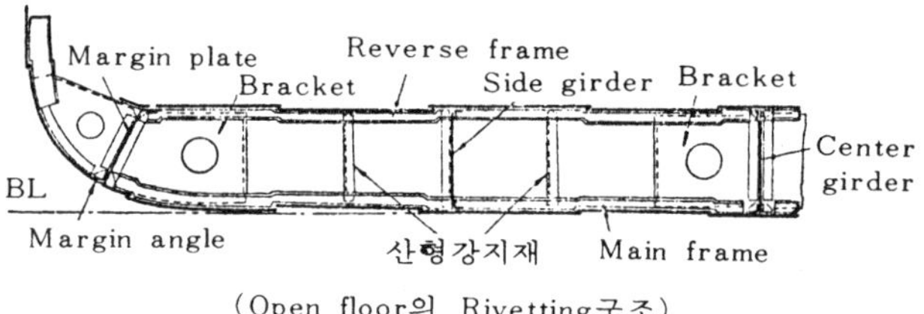

(Open floor의 Rivetting구조)

그림 7-23 **Open floor의** 구조

(c) 종 Frame(Longitudinal frame) (그림 7-24)

종식구조의 경우 Open floor대신(代身)으로 설치하는 종통재이다. 내저판의 하면(下面)에 취부(取付)하는 내저(內底) 종 Frame과 선저 외판의 상면(上面)에 취부하는 선저 종 Frame이 있다.

종 Frame은 선수미방향(船首尾方向)에 종통해서 종강도를 유지함과 동시에 선저 외판을 보강하는 Stiffener가 되는 것으로써 간격은 1 m 이내로 하는 것이 바람직하다. 이는 종강력재이므로 Solid floor의 위치에서는 Floor판을 관통하지만 어떤 때는 절단해서 단부(端部)를 Floor에 Bracket를 사용해서 고착시킨다.

내저판 Frame와 선저 종 Frame을 상하로 결합시키기 위해서 Solid floor의 위치에는 직립(直立) Angle bar를 설치한다. 이때 Floor간의 거리가 2.5m를 초과하는 경우에는 그의 중간에 산형강지재(山形鋼支材 ; Angle strut)를 설치한다.

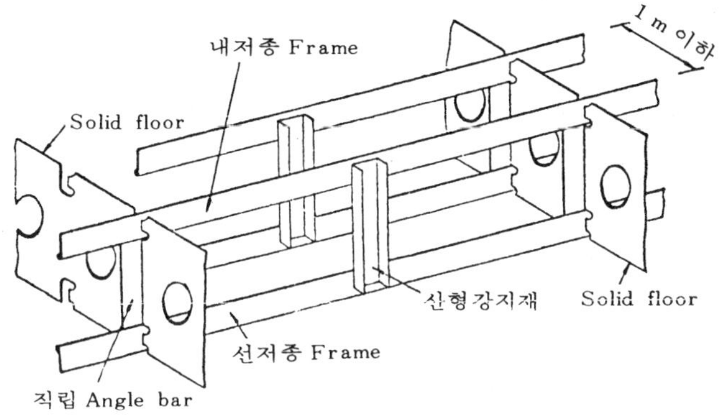

그림 7－24 **Longitudinal frame**

(**6**) 내저판(內底板 ; Inner bottom plating)

2중저 구획의 정부(頂部)를 덮는 판으로 수밀(水密)이나 유밀구조(油密構造)로 한다. 선저외판이 파손될 경우에는 외판 대신으로 수압을 받으므로 이에 대응할 수 있는 충분한 강도를 가져야 한다. 또한 2중저 전면에 깔려 있는 것이기 때문에 종강도도 횡강도도 크다.

Center line strake는 다른 내저판 보다 약간 두껍게 하지만 $\frac{L}{2}$ ㉤ 간의 전후(前後)에서는 두께를 점차로 보통의 것과 같이 해도 좋다. Boiler실에서는 2㎜ 더 두껍게 한다. 또한 Bottom ceiling을 깔지 않은 Hatch 직하(直下)의 내저판은 2㎜ 더 두껍게 한다. Boiler의 하면(下面)과 내저판과의 사이에는 450㎜ 이상의 간격을 두어야 한다.

(**7**) 연판(緣板 ; Margin plate) (그림 7－25)

이는 Bilge 부근에 있어 내저판의 좌우양단(左右兩端)을 외판에 고정시키는 판으로써 2중저의 측부(側部)를 종통(縱通)해서 종강도를 담당한다.

보통은 내저판의 좌우단에서 굴곡되어 Bilge외판에 직각으로 되도록 부착시킨다. 선수(船首)에서 1/5L간에서는 될 수 있는 한 내저판과 같은 평면으로 선측(船側)까지 연장시켜 선저를 넓게 하는 편이 좋다.

Welding 구조인 경우에는 선수미부(船首尾部)에서만이 아니라 중앙부에있어서도 이 Margin plate를 수평으로 배치하는 배가 많아 졌다. 이를 Horizontal margin plate라 한다.

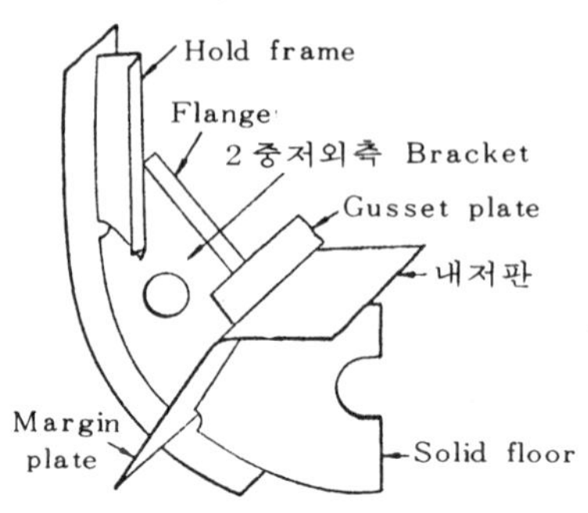

(8) Tank side bracket(그림 7 －25)

Hold frame을 Margin plate에 고착해서 선측부(船側部)를 2중저에 결합시키는 대형(大型)의 Bracket이다.

Bracket의 상연(上緣)에는 Flange를 붙여서 Buckling을 방지하고 Gusset plate를 설치해서 Margin plate와의 고착을 확실하게 한다.

Bracket의 중앙에는 Lightening hole을 하부(下部)에는 Limber hole를 뚫는다.

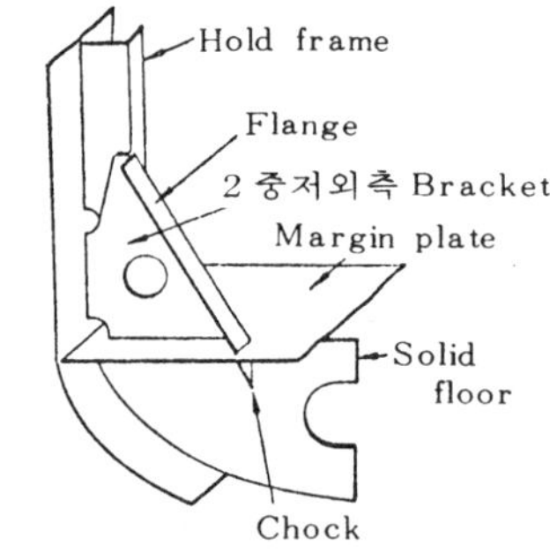

그림 7 －25 **Margin plate와 Tank side bracket**

(9) Gusset(그림 7 －25)

2중저의 측부에서 내저판, Margin plate 및 Bracket의 결합을 견고히 시키기 위해서 소형선에서는 Gusset angle이나 Gusset plate를 보통 3 Frame space마다 하나씩 배치하지만 중·대형선에서는 이것을 Frame 위치마다 배치하거나 Tie plate로 하여 마치 Gusset plate를 전후로 연속시킨 것과 같이 하기도 한다.

(10) 연료유(燃料油) 적재용(積載用)의 2중저

2중저를 연료유 Tank로 사용하는 경우는 다음과 같은 점을 생각해야 한다.

① Center girder는 유밀(油密)이 아니어도 좋으나 Man hole, Air hole, Limber hole 등의 설치는 안된다.

② F.O. Tank나 L.O. Tank와 F.W. Tank와의 사이에는 Cofferdam

를 설치해야 한다. 이것은 보통 2 Frame space를 전후로 유밀격벽을 설치해서 유류가 청수(清水) Tank에 침입하는 것을 방지 하고자 하는 것이다.

③ F.O. Tank의 정부(頂部)의 내저판상(内底板上)에는 두께 50mm 이상의 횡목(横木)을 깔고 그 위에 Bottom ceiling을 깔아야 한다. 이는 만약 기름이 새어 Hold내의 화물에 손해를 끼치는 것을 방지하기 위함이다. 그러나 기관실내의 2중저나 두께가 10mm 이상으로 Seam이나 Butt가 2열 Rivet 이상의 Rivet 접합을 한 내저판을 가지는 2중저에서는 내저판상에 Bottom ceiling을 깔 필요가 없다.

④ F.O. Tank의 수압시험은 Pipe 등의 부속품을 설치한 후 취부(取付)한 부분에서의 누유(漏油)등을 시험한다.

⑤ Gusset산형강, Gusset plate 또는 Tie plate에 외측 Bracket의 고착은 특별히 보강된다.

(11) 2중저의 보강

2중저에는 다음의 곳에는 충분히 보강해야 한다.

① Thrust bearing seat나 Web pillar의 하부

② 내연기관을 가진 배의 기관실내

③ 선수선저부가 편평한 배, 선미기관선(船尾機關船), 항해속력(航海速力) 14knot 이상의 배에서 선수부의 1/4L간

④ 강재(鋼材)등의 중량화물을 적재하는 Hold의 하부

(12) Man hole

(a) Solid floor와 Girder의 Man hole

O.T.나 W.T.가 아닌 Solid floor와 Girder에는 검사, 수리, 청소 등을 위하여 2중저내를 통행할 수 있는 Lightening hole 겸용의 Man hole을 설치한다. 이때, Man hole을 너무 하방(下方)에 위치시키면 선저가 약해지고, 또 선수부 1/4L간은 파랑(波浪)의 충격을 받기 때문에 2중저 깊이의 중심선 보다 상방(上方)에 설치하며, 높이는 Solid floor의 것은 Center girder 높이의 1/3 이하가 되도록 하고 그의 폭은 380mm 이하로 하며, Girder의 것은 Center의 높이의 1/2 이하로 하고 폭은 380mm 이하로 한다. Man hole의 모양은 원형, 타원형 또는 긴변을 평행한 직선으로 하고 다른 쪽을 반원형으로 하는 것이 보통이다.

(b) 내저판의 Man hole(그림 7－26)

2중저의 검사, 수리, 청소 등을 위해서 2중저내로 출입할 수 있는 Man hole을 설치한다. 그의 수는 적어도 1구획에 4개로 하며, 그 구획의 양측 및 Center girder의 양측에 설치한다. 여기에는 강제(鋼製)의 Man hole cover를 하며 이의 주위에는 견고한 좌환(座環; Seating ring)을 만들어 Bolt로 그 위에 Cover를 덮는다. 이는 평상시는 수밀(水密)로 폐쇄하여 둔다.

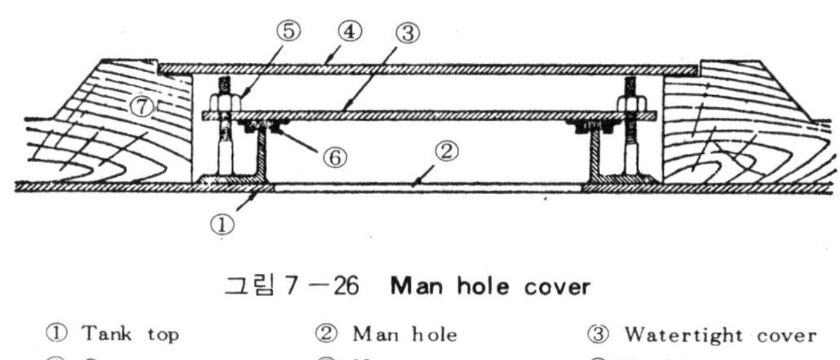

그림 7－26 **Man hole cover**

① Tank top ② Man hole ③ Watertight cover
④ Cover ⑤ Nut ⑥ Packing
⑦ Gird ring

(13) Air hole과 Limber hole

수밀로 하지 않는 Solid floor와 Girder의 4귀퉁이에는 주배수시의 통기와 통수(通水)를 위하여 작은 구멍을 뚫어 놓는다. 이때, 상부의 것을 Air hole이라 하며, 하부의 것을 Limber hole이라 한다. 이때, Limber hole은 선저 Cement 직상(直上)에 설치하며, 직경은 약 70mm의 것이 보통이다.

(14) Cement

2중저를 Water tank로 이용할 경우에는 그의 구획내에 있어서 외판면에 두터운 Cement를 바르고 기타의 Floor, Girder에는 Wash cement를 바르는 것이 보통이다. 그러나 F.O.를 적재하는 Tank에는 Cement 도장은 하지 않는다.

7·5 늑골(肋骨 ; Frame)

1. 횡식구조(横式構造)에 있어서의 **Frame**

횡식구조에 있어서의 Frame은 갑판 Beam과 Floor를 결합시켜서 선체의 횡강도를 유지시키며 갑판과 상부구조의 중량을 감당하고 외판의 Stiffener로써 수압(水壓)과 기타 외력에 대항해서 외판을 보강한다.

2. 종식구조(縱式構造)에 있어서의 **Frame**

종식구조에 있어서의 종 Frame는 갑판 중량을 지지하는 대신에 배의 종강도를 유지한다.

3. **Frame space**(그림 7 −27)

Frame과 Frame의 간격을 Frame space라 한다.

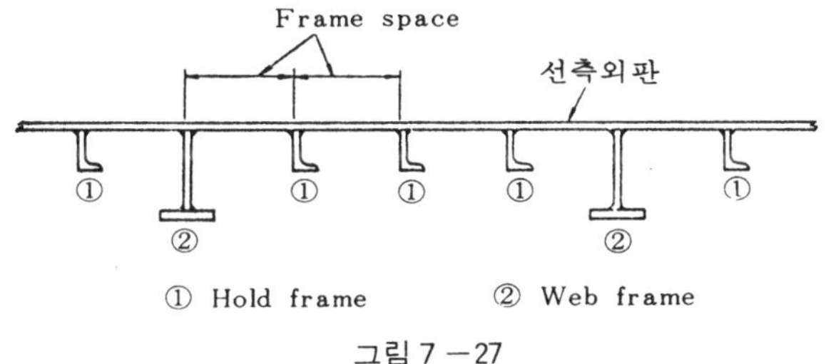

그림 7 −27

(1) 표준 **Frame space**

F. S.의 표준치를 표준 Space라 한다. 배의 길이에 의해서 결정된다.

$$F.S. = 2.28L + 460\,(\text{mm})$$

이 값은 고정적인 것은 아니며, 현재 대부분의 선박은 이 표준보다 크게 하고 있으나 이와 같이 증대시켰을 때는 Frame을 비롯하여 Floor, Deck beam, Pillar, 2중저용재(二重底用材), 외판, 갑판 등의 치수를 적당히 증대시켜야 한다.

(2) 선수미부(船首尾部)의 Space

선수미부의 Hold내의 Frame space는 Slaming등을 고려하여 배의 길이가 큰 선박에서는 중앙부의 Space보다 좁게 해야 한다.

(3) Frame number

Frame의 위치에는 Frame의 번호를 붙인다. Rudder post의 후면을 0번으로 해서 전방으로 향해서 1, 2, 3…의 순으로 붙이는 것이 보통이다.

4. Frame의 구조(그림 7－28)

Frame에는 단재 Frame(Solid frame)과 조립 Frame(Build-up frame)이 있다.

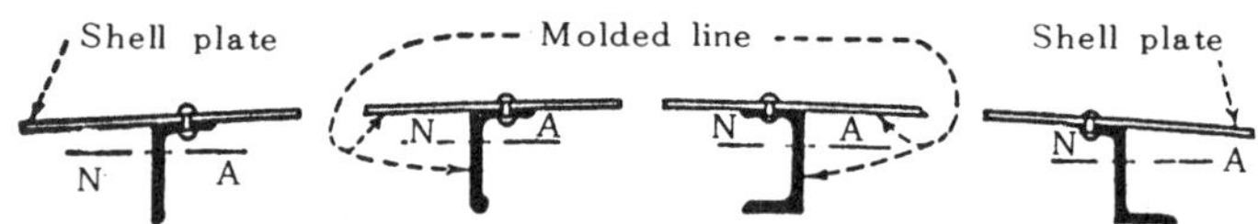

Rolled sections

(Types of frames used in riveted construction.)

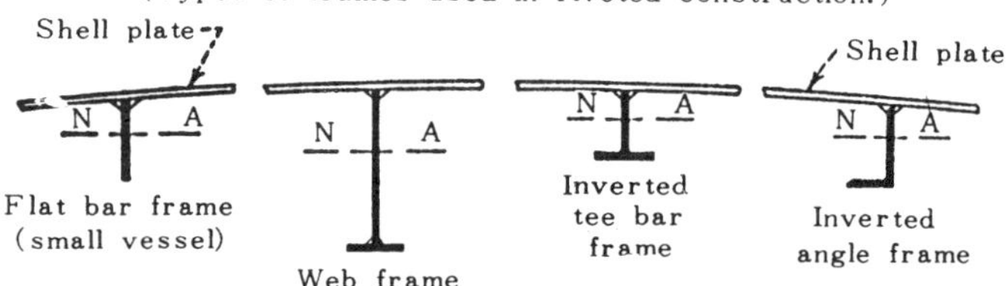

(Types of frames in welded construction.)

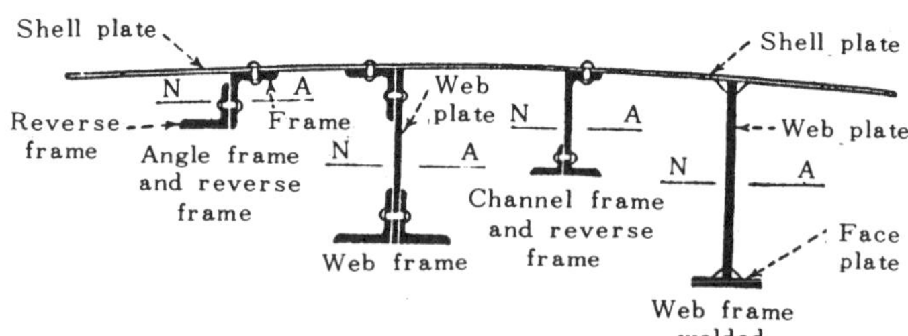

(Riveted and welded built-up frames.)

그림 7－28 **Frame의 구조**

(1) 단재 Frame(Solid frame or Single frame)

형강(形鋼)의 단재(單材)를 사용한다. Rivet구조에서는 Channel, Bulb angle, Z bar, Unequal angle bar를 이용하고 Welding구조에서는 Inverted angle weld, Bulb plate, Flat bar 등이 사용된다.

(2) 조립 Frame(Build-up frame)

두개 이상의 강판이나 형강을 조립(組立)한 것으로 비교적 대형의 것으로 강력한 Frame을 말한다.

5. Frame의 종류

(1) 창내(艙內) Frame(Hold frame)

선수격벽에서 선미격벽까지의 사이에서 최하층(最下層) 갑판에서 하방의 선측에 설치되는 대표적인 Frame으로 단재 Frame이 사용된다.

Hold frame중에서 선수격벽과 선수에서 1/8L의 위치와의 사이에 있는 것을 Panting frame이라 하며, 이보다 후방에서 선수에서 1/4L의 위치까지의 사이에 있는 것을 Bow frame이라 하며, 특히 강력한 것을 사용한다.

(2) 특설(特設) Frame

(Web frame) (그림 7－29)

Hold frame만으로는 횡강도가 충분하지 못하다고 생각되는 곳. 예를 들면 Engine room, 중량물(重量物)을 적재하는 Hold, 장대(長大)한 Hatch를 갖는 Hold 등에는 특히 강한 Web frame을 Frame 몇개 건너서 하나씩 배치해서 보강한다. 이와 같이 특설 Frame에는 조립 Frame이 사용된다.

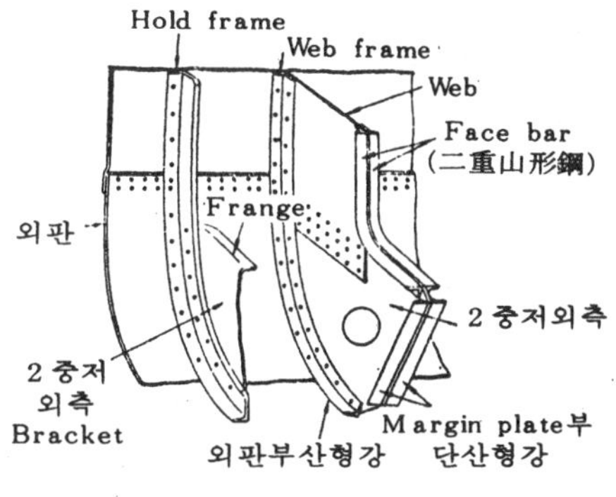

그림 7－29 **Web frame**

이 특설 Frame은 같은 위치에 설치되는 특설 Beam과 결합되어서 강력한 틀을 형성하므로써 선체의 횡강도를 증가시킨다.

6. 기타 Frame

(1) 선수미부 **Frame**(Peak frame)

선수미부 창내(艙內)에 설치되는 것으로서 물의 충격에 대항하는 선수미 Panting 구조의 일부로서 특히 강한 것을 좁은 F.S.로 배치한다.

(2) Cant frame

선미최후단(船尾最後端)의 Butock line에 따라 방사상으로 설치되는 F-rame으로서 F.S.는 선수미부의 Frame과 동일하게 한다.

(3) 갑판간(甲板間) **Frame**(Tween deck frame)

Hold frame의 연장상부(延長上部)에 설치되어 Hold frame과 일체가 되어 선저에서부터 상갑판(上甲板)까지의 선측의 강도를 감당하는 것이다. 양자간(兩者間)의 강도의 연속성에 주의해야 한다.

(4) 선루(船樓) **Frame**(Superstructure frame)

선루 외판의 내측의 각 Frame에 설치된다. Bridge와 같은 중앙부의 선루 끝 부분에는 선체 강도의 불연속(不連續) 때문에 응력의 집중이 생기므로 이 부분의 4 F.S.의 사이에는 특히 강한 Frame을 사용한다.

7. Web frame system

보통의 Frame 여섯개 정도에 하나씩 Web frame을 배치하고 그 중간의 Frame 위치에는 소형의 Frame인 중간Frame(Intermediate frame)을 배치해서 보통의 Hold frame의 배치를 대신하는 구조방식을 Web frame system이라 한다.

이는 전체적으로는 중량이 경감된다. 그러므로 선미기관선(船尾機關船)인 중형선(中型船)에서 전부(前部)의 Hold가 장대(長大)할 때, 흔히 채용된다. 그러나 이의 결점은 Web frame이 돌출하여 Hold를 좁게하므로 포장화물의 적재에는 적합치 못하여 Bulk carrier 이외에는 별로 이용되지 않는다.

이 구조에 있어서는 Hold의 깊이에 따라 최하부의 것은 Floor plate 상면(上面)에서 2.15m를 넘지 않고 최상부의 것은 상갑판하(上甲板下) 2.45m를 넘지 않게 종방향(縱方向)으로 몇 개의 Web frame stringer (Side stringer)를 설치하여 Web frame을 종방향으로 고정시킨다.

7·6 Beam

Beam은 갑판의 하면(下面)에 배치되어 선측 외판에 있는 Frame과 같은 역할을 한다.

횡식구조(横式構造)에 있어서는 배의 횡강도를 감당하여 양 현(兩舷)의 Frame과 결부시켜 횡방향의 수압(水壓)이나 화물의 압력을 감당케 한다. 또한 갑판의 Stiffener로써 갑판상의 하중(荷重)을 감당하며, 갑판을 보강한다.

또한, 종식구조선(縱式構造船)에서는 종 Beam은 배의 종강도를 감당하며, 갑판을 지지한다.

1. Beam의 종류(그림 7-30)

Beam의 구조는 Frame과 같이 갑판 Beam과 종 Beam에는 단재 Beam이 사용되고 특설 Beam에는 조립 Beam이 사용된다.

갑판 Beam은 원칙적으로 각 Frame 위치마다 설치한다.

(1) Deck beam

횡식구조선의 각 갑판에 설치하는 대표적인 Beam으로 이의 양단(兩端)은 현측(舷側)에서는 Beam bracket에 의해서 Hold frame에 결부된다.

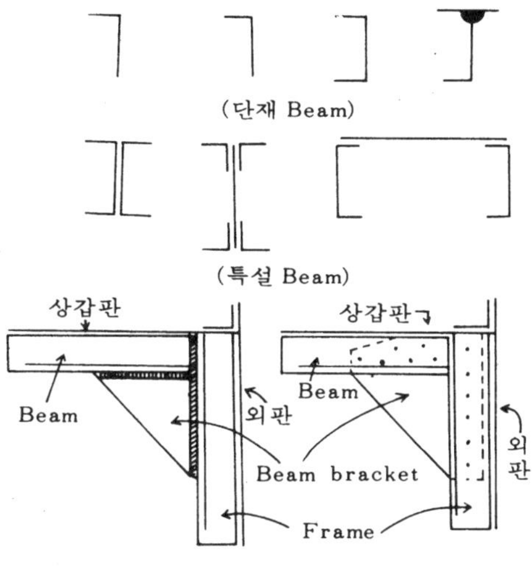

그림 7-30 Beam의 구조

갑판 Beam의 경우 창구(艙口)나 기관실구(機關室口)와 같은 큰 Deck opening의 양측의 짧은 Beam을 Half beam이라 하며, 갑판구(甲板口)의 Side coaming에는 단산형강(短山形鋼)등으로 취부(取付)된다. 이때, 현측(舷側)에서 현측까지 달하는 것은 전통(全通) Beam(Through beam) 이라 한다.

(2) 특설 Beam(Strong beam)

특히 강력(強力)을 필요로 하는 곳. 예를 들면 Engine room 중량물을 적재하는 Hold, 장대(長大)한 Hatch를 갖는 Hold 등에는 특설 Frame을 조합(組合)시켜 설치한다.

(3) Hatch end beam

Hatch의 전후단(前後端)에 이어서 설치하는 특설 Beam으로 개구부(開口部)를 보강하며, Hatch coaming을 받쳐 준다.

(4) Longitudinal beam

종식구조선의 갑판에 종방향으로 1 m 이하의 간격으로 설치되는 Beam이다.

2. Beam bracket(그림 7 — 31)

갑판 Beam과 Hold beam과는 Beam bracket로 결합해서 현측부(舷側部)를 고정시킨다. Beam bracket는 보통 삼각형의 강판(鋼板)으로 이의 깊이나 두께는 Beam의 촌법(寸法)에 따라서 결정된다.

Beam bracket의 자장자리는 Buckling을 막기 위해서 Flange로 하거나 Face bar를 붙인다.

또한 중량의 경감을 목적으로 Lightening hole을 뚫을 때도 있다.

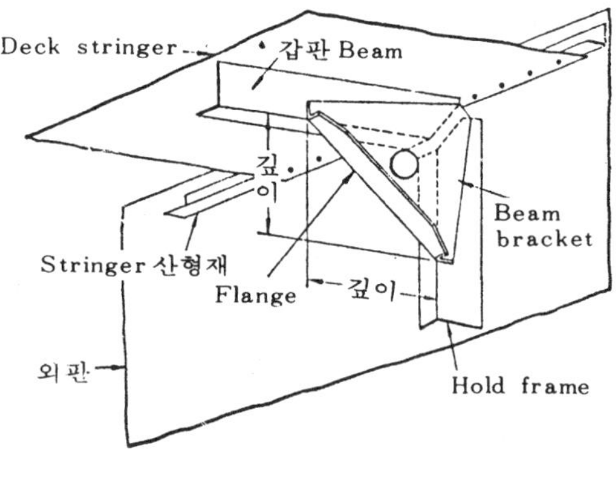

그림 7 — 31 **Beam bracket**

7·7 양주(梁柱 ; Pillar)

1. Pillar의 배치(그림 7－32)

갑판 Beam은 양단(兩端)을 Hold frame으로 받쳐줄 뿐만아니라 그의 중간을 한 두 군데는 Pillar로써 받쳐 주는 것이 원칙이다.

Pillar는 갑판 Beam의 Span을 짧게해서 Beam의 깊이를 작게 하므로써 Hold의 유효 높이를 크게 함과 동시에 선저부와 갑판을 결부시켜 선체의 횡강력재(橫强力材)로써의 역할을 한다. 또한 선체를 강고(强固)하게 하므로써 진동을 방지한다.

Beam에 Pillar를 설치하면 Hold의 내부에 1열이나 2열의 Pillar가 있으므로써 화물의 적재에도 불편하므로 보통은 Beam runner나 Deck girder를 종통(縱通)시켜 Beam을 받쳐서 Pillar의 수를 적게 하는 방식이 이용된다.

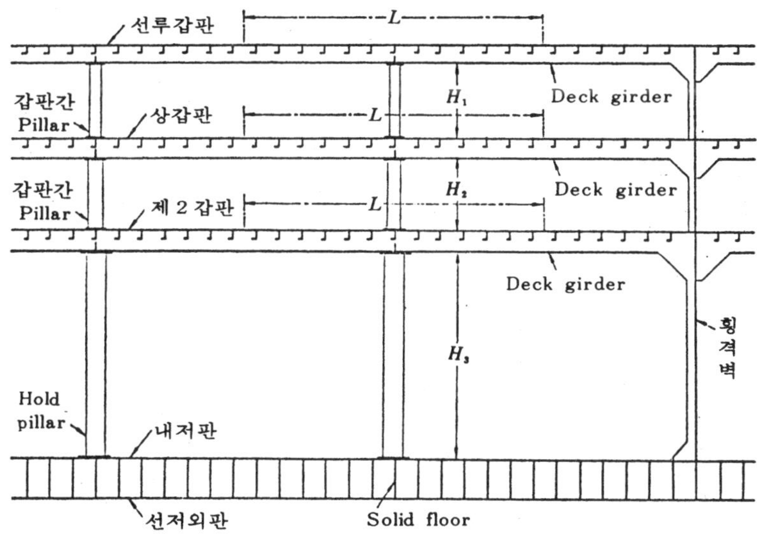

그림 7－32 Pillar의 배치

또한, Pillar는 갑판의 위치에서 절단되기 때문에 Hold pillar와 갑판(甲板) pillar로 나누어진다. 갑판간 Pillar는 가능한 한, Hold pillar의 직상(直上)에 설치한다. 때로는 격벽(隔壁)이나 Girder 등의 강고(強固)한 구조의 직상에 설치하는 것이 좋다.

2. **Pillar의 종류**(그림 7-33)

Pillar에는 중실원주(中實圓柱 ; Solid pillar)와 중공(中空) Pillar(Hollow pillar or Tubular pillar)가 있다. 이의 촌법(寸法)은 Pillar에 가해지는 갑판하중(甲板荷重)과 Pillar의 길이에 의해서 결정된다. 따라서 Pillar의 직경(直徑)은 그의 간격이 클수록, 갑판하중이 클수록, 또는 갑판하부(下部)의 것일수록 크게 한다.

Pillar의 간격을 최대한으로 크게 하면 하나의 Pillar가 지지하는 갑판하중이 크게 되므로 Pillar는 강대(強大)한 것으로 해야만 된다. 이것을 특설 Pillar(Widely spaced pillar)이라 한다. 이것은 단면의 형상이 중성축에 대하여 대칭이 되어야 한다.

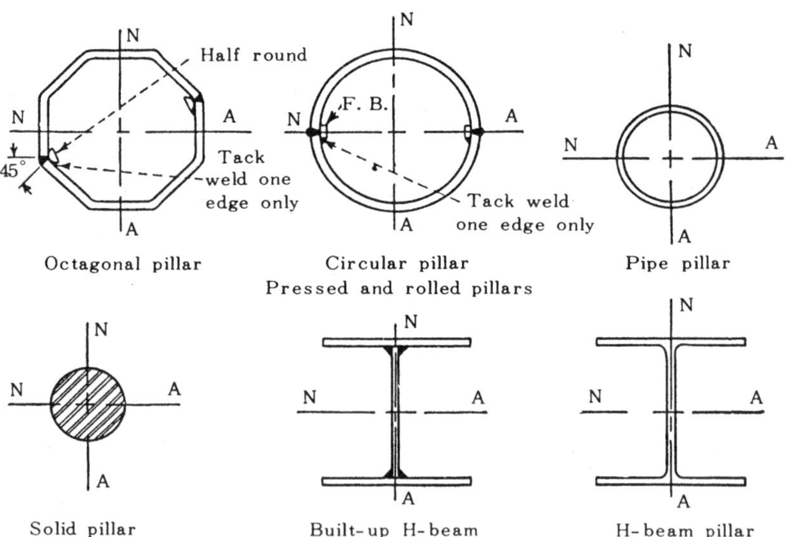

그림 7-33 **Typical pillar sections**

7·8 Beam runner

Beam 하나 건너 아니면 2～3개 건너서 Pillar를 배치하는 경우에는 Beam runner를 Deck beam의 하면(下面)에 붙여서 종통(縱通)시킨다.

이 방식은 옛날에 소형선에서 사용되었던 것으로 Beam runner에는 2중산형강(二重山形鋼)이나 2중구산형강(二重球山形鋼)을 사용한다. 갑판 Beam에 단산형강(短山形鋼)으로 고착시킨다(그림 7－34).

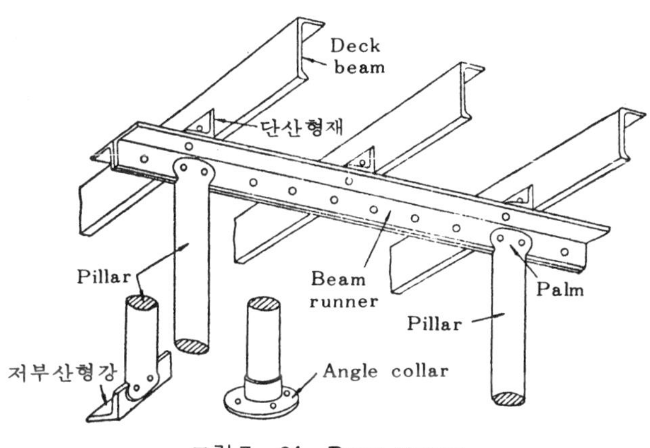

그림 7－34 **Beam runner**

7·9 갑판하(甲板下) Girder(Deck girder)

Beam runner는 갑판과 결부되지 않았으므로 강도에 한계가 있어 P-illar의 간격을 크게할 수가 없다.

그러나 현대의 선박은 하역작업에 지장이 없도록 Pillar는 Hold내에 편현(片舷)으로 1～2개를 Hatch 주변에 설치하는 것이 보통으로 이와 같이 Pillar의 간격을 극단(極端)으로 크게 하는 경우에는 Beam run-

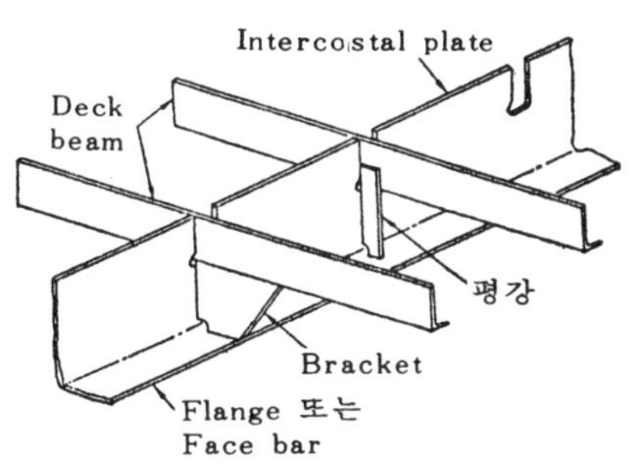

그림 7－35 **Deck girder**

ner 대신으로 강력한 Deck girder를 사용한다.

갑판하 Girder는 갑판에 고착(固着)한 Intercostal plate와 갑판 Beam의 밑을 종통(縱通)하는 Face bar(또는 Girder의 Flange)와 같이 구성된다.

Deck beam은 Girder의 단절부(斷切部)를 관통(貫通)해서 Girder와는 Bracket나 Angle bar나 Flat bar에 의해서 고착한다(그림 7 −35).

7·10 외판(外板 ; Shell plating)

Shell plating이란 Frame의 외면(外面)을 둘러싸는 강판(鋼板)을 총칭한다. 이는 외부로부터의 수압(水壓)에 대해서 선체를 수밀(水密)이 되도록 해서 부력(浮力)을 갖도록 한다. 또한 선체의 종강도(縱強度)를 감당하는 중요한 것이다.

1. 외판의 명칭(그림 7 −36)

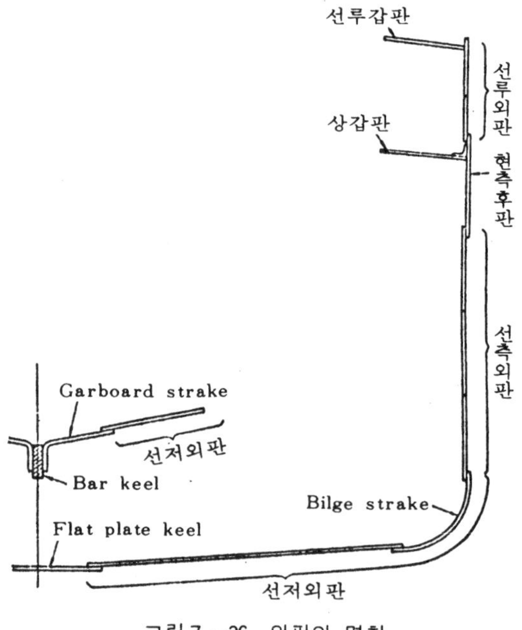

그림 7 −36 외판의 명칭

(1) 현측후판(舷側厚板 ; Sheer strake)

강력갑판(強力甲板)의 현측(舷側)에 있는 외판을 Sheer strake라 한다.

(2) 용골익판(龍骨翼板 ; Garboard strake)

Bar keel의 옆에 있는 외판을 말한다.

(3) 선저외판(船底外板 ; Bottom plating)

Keel과 Garboard strake를 제외한 Bilge 상단(上端)까지의 선저 부분의 외판이다.

(4) 선측외판(船側外板 ; Side plating)

Sheer strake를 제외한 Bilge 상단(上端)까지의 선측에 붙인 외판을 말한다.

(5) 선루외판(船樓外板 ; Erection side plating)

Sheer strake를 제외하고 Freeboard 갑판에서 선루갑판까지의 선측에 붙이는 외판을 말한다.

(6) Bilge외판(Bilge strake)

Bilge에 붙이는 외판을 말한다. 이는 조선이나 수리를 할때 선내(船內)에 출입이 편리하도록 또는 손상을 입었을 때의 수리와 교체에 편리하도록 하기 위해서 외층판(外層板)으로 하는 경우가 많다.

(7) 정부외판(頂部外板 ; Topside strake)

Sheer strake 직하(直下)의 선측외판을 정부외판 또는 현측후판 직하의 외판이라 부르기도 한다.

(8) Boss외판(Boss plate)

선미골재(船尾骨材)의 Propeller post의 Boss를 둘러싸고 있는 외판을 말한다.

(9) 방파판(防波板 ; Bow chock)

선수재상단(船首材上端)에 있어서 갑판 위에 붙은 외판을 말한다. Fashion plate stem인 경우에서다.

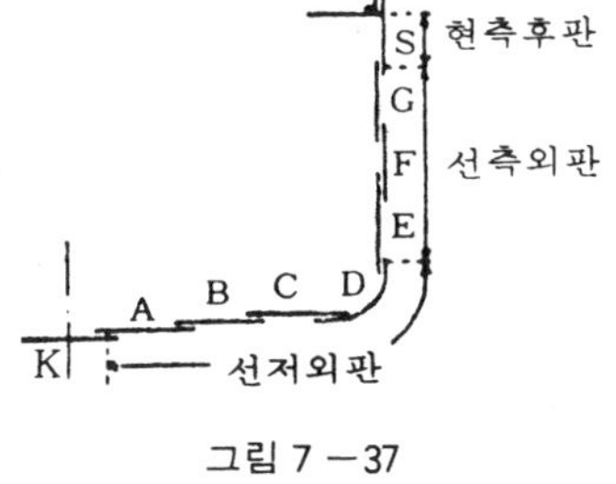

그림 7 −37

(10) 기타 표현 방법(그림 7 −37)

Keel plate 바로 옆으로부터 A strake, B strake, C strake…로 표시한다. 이

때, Keel plate는 K로 하고 Sheer strake는 S strake라 한다.

2. 외판의 접합 방법

외판을 구성하는 강판은 종방향(縱方向)으로 이어서 인접하는 강판과 결합한다. 배의 종방향으로 평행한 이음매를 Seam이라 하고 횡방향(横方向)의 이음매를 Butt라 한다.

(1) 종연(縱緣 ; Seam) (그림 7 -38)

인접하는 외판의 Seam에는 다음과 같은 3종류가 있다.

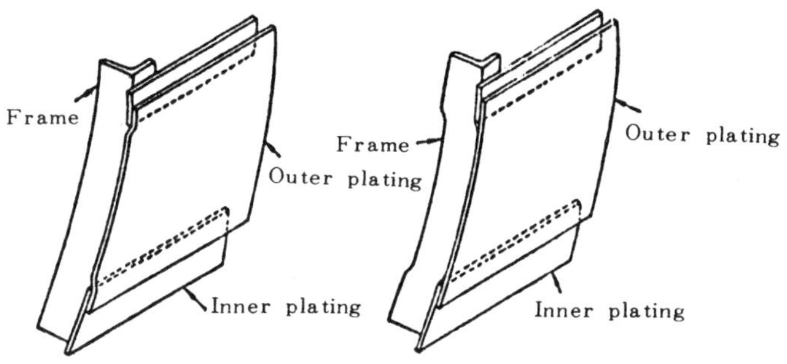

(a) 외판을 Joggling한 것. (In and out system)　(b) Frame을 Joggling한 것

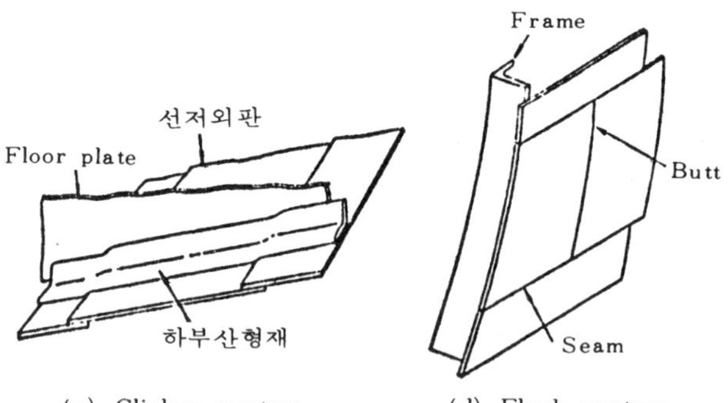

(c) Clinker system　(d) Flush system

그림 7 -38 외판의 접합방법

(a) In and out system

인접하는 판을 교대로 내외로 배치하는 방법으로 Rised and sunken system이라고도 한다. 외측판(外側板 ; Outer strake, Outer plating), 내측판(內側板 ; Inner strake, Inner plating)이라 한다. 이 방식에는 다음과 같은 종류가 있다.

① Outer plating과 Frame 사이의 틈에 Liner(Lining piece, Shell packing)를 삽입한다. 이 구조는 Liner의 중량을 증가시키고 작업이 복잡하며, Rivet의 길이가 증가하므로 Frame을 Joggling 하는 설비가 없을 때 채용된다.

② Outer plating과 Frame 사이의 틈을 없애기 위하여 Outer plating을 Joggling 한다. 외판의 두께가 15mm 이상이 되면 Joggling은 곤란하다. 강판을 Joggling 하면 재료가 약해지고 또, 해수(海水)의 영향으로 부식이 잘 생긴다.

③ Frame을 Joggling 한다. 이것도 재료를 약하게 하고 부식을 쉽게 하지만 그 영향은 외판 보다는 덜하다. Joggling에 의해서 Liner를 생략하므로써 얻어지는 재료의 경감은 길이 100m의 선박에 있어서 약 25 ton 정도이다.

(b) Clinker system

한 외판의 한쪽 끝은 내측으로 다른 쪽은 외측으로 계속 배치하는 방식이다. 이때, 외판과 Frame 사이에는 3 각형의 빈틈이 생기므로 여기에는 Tapered liner를 삽입하거나 Frame이나 외판을 Joggling 한다.

이 방식은 Tapered liner의 제작이 곤란하고 Rivet의 길이가 서로 달라서 공사가 어려운 결점이 있으므로 다음과 같은 특수한 장소에만 채용한다.

① 기수개(奇數個)의 외판을 In and out system으로 할 때, 그 하나를 Clinker system으로 하여 조정하는 경우

② 선수미(船首尾)에 있어서 외판의 열수(列數)를 감소시키는 경우, 이때의 끝 부분의 외판을 Drop strake라 하며, 이것에 인접하여 연속되는 판을 Stealer라 한다.

(c) Flush system

외판의 Seam을 평활히 배치한 것을 말한다. Welding 구조에서 많이 채용된다. 이때, Seam과 Butt는 Welding되고 Frame은 Inverted angle frame으로 하여 외판과 용접(鎔接)된다.

Rivet로 접속할 때는 내측에 Butt strap를 배치한다. 이 방식은 공사가 간단하고 선체의 중량도 경감된다.

(2) 횡연(横縁 ; Butt) (그림 7 －39)

인접한 외판과의 Butt의 연결하는 방법은 Frame과 Frame의 중간에서 이어야 하며, 물의 저항을 고려해서 판의 후단(後端)이 외측으로 되도록 접합시킨다. 외판은 매우 중요한 종강력재(縱強力材)이므로 Butt는 충분히 강하게 결합시키지 않으면 안된다. Rivet로 이어진 자리는 이어지지 않은 곳에 비해서 강도가 약해지므로 이음매가 계속되지 않도록 외판을 이어주는데, 이런 방식을 Shift of butts라 한다.

이는 강선구조(強船構造) 규정에 의하면 다음과 같이 할 것을 요구하고 있다.

① 상하로 인접하는 외판의 Butt의 거리는 적어도 2 F.S.로 한다.

② 1조를 건너 있는 외판의 Butt의 거리는 1 F.S. 이상으로 한다.

③ Keel에 인접하는 외판의 Butt는 Flat plate keel의 Butt 또는 Bar keel의 Scarf와 서로 충분한 거리를 두어야 한다.

④ Sheer strake는 Stringer angle 및 Deck stringer의 Butt와는 서로 2 F.S. 이상의 거리를 두어야 한다.

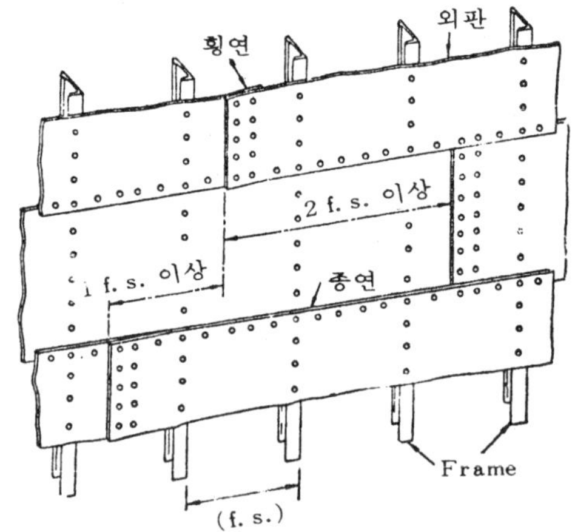

그림 7 －39 **Shift of butts**

3. 외판의 두께

외판의 두께는 종강도(縱強度)만이 아니라 수압(水壓)과 파(波)의 충격 등에 대한 국부강도(局部強度)와 부식(腐蝕)에 대한 예비 두께 등을 고려해서 배의 길이, 깊이, 만재흘수(滿載吃水), Frame space 등을 기준으로 결정한다.

그 결과 배의 길이의 방향에는 중앙부를 두껍게 선수미(船首尾)로 갈수록 얇게 한다. 동일 횡단면(横斷面)에서는 중립축에서 먼 현측후판(舷側厚板)이 가장 두껍고, 그 다음은 선저외판(船底外板)이며, 중립축에 가까운 선측외판(船側外板)과 종강도를 감당하지 않는 선루외판(船樓外板)이나 선수미부외판(船首尾部外板)이 가장 얇다. 그러나 Panting 즉, Slaming에 대한 보강을 위한 범위내의 선수미부의 외판은 특별히 두께를 증가시켜야 한다.

4. 외판의 보강

외판은 중요한 선체구조부재(船體構造部材)이므로 국부적(局部的)으로 강도가 약해질 위험성이 있는 개소(個所)에는 보강하지 않으면 안된다. 특히 다음의 개소는 보강해야 한다.

(1) 개구부(開口部)

외판에는 개구를 설치하지 않는 것이 원칙이나 Cargo port, Hawse pipe, 주기냉각용(主機冷却用)의 해수공(海水孔) 등을 설치할 때는 개구의 영향을 가능한 한, 적게하기 위해서 다음과 같은 보강이 필요하다.

① 개구의 형상은 원형이나 타원형이 좋다. 그러나 장방형 일 때는 네귀퉁이는 반드시 각이 져서는 안되며, 둥글게 해야 한다.

② Double bottom상의 개구의 주위에는 그 부분의 외판과 같은 두께의 2중판을 붙여서 보강하는데, 이것을 Doubling 한다고 한다. 아니면 처음부터 개구부의 두께를 2배로 해야 한다.

(2) 선루단부(船樓端部) (그림 7 −40)

선루단부와 같이 선체구조의 불연속 개소에는 큰 응력이 집중하기 때문에 이 부분의 외판은 두께를 증대해서 선루외판을 선루외(船樓外)에 연장(延長)하면서 아래쪽의 현측후판(舷側厚板)에 완만한 경사를 갖도록 연속시켜야 한다.

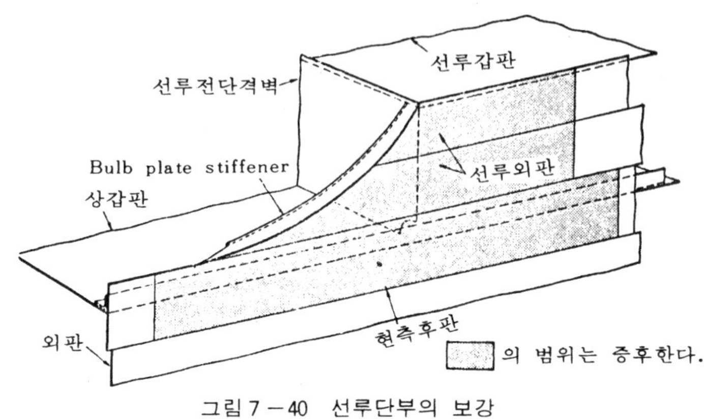

그림 7-40 선루단부의 보강

(3) 선수선저부(船首船底部)

선수선저부의 외판의 두께는 Slaming에 대응하기 위해서 특별히 두껍게 한다. 속력이 빠른 선박, 선수선저부가 편평(偏平)한 선박, 선미기관(船尾機關)으로 선미선교(船尾船橋)인 선박은 특히 Slaming이 크다.

Slaming에 대한 대책으로는 다만 외판의 두께만을 크게 하는 것이 아니라 F.S.를 좁게 하고, 각 Frame 위치에 Solid floor를 설치하며, Side girder나 Half girder를 증설 한다든가 해서 선저구조 전체의 보강을 실시하는 것이 매우 중요한 일이다.

(4) **Hawse pipe** 부근

선수단(船首端)이므로 배의 종횡강도(縱橫強度)에는 큰 영향은 없으나 Anchor와 Anchor chain에 의하여 손상을 받기 쉬우므로 다음과 같이 보강한다.

① 외판의 두께를 두껍게 하여 Clinker system으로 하거나 Double plate의 Flush system으로 한다.

② 외판의 Seam의 위치의 내층판(內層板)에 단면이 3각형이나 4각형인 Chafing piece(Chafing strip)를 붙여서 Anchor에 의한 외층판의 Sight edge의 손상을 방지한다.

③ 외층판(外層板)의 Seam에 Edge patch(Edge strip)를 붙이는 것은 신조선(新造船)에서는 잘 하지 않으나 Anchor나 Chain에 의하여 마손(磨損)되어 Rivet접합이 불확실할 경우에 붙인다.

(5) 평판용골(平板龍骨 ; Flat plate keel)

선체중심선상(船體中心線上)의 최하부(最下部)를 종통(縱通)하는 1열의 강판을 평판 Keel이라 한다. 중요한 종강력재(縱強力材)로써 인접한 선저외판 보다 더 두꺼운 강판을 사용한다. 소형선에서는 이 평판 Keel 대신에 방형 Keel을 사용하는 것이 많다.

(6) **Bilge keel** (그림 7 — 41)

배의 횡요(横搖 ; Rolling)를 경감하기 위해서 Bilge strake의 외측에 Bilge keel을 취부(取付)한다. 이 Bilge keel은 선체 중앙부를 전후해서 선체 길이의 1/4～1/3 정도의 범위에서 종방향으로 설치한다. 폭은 200㎜～400㎜ 정도로 한다.

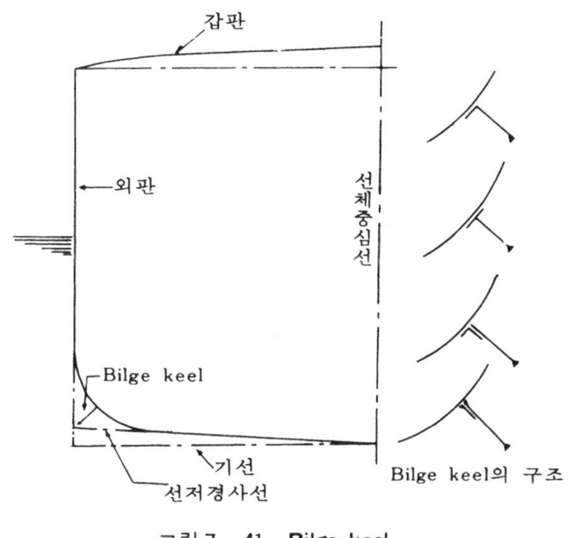

그림 7 — 41 **Bilge keel**

Bilge keel은 선저에 돌출하기 때문에 손상을 입기 쉽다. 그래서 Bilge 외판을 상하거나 해수(海水)가 선내(船内)로 침입하는 등의 일이 없도록 하는 구조로 한다.

만약, Bilge keel에 충격을 받으면 약한 Riveting 부분이 먼저 절단되므로 외판에는 손상을 입지 않게 하는 것이다.

Bilge keel을 부착하는 방향은 가능한 한, 선체의 중심을 향하도록 하고 또, 손상을 막기 위해서 선단(先端)은 선체 중앙횡단면(中央橫斷面)의 선저경사선(船底傾斜線 ; Rise line of bottom)과 선측선(船側線)의 밖으로 나오지 않도록 한다.

7·11 갑판(甲板 ; Deck) (그림 7－42)

갑판은 Deck beam상에 설치되어 외판과 함께 수밀(水密)을 유지하며, 중요한 종강력재이다. 또한, 갑판은 선원, 여객, 화물 및 갑판기계(甲板機械) 등의 적재장소로, 또는 선내(船內) 작업장으로 되며, 최상층(最上層)의 갑판은 선체의 상면(上面)을 수밀(水密)로 유지하여 선내로의 침수(侵水)를 막고 풍우(風雨)와 일광(日光)을 막아 주는 지붕과 같은 역할을 한다.

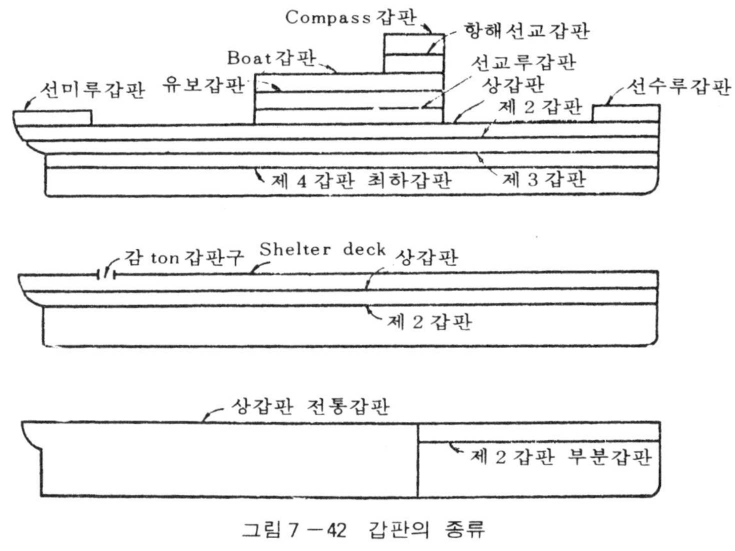

그림 7－42 갑판의 종류

1. 명칭

(1) 상갑판(上甲板 ; Upper deck)

선체의 최상층의 전통갑판(全通甲板)을 상갑판이라 한다. 그러나 전통선루선(全通船樓船)에 있어서는 최상층의 전통갑판의 바로 밑의 전통갑판이 상갑판이 된다. 상갑판은 가장 중요한 갑판이다.

(2) 제 2 갑판(Second deck), 제 3 갑판(Third deck)

상갑판으로부터 순서대로 두번째가 제 2 갑판이고, 세번째가 제 3 갑판이다.

(3) 선루갑판(船樓甲板 ; Superstructure deck)

선루의 천정(天井)이 되는 갑판을 총칭한다. 즉, 선수루갑판(船首樓甲板), 선교루갑판(船橋樓甲板), 선미루갑판(船尾樓甲板) 등이 있다.

(4) 저선수루갑판(低船首樓甲板 ; Sunken forecastle deck), 저선미루갑판(低船尾樓甲板 ; Raised quater deck)

선수부나 선미부의 상갑판이 약 1 m 정도 낮게 보이는 갑판을 말한다. 이들 갑판은 강도상으로는 상갑판의 일부로서 취급된다.

저선미루갑판에서 그의 하방(下方)에 갑판이 없는 것을 융기갑판(融起甲板 ; Raised deck)이라 할 때가 있다.

(5) 강력갑판(強力甲板 ; Strength deck)

선체의 주된 부분을 구성하는 최상층의 갑판을 말하며, 최대의 응력이 생기는 갑판이다. 일반적으로 상갑판이 강력갑판으로 되지만 저선수미루선(低船首尾樓船)과 배의 길이의 15% 이상의 길이를 갖는 선루갑판(船樓甲板)은 강력갑판으로 취급된다.

그러나 설계의 내용에 따라 15%를 넘는 선루가 있는 곳에서도 선루갑판 직하(直下)의 갑판을 그 곳의 강력갑판으로 취급할 수 있다.

(6) 유효갑판(有効甲板 ; Effective deck)

강력갑판의 하방(下方)에 있는 갑판으로 선체 종강도의 구성 부재가 되는 갑판을 말한다. 위에서부터 순서대로 유효제 2 갑판, 유효제 3 갑판이라 한다.

(7) 대갑판(台甲板 ; Platform deck)

유효갑판이 아닌 하층갑판(下層甲板)을 말한다. 갑판이 L/2 ⊗ 간의 종강력을 가지는 경우는 제 2, 제 3 갑판을 유효갑판으로 인정하여 강도계산에 가산하지만 그 이하의 국부적(局部的)인 것은 유효갑판으로 인정하지 않는다.

(8) 건현갑판(乾舷甲板 ; Freeboard deck)

최상층의 전통갑판(全通甲板)으로 건현측정(乾舷測定)의 기준이 되는 갑판을 말한다. 보통은 상갑판이 건현갑판이 된다.

(9) 격벽갑판(隔壁甲板 ; Bulkhead deck)

선수격벽(船首隔壁)과 선미격벽(船尾隔壁)을 제외한 수밀횡격벽(水密橫隔壁)이 도달하는 최상층의 갑판을 말한다.

(10) 폭로갑판(暴露甲板 ; Weather deck)

직접 풍우(風雨)에 젖을 수 있는 갑판을 말한다.

2. 강갑판(鋼甲板 ; Steel deck)

강판을 깔은 갑판을 강갑판이라 한다.

(1) 강갑판을 깔아야 하는 범위

① 강력갑판 ② 선루갑판

③ 기관실정부(機關室頂部)나 Tank와 격벽계단부(隔壁階段部)가 되는 부분의 갑판

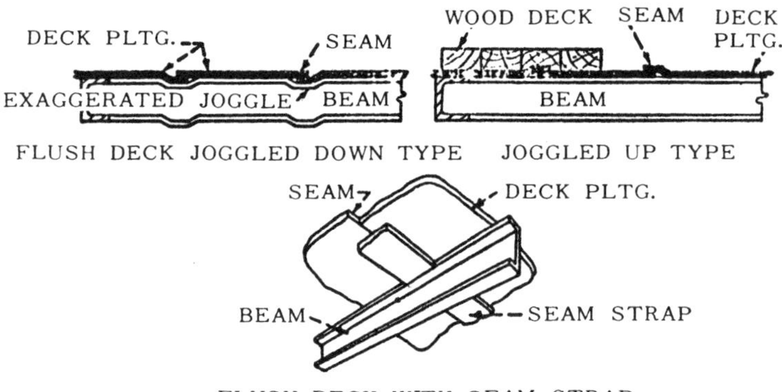

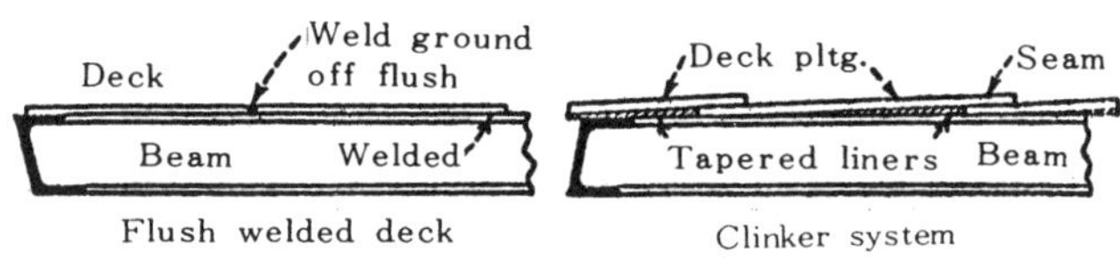

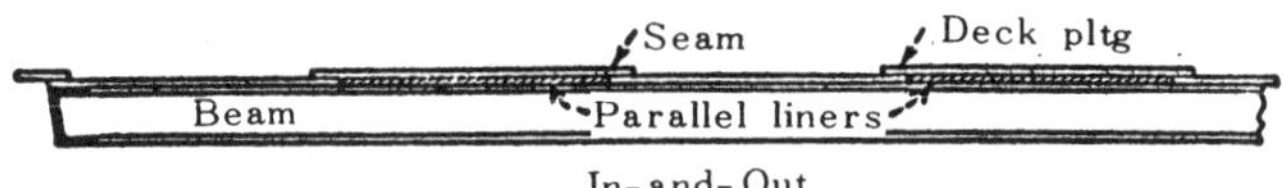

그림 7 — 43 **Types of deck plating**

(2) 강갑판을 까는 방법(그림 7 －43)

Rivet 구조의 경우에는 폭로갑판은 배수관계(配水關係)를 고려해서 Clinker system으로 깐다. 폭로되지 않은 갑판이나 목갑판(木甲板)을 까는 강갑판은 In and out system으로 하여 강갑판을 Joggling 한다. 강력갑판이나 유효갑판은 선체의 종횡력(縱橫力) 구성재이므로 Rivet 구조로 할 때에는 외판에서와 같이 Shift of butts에 주의를 요한다. 따라서 Deck stringer, Stringer angle 및 이에 접하는 외판의 Butt는 서로 2 F.S. 이상의 거리를 두어야 한다. 그러나 갑판을 Welding 구조로 할 때는 Shift of butts를 생각할 필요가 없다.

(3) **Deck stringer**(그림 7 －44)

강갑판에서 가장 현측(舷側)에 깔리는 1 열의 강판을 말한다. 강갑판을 갑판전면에 까는 경우는 물론 일부분에만 까는 경우에도, 또는 목갑판을 까는 경우에 있어서도 특별히 Deck stringer만은 갑판면 전장(全長)에 걸쳐서 깐다.

이는 다른 강갑판 보다 두꺼운 강판을 사용하고, 다른 외판보다 두꺼운 Sheer strake와 결합시키는 대형 Stringer angle과 함께 선체상부(船體上部)의 종강도를 강하게 할 뿐만 아니라 현측부(舷側部)의 강도를 증가시키는 역할도 한다.

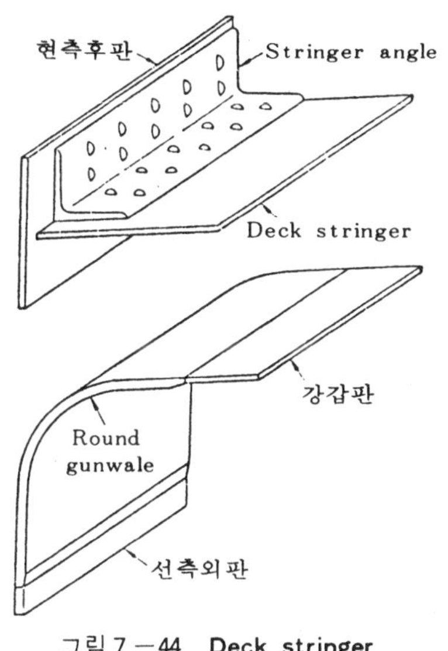

그림 7 －44 **Deck stringer**

(4) **Stringer angle**(그림 7 －44)

강력갑판의 Deck stringer와 Sheer strake를 견고하게 결합시키는 대형의 산형강(山形鋼)으로 전장(全長)에 걸쳐서 배치되는 것으로 종강력재로써 강도계산에 가산된다.

Rivet 구조의 배에서만이 아니라 Welding 구조의 배에서도 길이가 60m를 넘는 경우에는 이의 취부(取付)는 Crack arrester라 해서 Rivet 구조로 하는 것이 필요하다.

(5) Rounded gunwale(그림 7 －44)

Stringer angle을 사용하는 대신으로 강판의 둥근형의 Gunwale을 사용할 때에는 이의 Seam을 Welding 구조로 할 수가 있다.

(6) Tie plate

강갑판을 깔지 않은 갑판에 Deck stringer 외에 Beam상에 적당한 간격으로 폭이 약 300mm의 강판을 종방향으로 붙인다. 이것을 Tie plate라 하며 , Beam을 상호 연결하여 보강하는 역할을 하는 것이다. 이를 마름모꼴로 비스듬히 붙일 때, 이것을 Diagonal tie p!ate라 한다.

Tie plate의 설치 위치는 다음과 같다.

① Hatch, 기타의 큰 갑판구(甲板口)의 측부(이때, 폭은 갑판구의 길이의 1/10 이상, 두께는 Stringer plate의 두께 이상).

② Pillar의 위치(폭은 1/40 B).

③ 갑판실의 연재(緣材)의 하부 및 크지 않은 갑판구의 측부(폭은 적당히 한다).

④ Deck girder의 상부(폭은 적당히 한다).

3. 갑판의 보강

(1) Deck opening에 대한 보강

① Deck plating의 두께를 증가시킨다.

② Deck plating을 Doubling 한다.

③ 네 귀퉁이는 둥글게 한다.

④ Coaming을 설치하고 Deck girder나 Web pillar를 설치한다.

(2) 계단부(階段部)에 대한 보강

강력갑판에 계단이 있을 경우 갑판이 절단되므로 견고히 보강하여 선체의 종강력의 연속을 이루도록 해야 한다.

(3) Deck plating을 증후(增厚)해야 할 경우

① 갑판의 높이가 2.5m를 넘을 때.

② 특별히 중량화물을 적재하는 장소

③ Boiler실과 같이 열 및 습기가 많은 곳.

(4) 부분강갑판(部分鋼甲板)을 깔아야 할 경우

① Deck opening의 양단에, End coaming에 접하여 적당한 폭의 강판

을 깐다. 이것은 목갑판의 끝을 고착시키기 위한 것으로 이것을 Ledge plate라 한다.

② 횡격벽(橫隔壁)의 상부에 Beam space의 2배의 강판을 깐다.

③ 보기(補機)나 Ventilator의 하부

④ Boiler room의 개구(開口), 주기실(主機室)의 개구.

⑤ Hatch의 양측에 강갑판을 깐다.

4. 목갑판(木甲板 ; Wood deck)

(1) 목갑판을 깔아야 하는 장소

① 강도상 강갑판을 깔아야 할 필요가 없는 갑판, 말하자면 소형선의 갑판, 대형선의 Boat deck와 같이 길이가 짧은 상부갑판(上部甲板).

② 거주구의 천정과 같은 폭로갑판이나 여객실 등의 갑판상에는 방열, 방음, 보행시(步行時)의 편리 등 때문에 강갑판을 깐 위에 목갑판을 깐다. 이것을 피복갑판(被覆甲板 ; Sheathed deck)이라 한다.

③ 고급화물(高級貨物)을 적재하는 화물창(貨物艙)의 천정 위의 폭로갑판에도 강갑판상에 다시 목갑판을 깔아서 Hold내의 발한(發汗 ; Sweat)을 방지한다.

(2) 재료

목갑판에 사용되는 목재는 Teak 나무와 같은 경재(硬材 ; Hard wood)와 미송(美松 ; Oregon pine), 전나무와 같은 연재(軟材 ; Soft wood)가 있으며, 잘 건조되고 부식되지 않고 유해(有害)한 마디가 없으며, 틈이 없는 장척(長尺)의 양재(良材)가 사용된다.

(3) 치수

폭이 넓으면 틀어지고 틈이 생기거나 굽기 쉽고, 이렇게 되면 그 부분에 수밀(水密)이 어렵고 강판과의 사이에서 부식이 생기는 원인이 되므로 폭

<table>
<tr><th>배의 길이</th><th colspan="2">60m 미만</th><th colspan="2">60m 이상</th></tr>
<tr><td rowspan="2">갑판 Beam상에 목갑판을 깔때</td><td>연재</td><td>65mm</td><td>연재</td><td>75mm</td></tr>
<tr><td>경재</td><td>50mm</td><td>경재</td><td>65mm</td></tr>
<tr><td rowspan="2">강갑판상에 목갑판을 깔때</td><td colspan="4">연재(軟材) 65mm</td></tr>
<tr><td colspan="4">경재(硬材) 50mm</td></tr>
</table>

은 연재(軟材)에서는 125㎜ 이하, 경재에서는 150㎜ 이하로 한다.

또한, 목갑판은 갑판상의 하중을 지탱하고 수밀(水密)을 가지며 마모에 견딜 수 있는 충분한 두께가 필요하므로 폭로갑판에 대해서는 앞 표와 같이 규정하고 있다.

(4) 목갑판을 까는 방법

목갑판은 종방향(縱方向)으로 배치하며, 연재(軟材)를 사용할 때는 나무결을 세워서 배치한다. 목갑판의 가장자리에는 Stringer angle을 따라 Margin plank(Boundary plank)라고 하는 목판을 배치하여 목갑판과 강재가 직접 접촉하지 않도록 한다. 이때, Margin plank는 경재를 사용하며 보통의 목갑판 보다 조금 두껍게 한다.

(5) 고착방법(固着方法) (그림 4 －45)

목갑판은 강갑판, Beam 기타의 강판에 적당한 방식제(防蝕劑 ; 예, Paint)를 바른 다음 밀착시키고 아연도금을 한 Bolt(Deck bolt)로 고착시킨다.

목갑판은 보통 강갑판에 Bolt고착을 하지만 Beam상에 직접 목갑판을 깔 때는 Beam의 Flange에 직접 Bolt고착을 한다.

Deck planking의 폭이 150㎜ 이하일 때는 1개, 그 이상일 때는 2개의 Bolt로 고착한다. Bolt의 두부(頭部)에는 연백(鉛白 ; White lead)을 바른 면사(綿糸)나 마사(麻糸)를 감고 위로부터 목갑판을 관통시켜 하단(下端)에 Nut를 채운다. Bolt의 상부에는 연백 등을 발라서 수밀(水密)을 기하고 그 위에 목갑판과 같은 재질(材質)의 Dowel을 박는다.

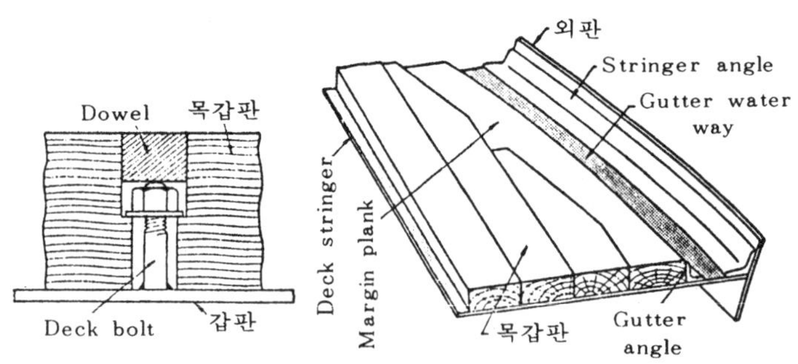

그림 7 －45 목갑판

(6) 접합방법(接合方法)

목갑판의 Butt는 Scarf접합이나 수직(垂直) 또는 사선(斜線)으로 맞대어 접합한다. 강갑판상에 목갑판을 깔 때는 목갑판의 Butt는 Beam 이외의 곳에서 강갑판에 고착된다. 그러나 목갑판만 까는 폭로갑판에서는 L/2 ∞간의 목갑판의 접합 장소에는 목갑판의 고착을 위하여 Lug angle 또는 강판을 Beam에 붙인다.

강선(鋼船)의 목갑판은 선체의 종강력(縱強力)에 영향이 적지만 Butt는 적어도 3열을 떨어지지 않고는 같은 Beam상에 놓을 수 없다.

목갑판의 Seam과 Butt는 Caulking을 하여 수밀로 한다. 이때, 보통은 Oakum으로 틈을 메우고 그 위에 Putty나 Pitch를 녹혀서 바른다. Caulking은 1～2년에 한번씩 다시 한다.

(7) **Gutter water way**(그림 7 －46)

폭로갑판에 목갑판을 깔았을 때는 현측(舷側)에 Gutter water way를 설치하여 갑판의 배수로(排水路)로 하고 있다. 이것은 Deck stringer위에 Gutter angle을 설치하여 목갑판의 말단(末端)을 받쳐주고 이것과 Stringer angle 사이에 Water way를 만든다. 그 폭은 15～60cm 정도이고 보통은 그 위에 Cement를 두껍게 발라서 강재의 부식(腐蝕)을 방지하고 있다.

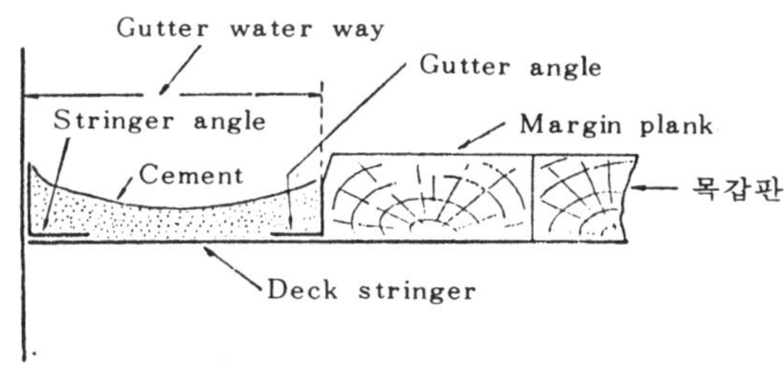

그림 7 －46 **Gutter water way**

(8) **Bulwark**(그림 7 －47)

① 배 치

건현갑판(乾舷甲板)이나 선루갑판(船樓甲板)의 폭로(暴露)된 부분의 현측(舷側)에는 통행시의 안전을 위해서 Bulwark나 Open rail을 설치하도록 되어 있다.

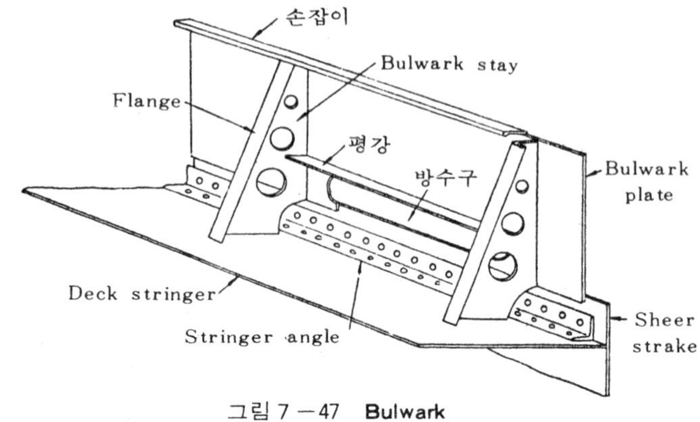

그림 7 — 47 **Bulwark**

Bulwark는 파랑(波浪)이 갑판상에 넘쳐오는 것을 방지하고 실질적으로 건현을 높이는 효과가 있으므로 일단 넘쳐 들어온 물을 쉽게 선외(船外)로 배출하지 않으면 복원성(復原性)에 나쁜 영향을 주게 되므로 반드시 배수구(排水口)를 설치하지 않으면 안된다.

일반적인 선박에서는, 상갑판에는 Bulwark를 선루갑판 이상에는 Open rail을 설치하는 것이 보통이다.

② 구 조

Bulwark의 높이는 1 m 이상, 두께는 6 mm 이상으로 한다. Bulwark에는 1.8m를 넘지 않는 간격에 견고(堅固)한 Stay를 설치한다. 또한, 그 위치의 Bulwark판에 Angle bar의 Stiffner를 붙여 준다.

Bulwark판의 정부(頂部)에는 수평 Stiffener의 역할도 겸한 Bulb angle 등의 손잡이 판을 설치한다. 이 위에 목재의 판을 깐 것도 있다.

선루단(船樓端)의 선루외판의 연장부와 상갑판의 Bulwark와의 접합부는 그의 두께의 차가 클 때에는 Bulwark 판의 두께를 증가시켜서 급격한 변화를 피한다. 또한, Mooring pipe의 취부개소(取付個所)에도 Bulwark 판을 두껍게 하든가 아니면 Doubling을 한다.

(9) 방수구(放水口 ; Freeing port) (그림 7 — 48)

일단, 갑판상에 넘쳐온 해수(海水)를 가능한 한, 빨리 선외로 배출시키기 위해서 Bulwark의 가능한 한, 저부(低部)에 위치하는 수개의 방수구를 설치한다.

전방수구(全放水口)의 합계면적은 각 현(舷)의 Bulwark의 길이에 따라서 결정된다. 그의 면적의 2/3를 Bulwark의 길이인 경우 Sheer의 낮은 중앙부에 집중해서 배치한다.

Freeing port에는 개폐문(開閉門)을 설치하지 않은 쪽이 좋으나 문을 달 때에는 갑판상의 물을 선외로 배출할 때 용이하게 열어지도록 Hinge의 pintle은 황동제(黃銅製)로 해서 녹슬지 않도록 항상 손질을 해야 할 필요가 있다. 또한, Freeing port를 설치하는 대신으로 Bulwark판의 하단(下端)에 연속(連續)한 Slit를 만들어 놓은 방법도 있다.

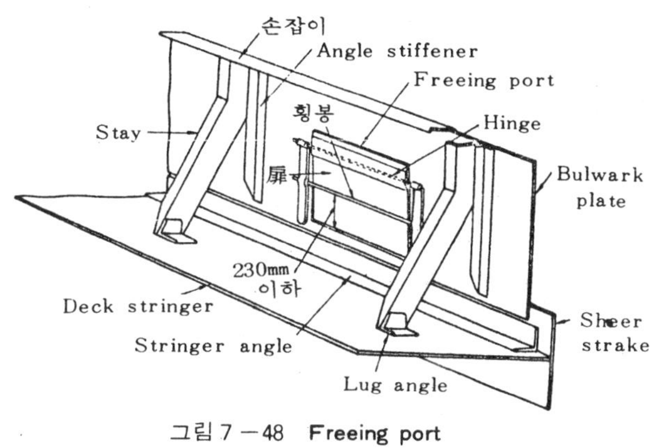

그림 7－48 **Freeing port**

7·12 격벽(隔壁 ; Bulkhead)

일반적으로 선내(船內)를 종(縱)이나 횡(橫)으로 칸을 막아주는 것을 말하며, 그것이 수밀구조(水密構造)일 때, 수밀격벽(水密隔壁 ; Watertight bulkhead)이라 하며 그렇지 않을 때는 비수밀격벽(非水密隔壁 ; Non watertight bulkhead)이라 한다. 또한, 종방향으로 설치한 것은 종격벽(縱隔壁 ; Longitudinal bulkhead)이라 하며, 횡방향으로 놓인 것은 횡격벽(橫隔壁 ; Transverse bulkhead)이라 한다.

이 이외에 일부분에만 설치된 것으로 부분격벽(部分隔壁 ; Partial bulkhead)과 소음이나 먼지를 막기 위한 Screen bulkhead도 있다.

1. 수밀격벽(水密隔壁 ; Watertight bulkhead)

선박은 그의 안전을 위해서 수밀횡격벽(水密橫隔壁)에 의해서 선내를 몇개의 수밀구획(水密區劃)으로 구분하고 있다.

(1) 목 적

① 만약 선저(船底)의 손상에 의해서 선내로의 침수가 생길 때, 이것을 1구획에 한정시킨다. 그러므로 선박 전체의 침수를 방지한다.

② 선저외판, 선측외판이나 갑판을 붙여서 선박의 형태를 유지하는 횡강력재의 역할을 한다.

③ 화재의 경우 방화벽(防火壁)의 역할을 한다.

(2) 배 치

일반선박은 선수격벽(船首隔壁), 선미격벽(船尾隔壁)과 기관실 전후격벽(前後隔壁)을 설치하지 않으면 안된다. 또한, 길이가 67m 이상의 배에서는 그의 길이에 따라서 창내격벽(艙內隔壁 ; Hold bulkhead)을 적당한 간격으로 설치한다.

① 선수격벽(船首隔壁 ; Collision bulkhead 또는 Fore peak bulkhead)

만재흘수선상(滿載吃水線上)의 선수재의 전면에서 후방(後方)으로 1/20L의 위치와 그의 후방 3.05m의 사이에 설치한다. 상부(上部)는 반드시 상갑판이나 선루갑판까지 도달하도록 한다.

선수부는 선체가 외부로부터 가장 손상 받기 쉬운 부분이기 때문에 침수를 선수격벽에서 막기 위해서는 선수격벽은 될 수 있는 한, 멀리 떨어져 있게 하므로써 격벽이 손상되지 않도록 하지 않으면 안된다.

선수재와 Keel의 접합부를 반드시 선수격벽 보다 전방에 있게 하는 것도 이 때문이다. 그러나 선수격벽을 너무나 후방에 설치하면 그 만큼 선창(船艙)의 용적을 적게 하는 결과가 되므로 일반적으로는 1/20L을 표준으로 하고 있다.

② 선미격벽(船尾隔壁 ; After-peak bulkhead)

선미격벽을 적당한 위치에 설치해서 선미부의 손상에 의한 침수를 선미창내(船尾艙內)에 한정시킨다. 선미격벽의 상부는 만재흘수선 이상에 있는 갑판을 선미격벽에서 선미까지 수밀로 하면, 이 갑판의 위치에서 한정시켜도 좋다.

③ 기관실격벽(機關室隔壁 ; Engine room bulkhead)

기관실의 전후단(前後端)에는 반드시 수밀격벽을 설치해야 한다. 이때, 전부(前部)에 위치하는 것을 기관실 전단격벽(前端隔壁 ; Machinary room front bulkhead), 후단에 위치하는 것을 기관실 후단격벽(後端隔壁 ; Machinary room aft bulkhead)이라 한다.

그러나 선미기관선에서는 선미격벽과 기관실 후단격벽은 겸용한다.

④ 창내격벽(艙內隔壁 ; Hold bulkhead)

이는 증설격벽(增設隔壁 ; Increased bulkhead)이라고도 하는데, 길이가 67m 이상의 배에서는 상기의 격벽이외에 배의 길이에 따라 그에 알맞는 격벽을 증설해서 수밀격벽의 총 수(數)를 다음 표에서의 수 이상으로 한다.

표 7－1 수밀격벽의 총수

배의 길이(m)	수밀격벽의 수	
	중앙기관선	선미기관선
이상 67미만	4	3
67 〃〃 ～ 87 〃	4	4
87 〃〃 ～102 〃	5	5
102 〃〃 ～123 〃	6	6
123 〃〃 ～143 〃	7	7
143 〃〃 ～165 〃	8	8
165 〃〃 ～186 〃	9	9

수밀격벽의 간격에 관해서는 규정은 없으나 30m 이하로 하는 것이 바람직하다. 특히 국제항해에 종사하는 여객선에 관해서는 인접하는 2구획이 동시에 침수해도 좋도록 격벽의 수를 증가시키고 있다.

(3) 구 조

수밀횡격벽(水密橫隔壁)은 격벽판(隔壁板)과 Stiffener로 구성된다.

① 격벽판(隔壁板 ; Bulkhead plate)

1구획이 침수했을 때, 그의 수압(水壓)에 견딜 수 있는 격벽판이기 때문에 수압의 크기에 대응해서 그의 두께를 증감한다. 강판(鋼板)은 횡방향(橫方向)으로 하며, 특히 최하부(最下部)는 부식을 고려해서 증후(增厚)한다.

각 격벽판의 최소 치수는 다음식에서 구한다.

$$두께(mm) = (0.4S + 0.115) \times (H + 8.35) + 2.1$$

단, S는 Stiffener의 심거(m), 선수격벽에 한하여 실제심거(實際心距)보다 0.15m 크게 취한다. H는 각 격벽판의 하단에서 격벽갑판까지의 수직거리(m)로 2m를 최소로 한다.

② Bulkhead stiffener(그림 7－49)

수밀격벽은 격벽판만으로는 굽히기 쉬우므로 Stiffener를 붙여서 보강한다. Rivet구조에서는 산형강(山形鋼), 구산형강(球山形鋼), 구형강(溝形鋼) 등이 수직으로 붙여진다. Welding구조에서는 평강(平鋼) 또는 Inverted angle이 사용된다.

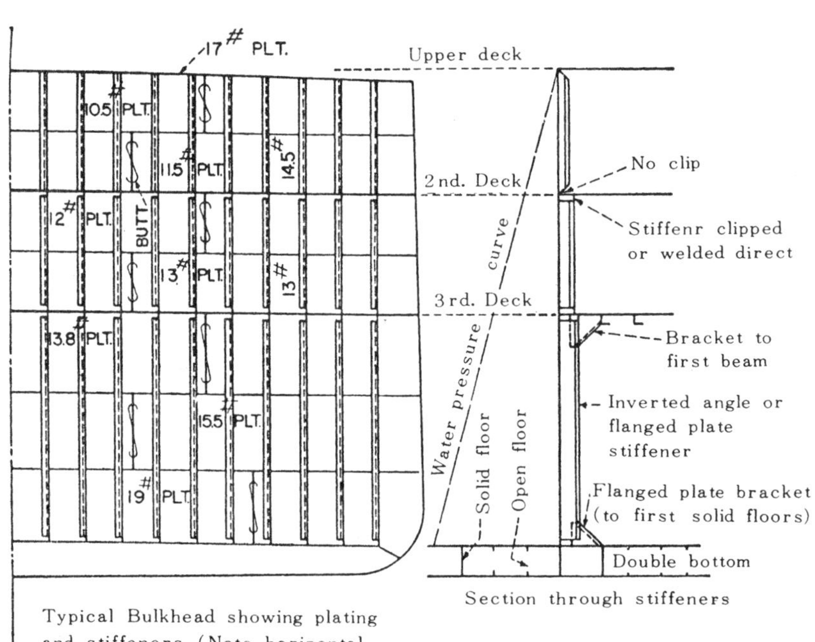

그림 7－49 **Bulkhead stiffener**

Stiffener의 심거는 선수격벽에서 610mm, 기타의 격벽에서는 915mm 이하로 한다. 상하단은 Bracket로 갑판과 내저판에 고착하는 것이 보통이다. 그러나 길이가 짧을 때나 Bracket고착이 어려울 때는 Stiffener의 치수를 크게 하고 Lug angle로 고착하거나 단말고착(端末固着)을 생략하기도 한다.

③ Boundary angle(周圍山形鋼)

격벽판을 외판 및 내저판에 고착하기 위해서 격벽의 주위에 붙이는 산형강을 말한다. Open bevel로 선체중앙부를 향하며, 수밀 또는 유밀구조(油密構造)이므로 Caulking하기 쉽도록 Stiffener와는 반대측에 붙이는 것이 보통이다.

격벽판 보다 2.5mm 두꺼운 것을 사용하며 선박의 중심선상의 격벽갑판의 상단(上端)에서 10.7m 이상 깊은 곳은 Double riveting으로, 그 보다 상방(上方)은 Single riveting으로 고착한다. 또 격벽을 갑판, 외판 또는 내저판에 직접 용접할 때는 이 Angle은 생략한다.

④ Corrugated bulkhead(波形隔壁)

최근에 수밀이나 유밀격벽의 구조에 파형강판(波形鋼板)이 사용되고 있는데, 이는 평강판(平鋼板) 대신으로 강판을 파형으로 하여 Stiffener를 생략하므로서 중량을 경감하고 강도를 증대시킨 것이다. Oil tanker에서 중량의 경감과 세척(洗滌)의 간이화(簡易化)를 도모하기 위하여 많이 채용된다.

이에는 횡파형(橫波形)과 수직파형(垂直波形)이 있으며, 횡격벽에는 수직파형이, 종격벽에서는 종강력상(縱強力上) 횡파형이 채용된다.

(4) 수밀시험(水密試驗 ; Watertight test)

수밀격벽은 그의 종류에 따라 다음과 같은 수밀시험이 행해진다.

① 선수창(船首艙)은 만재흘수선의 높이와 선수격벽의 높이의 2/3중 큰 것과 같은 수고압력(水高壓力)으로 시험한다.

② 선미창(船尾艙)은 만재흘수선 까지의 높이와 같은 수고압력으로 시험한다.

③ 기타 격벽은 Hose내의 압력이 2 kg/cm² 이상의 물을 분사하여 시험한다.

④ 선수격벽 후방에 있는 Chain locker는 그 정점(頂點)까지 물을 넣어

시험한다.

⑤ 선수창과 선미창이 Tank로 사용될 때의 시험수고(試驗水高)는 Deep tank의 수밀시험에 준한다.

2. 비수밀격벽(非水密隔壁 ; Non watertight bulkhead)

이는 선박의 운용상(運用上) 필요에 의하여 설치된 것이며, 그 주된 것은 Hold내의 중심선격벽, Screen격벽, 부분격벽 등이 있다.

(1) 중심선격벽(Center line bulkhead)

Bulk carrier의 Hold중심선에 수밀격벽을 설치하여 화물의 이동을 방지하는데, 이를 말한다. 이는 격벽판과 Stiffener로 이루어진다. 이는 Deck beam을 지지하는 역할도 겸하므로 그 구조와 치수는 갑판하중과 화물에 의한 측압(側壓)을 감당할 수 있도록 정해져야 한다.

(2) Screen bulkhead

Boiler실과 주기실(主機室) 사이에 칸막이로 설치되는 것을 말한다. 이것은 Boiler실에서 석탄을 취급할 때 생기는 먼지가 주기실에 들어오는 것을 막는 것이 목적이다.

이의 구조는 간단하여 그 설치목적에 부합되는 정도면 좋다. 보통은 내저판상 300mm 사이는 방수(防水)로 하여 Boiler실의 오수(汚水)가 주기실로 유입(流入)하는 것을 방지한다.

이는 반드시 선체의 횡단면(橫斷面)의 전부를 구획(區劃)할 필요가 없으므로 그 일부에 한하여 설치하며, 또 Boiler의 부분을 제외하고 설치하기도 한다.

7·13 Deep tank(深水槽)

1. 종류 (그림 7-50)

Deep tank는 물이나 유(油) 등의 액체를 적재하기 위해서 창내(艙內)나 갑판간에 설치하는 비교적 깊은 Tank로써 다음과 같은 종류가 있다.

(1) 창내(艙內) **Deep tank**

선체의 중앙부 부근의 창내(艙內)의 일부에 설치되는 대표적인 Deep tank로서 공선항해(空船航海)의 경우에 여기에 Water ballast를 채워서 흘수와 중심의 높이 등을 조절한다.

중앙부 부근에 있는 것으로서 용량이 큰 것을 보통 Deep tank라 한다.

화물 적재시에는 액체화물창(液體貨物艙)으로서 당밀이나 동식물유(動植物油)등을 적재하는데 적당하다. 액체화물이 없을 때에는 일반화물을 적재할 수도 있도록 일반화물, 액체화물 겸용의 Hatch를 설치하는 것이 보통이다.

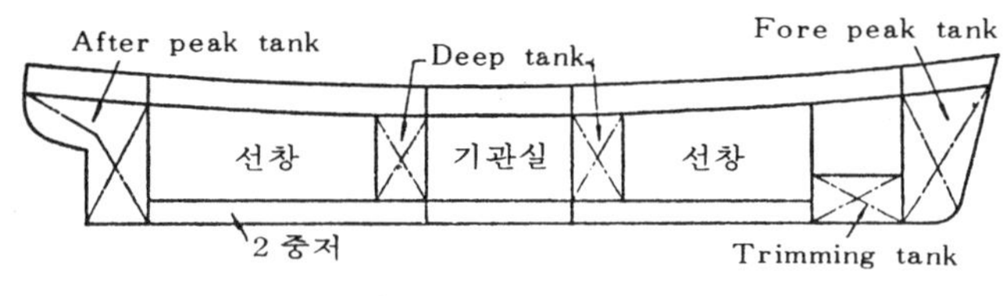

그림 7－50 **Deep tank**

(2) 현측(舷側) **Tank**(Wing tank)

축로(軸路)의 양측 등과 같이 현측에 따라 설치하는 Tank를 특히 Wing tank라 한다.

(3) 선수미수(船首尾水) **Tank**(Fore or after-peak water tank)

선체의 Trim을 조절하기 위해서 해수(海水)를 넣거나 청수 Tank로 이용하는 선수미창(船首尾艙)을 특히 선수미수 Tank라 한다.

(4) **Trimming tank**

선수미수 Tank만으로는 용량이 부족할 경우에 Trim조정을 신속히 하기 위해서 필요하면 별도로 인접해서 Trimming tank를 설치한다.

2. 구 조

Deep tank의 격벽의 구조는 수밀격벽과 거의 같다. 격벽판과 격벽 Stiffener로 구성되나 수밀격벽이 만일의 침수에 대비해서 Deep tank는 항상 액체를 적재하는 것이기 때문에 액체의 유동(流動)에 의한 격벽에 대한 충격도 고려해서 그의 구조는 수밀격벽에 비해서 좀더 강한 것으로 해야하므로 Tank의 내부에는 다음과 같은 부재(部材)를 설치한다.

(1) **Longitudinal water-tight screen bulkhead**

적재한 액체의 자유표면(自由表面)에 의한 GM의 감소와 액체의 유동에 의한 격벽을 구성하는 부재에 의한 충격을 고려해서 Tank를 2등분하는 종통수밀격벽판(縱通水密隔壁板)을 설치한다.

(2) 제수판(制水板 ; Wash plate) (그림 7 — 51)

청수 Tank나 Oil tank와 같이 상시 만재상태가 아닌 Deep tank에는 액체의 유동에 의한 격벽판에 대한 충격을 최소한으로 하기 위해서 필요하면 별도로 Bulkhead를 증설하던가 아니면 제수판을 설치한다.

제수판은 완전한 칸막이는 아니고 높이도 끝까지 달하지 않고 중간에 Lightening hole을 뚫어도 좋다.

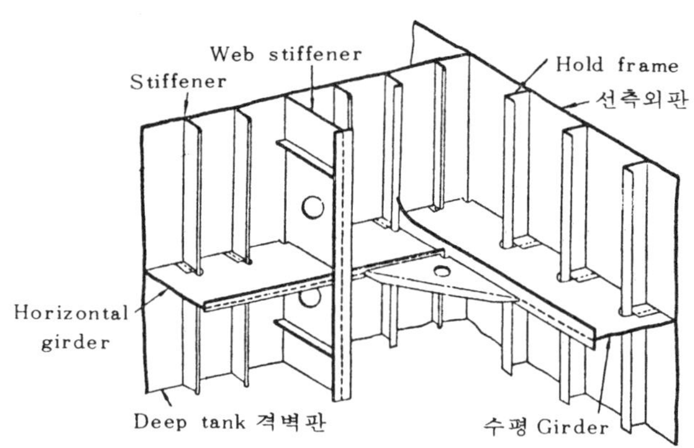

그림 7 — 51 **Deep tank**내부

(3) 수평 **Girder**(Horizontal girder)

Tank내의 Stiffener나 Frame은 약 3 m의 간격으로 설치한 수평 Girder에 의해서 고정시켜야만 된다.

(4) 지주(支柱 ; Strut)

수평 Girder는 Tank의 횡강력재로써, 이것을 받쳐주는 보강재이다.

(5) **Tank**내외의 설비

Tank내의 모든 재료에는 적당한 Limber hole이나 Air hole을 뚫어서 물이나 공기가 Tank내의 일부에 체류하지 않도록 한다.

또한 Oil tank의 주위에서 기름이 샐 염려가 있는 곳에는 Cofferdam을 설치한다.

7·14 Panting구조(Panting arrangement)

선박이 항해중 파랑(波浪)의 충격을 받아 외판이나 Frame 등에 손상을 일으키는 것을 방지하기 위하여 선수부(船首部)나 선미부(船尾部)에 특별히 보강을 한다. 이것을 Panting 구조라 한다. 이것은 선수 Panting구조와 선미 Panting구조로 나누어 생각할 수 있다.

1. 선수 Panting구조

(1) Fore peak tank의 구조 (그림 7 －52)

이 부분은 가장 강한 Panting을 받는 곳이므로 다음과 같은 재료를 써서 강한 구조로 함과 동시에 Frame space를 좁게 해서 외판과 Frame을 보강한다.

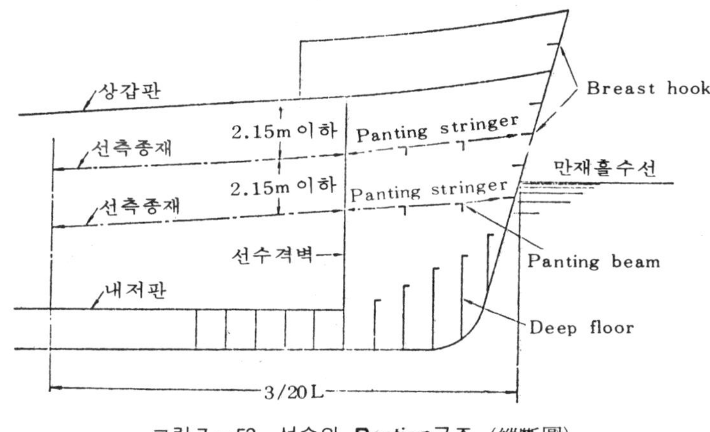

그림 7 －52 선수의 **Panting**구조 (縱斷圖)

① Panting stringer(그림 7 －53)

최하층갑판(最下層甲板)보다 하방(下方)의 Fore peak tank내에 2.15m 이하의 간격으로 외판에 따라서 2 ～ 3 단의 Panting stringer를 갑판에 평행하게 배치한다. 이것은 강갑판(鋼甲板)의 Deck stringer에 상당하는 것으로써, 이것에 따라서 외판의 강성(剛性)을 증가시켜서 Frame의 Span을 좁게 한다.

Panting stringer의 외연(外緣)은 외판에 고착하고 내연(內緣)은 Flange로 한다.

전단(前端)은 Breast hook에 고착하고 후단(後端)은 대형 Bracket에 의해서 선수격벽(船首隔壁)에 연결된다.

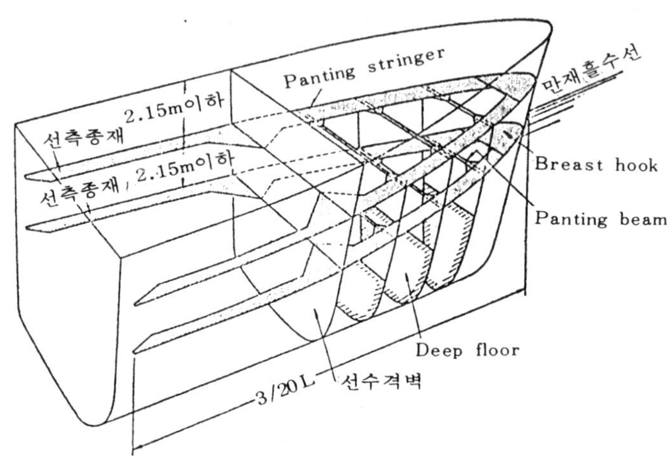

그림 7-53 선수 **Panting**구조

② Panting beam(그림 7-54)

Pating stringer의 하면에 Frame 하나 건너서 붙여 양현(兩舷)의 Frame을 연결시켜 파랑(波浪)에 의한 외판이나 Frame이 휘어지는 것을 방지한다.

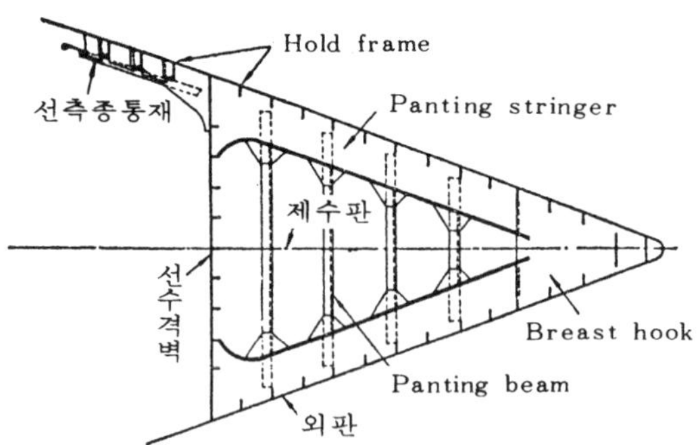

그림 7-54 선수 **Panting**구조(平面圖)

Panting beam의 양단은 Bracket에 의해서 Frame이나 Panting stringer에 취부(取付)된다.

Beam이 없는 Frame의 위치에도 Bracket를 설치해서 Panting stringer에 고착시킨다. 또한, 선체 중심에 있어서도 Wash plate를 설치하지 않은 개소(個所)에는 형강(形鋼)으로 상하와 전후에 결부시킨다.

③ Breast hook(그림 7 －52)

Stem의 후면에는 Panting stringer의 위치에 Breast hook를 설치해서 Stem을 보강하고 양현(兩舷)의 Panting stringer의 전단(前端)을 취부시킨다.

Breast hook는 Panting stringer의 전단만이 아니라 그의 중간에도 설치된다.

④ Deep floor(그림 7 －53)

선저부(船底部)를 견고하게 하고 Frame의 하단(下端)의 고착을 확실하게 하기 위해서 2중저내의 Floor에 비하여 깊이를 증가시킨 Deep floor를 Frame의 위치에 설치한다.

(2) 선수격벽(船首隔壁) 보다 후방의 Panting구조

선수격벽 보다 후방의 강도가 갑자기 감소되는 것을 방지하기 위해서 선수격벽과 선수에서 3/20L의 사이를 다음과 같이 보강한다.

Panting stringer의 연장선상(連長線上)에 Side stringer를 설치하며 Frame은 증강(增強)한다. 또한, 적당한 간격으로 Web Frame을 배치한다.

Side stringer에는 Frame의 내측(內側)을 종통(縱通)하는 산형강(山形鋼)을 단산형강(短山形鋼)으로 Frame에 고착시킨 것과 별도로 Frame과 Frame의 사이에 단절판(斷切板)을 끼워서 외판과 종통산형강(縱通山形鋼)을 결합시킨 것이 있다.

전자(前者)는 Hold Frame의 Span을 좁게해서 그것을 보강하게 되나 후자(後者)는 별도로 선측외판(船側外板)을 보강하는 것이기 때문에 이것을 특히 선측종통재(船側縱通材 ; Side stringer)라 해서 전자와 구별하는 경우가 있다.

Side stringer의 전단은 대형 Bracket에 의해서 선수격벽에 취부된다.

이와 같은 선수 Panting구조 이외에 선수격벽과 선수에서 1/4L의 위치와의 사이의 선저부(船底部)는 Slaming에 대비해서 외판, Floor, Side girder 등을 증강한다.

2. 선미 Panting구조 (그림 7 －55)

선미부(船尾部)에 있어서의 파(波)의 충격은 선수부(船首部) 보다는 강하지 않기 때문에 선미부의 Panting구조는 선수부에 비해서 비교적 가벼운 구조로 하지만 Frame space는 선수부와 같이 좁게 한다.

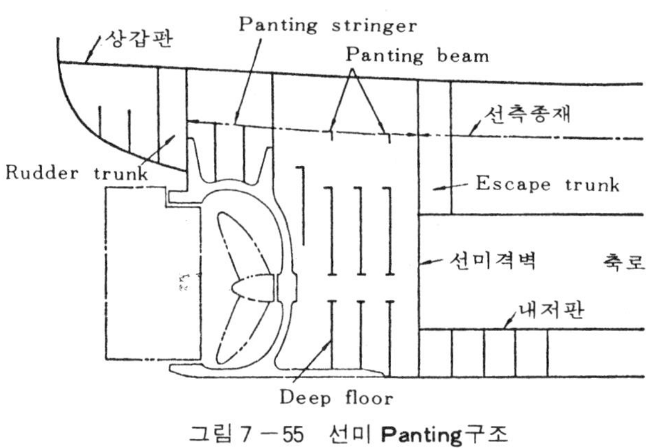

그림 7 －55 선미 Panting구조

(1) After peak tank내의 Panting구조

① Panting stringer와 Panting beam

최하층갑판(最下層甲板)에서 Floor의 상면(上面)까지의 사이에 Frame의 외면(外面)에 따라서 측정한 거리가 2.45m를 넘지 않는 간격으로 Panting stringer와 Panting beam을 설치한다.

② Deep floor

Frame의 위치에 Deep floor를 설치해서 선저부를 강하게 한다.

(2) 선미격벽 보다 전방의 Panting구조

선형(船型)의 관계로서 특히 Frame의 Span이 크게 될 경우에 있어서 Panting stringer의 연장선상에 Side stringer를 설치한다.

(3) 순양함형선미(巡洋艦形船尾)의 보강 구조

필요에 따라서 특설 Frame, Side stringer 등에 의해서 보강한다.

3. 기타 장소의 Panting구조

갑판간의 높이가 큰 선박에서는 필요에 따라서 갑판간에 Side stringer나 Web frame을 설치해서 휘어지는 것을 막든가 아니면 Frame의 촌법을 적당하게 증가시켜서 보강한다.

7•15 기관실(Machinery space) 및 축로(Shaft tunnel)

1. 기관실(機關室 ; Engine room, Machinery space)

기관실이 Cargo hold나 기타의 개소와 다르기 때문에 구조상 주의하지 않으면 안되는 점은 다음과 같다.

① Main engine, Auxiliary machinery, 발전기, Boiler와 같이 매우 무거운 기계류가 집중되어 있다.

② Main engine, 발전기 등은 선체 진동을 일으키는 발생원이 된다.

③ Boiler의 주위는 고온다습해서 강재의 부식을 촉진시킨다.

④ 주기(主機)의 Piston의 분해 작업 등 때문에 기관실의 천정갑판의 높이를 충분하게 해야 할 필요가 있으므로 기관실내에 제2갑판을 설치하지 않을 때가 있다.

또한, 기계 배치의 관계로 선체 구조상 필요로 하는 개소에 Pillar를 설치할 수 없을 때도 있다. 이와 같이 기관실내는 Cargo hold나 기타 장소에 비해서 불리한 점이 많으므로 특별한 보강을 할 필요가 있다.

2. 기관실의 보강

(1) 2중저

① Floor는 Solid floor로 한다.

② Side girder를 증설해서 필요하면 내저판에 붙여서 Half girder나 종 Frame를 종통시킨다.

③ Main engine room내의 내저판, Solid floor, Side girder는 증강을 위해서 그의 두께를 증가시킨다. Boiler의 하부(下部)에 있는 2중저 구조의 부재는 부식에 대한 예비의 두께로써, 그의 두께를 증가시킨다.

(2) 기관실 내부

① Frame 5 ~ 6개 마다 특설 Frame와 특설 Beam을 설치해서 기관실 전체를 견고하게 한다.

② 선측종통 Girder를 설치해서 Hold내의 Frame을 보강한다.

(3) 기계대 (機械臺 ; Engine bed) (그림 7 −56)

Main engine, Boiler, Thrust bearing seat는 두꺼운 내저판에 직접 Bolt로 고착시킨다. 이때, 이들의 Bolt의 주요열(主要烈)의 직하에는 Side girder나 Floor 등이 위치하도록 배치한다.

내저판에 직접 취부되지 않을 경우에는 Box 모양의 Girder의 주기대, Boiler stool, Thrust bearing seat를 설치해서 그의 정부(頂部)의 대판(臺板)에 Bolt로 고착시킨다.

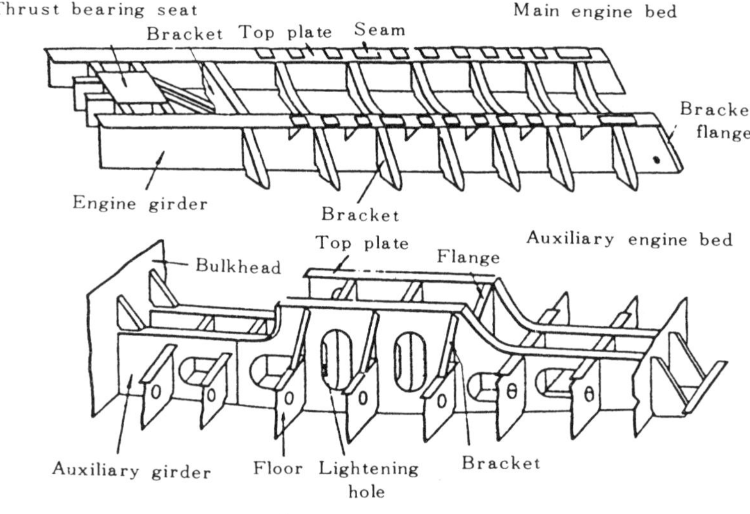

그림 7 −56 **Engine bed**

3. 기관실구(機關室口 ; Engine opening)

기관실의 상부에는 반드시 기관실의 출입을 위한 개구(開口)가 설치된다. 주기(主機)나 Boiler의 출입구로써, 또한 기관실의 채광과 통풍에도 이용된다.

기관실과 폭로갑판과의 사이는 Engine room casing으로 둘러싸이며 폭로갑판 보다 상부는 위벽(圍壁)을 연장시켜 상부에는 정판(頂板)을 깔아 수밀구조로 한다. 위벽정판에는 Engine room skylight와 Boiler room 통풍 Casing(Fiddley casing)을 설치한다.

4. 축로(軸路 ; Shaft tunnel) (그림 7-57)

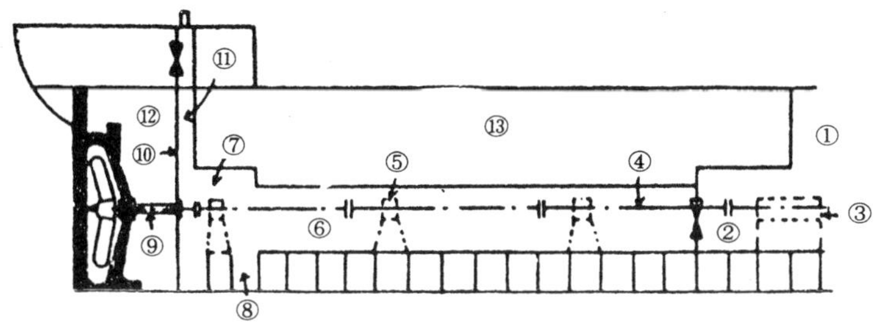

그림 7-57 **Shaft tunnel**

① Engme room
② Thrust recess
③ Thrust block
④ Intermediate shaft
⑤ Plumber block
⑥ Shaft tunnel
⑦ Tunnel recess
⑧ Tunnel well
⑨ Propeller shaft
⑩ Aft peak bulkhead
⑪ Escape trunk
⑫ After peak tank
⑬ Cargo hold

(1) 배 치

배의 중앙에 기관실이 있는 배에서는 기관실과 선미격벽과의 사이의 내저판상에는 축로를 설치해서 축계장치(軸系裝置)를 보호하며, 수리와 정비보존에 용이하게 함과 동시에 Stern tube에서의 누수(漏水)가 생겨도 물이 직접 Hold내로 들어가지 않도록 수밀구조로 한다.

이 수밀구획의 전단은 기관실 전단격벽으로 기관실과의 통행을 위해서 출입구를 설치한다. 격벽갑판상에서도 개폐할 수 있는 Watertight sliding door가 설치되어 있다. 구획의 후단에 이르는 선미격벽에 인접해서 Escape trunk를 설치한다. 격벽간판에는 Steel hatch cover를 설치한다.

축로의 후단에 Tunnel recess를 설치한다. 이 부분은 축로보다 천정이 높게 한다.

정판이 선측에서 선측까지 달하는 평판(平板)으로 되어 있으므로 폭도 넓게, Propeller shaft의 분해작업도 용이하게 할 수 있다.

(2) 구 조(그림 7 －58)

축로는 1축인 경우는 Tunnel형으로, 2축의 경우는 부분갑판에 의해서 Hold와 분리시킨다.

축로는 정판, 측판과 Stiffener로 구성된다. 수밀격벽으로 보아서 격벽 갑판으로부터의 깊이에 의해서 촌법(寸法)은 결정된다. 그러나 Deep tank 내를 관통하는 부분은 Deep tank로 보아서 촌법을 결정한다.

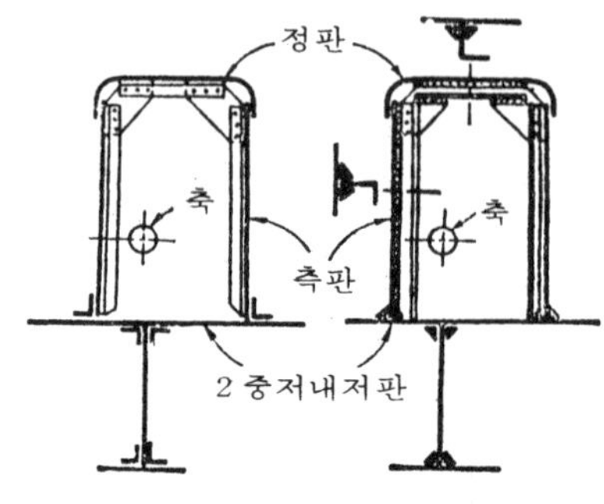

그림 7 －58 축로의 구조

또한, 개구 직하의 정판은 하역시에 손상의 염려가 되므로 이 부분의 정판의 두께를 두껍게 하든가 아니면 보호하기 위해서 목판을 깔아야 한다.

7·16 갑판개구(甲板開口 ; Deck opening)

1. 갑판구(甲板口)

중요한 종강재(縱強材)인 갑판에 Hatch, 기관실구(機關室口)와 기타의 갑판구를 설치하는 것은 그만큼 선체의 강도를 약화시킬 뿐만아니라 갑판의 수밀(水密)을 불가능하게 할 염려가 생기므로 충분한 대책을 세우지 않으면 안된다. 즉, 다음과 같은 보강을 해야 한다.

① 종강도가 크게 약화되는 것을 방지하기 위해서 갑판구의 폭을 가능한한 좁게 한다.

② 갑판 Beam이 이 부분에서 절단되기 때문에 횡강도가 약해질 염려가 되므로 전후의 Beam을 특히 증강한다.

③ 갑판구의 네 귀퉁이에 응력이 집중되는 것을 방지하기 위해서 이곳을 둥글게 한다.

④ 갑판구의 주위에는 적당한 높이의 Coaming을 설치해서 갑판을 보강함과 동시에 파랑(波浪)의 침입을 방지하는 역할도 하게 한다. 또한, Coaming의 정부(頂部)에는 수밀의 Hatch cover를 덮어서 수밀을 확보한다.

2. 창구(艙口 ; Hatch way)

화물의 적양(積揚)을 위하여 선창(船艙)의 상부에 설치되는 갑판구를 말하며, 이는 갑판구중에서 가장 큰 것으로 그의 폭은 선폭(船幅)의 1/3 정도이며 길이는 폭의 2 ～ 3 배 정도로 한다.

(1) Hatch coaming

① 촌법(寸法) (표 7 － 2)

개구(開口)의 주위에 설치하는 Hatch coaming의 두께는 11㎜ 이상, 갑판상의 높이는 파랑의 침입의 염려가 큰 곳은 높게 한다. 즉, 건현갑판과 선루갑판의 전부(前部) 1/4 L에 있는 폭로된 Hatch에 있어서는 610㎜ 이상으로 가장 높다.

표 7 － 2 **Hatch coaming의 높이**

Hatch의 위치		Coaming의 높이(㎜)
폭로된 Hatch	건현갑판에 있는 것	610
	선루갑판에 있는 것으로서 前部 0.25L 간에 있는 것	610
	선루갑판에 있는 것으로서 前部 0.25L 보다 후방에 있는 것	457
폭로갑판에 설치한 감톤개구		229
폭로되지 아니 하는 Hatch	제 2 급폐쇄선루내에 있는 것	229
	폐위되지 아니한 선루내의 갑판에 있는 것. 단, 다음 난의 것은 제외	457
	전단에 격벽이 없는 선루내의 갑판에 있는 것	610

② 명칭

Hatch coaming중에서 배의 전후방향에 평행한 부분을 Hatch side coaming이라 하며 횡방향에 평행한 부분을 Hatch end coaming이라 한다.

③ 구조(그림 7 －59)

Hatch side coaming중에서 갑판 보다 하방(下方)의 부분은 Deck girder의 일부로서 전후를 Deck girder에 Bracket로써 강하게 연결해서 선체의 종강도를 감당케 한다. Hatch end coaming은 Hatch end beam에 고착되어 폭로갑판에서는 선체 중심선에서 가장 높게 하므로써 경사지게 하는 것이 많다.

Hatch coaming의 상연(上緣)에는 Half round bar를 붙여서 보강하고 Side coaming의 상연에서 하방(下方)으로 254mm 보다 낮지 않은 위치에 Horizontal stiffener를 해서 보강하며, 또 여기에 3.05m 이내의 간격으로 Coaming stay를 붙여 더욱 보강한다.

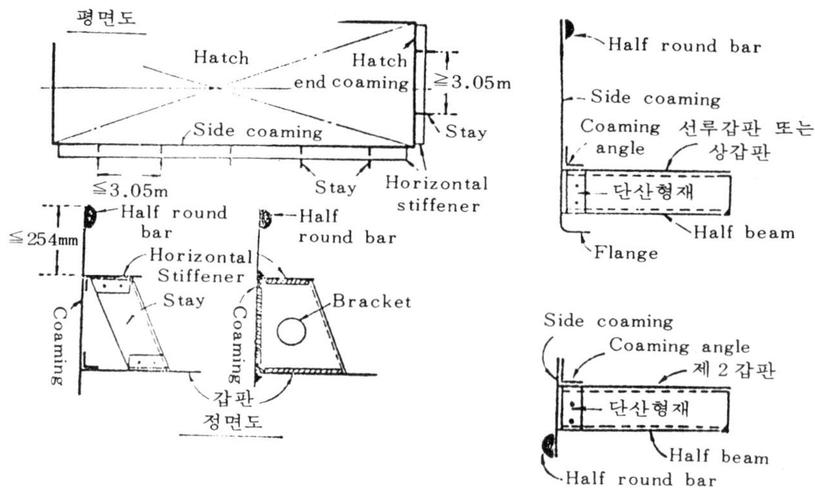

그림 7 —59 **Hatch coaming**의 구조

(2) **Hatch beam** (그림 7 —60)

Hatch를 폐쇄할 때에는 Hatch beam을 적당한 간격으로 횡방향으로 배치한다. 화물의 적양작업시(積揚作業時)에는 들어 내는 것으로서 Shifting beam이라고도 한다.

Hatch beam위에 Hatch board를 덮을 경우 화물의 중량과 파(波)의 충격을 견딜 수 있는 충분한 강도를 가져야 한다. 그러나 될 수 있는 한, 가벼운 구조로 하기 위해서 I 형단면의 것이 많다.

길이 100m 이상의 선박의 선수부 3/20L간에 있는 폭로된 Hatch에 있어서는 Hatch beam, Hatch board나 Steel hatch cover의 강도를 규정보다 15% 증가한다.

Hatch beam은 Side coaming의 내측에 취부된 Hatch beam carrier에 양단을 끼운 다음 Bolt로 고정시켜서 항해중 충격에 의한 탈락을 방지한다.

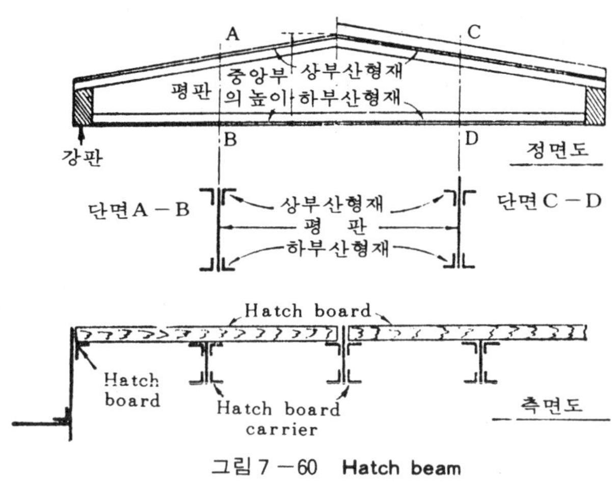

그림 7－60 **Hatch beam**

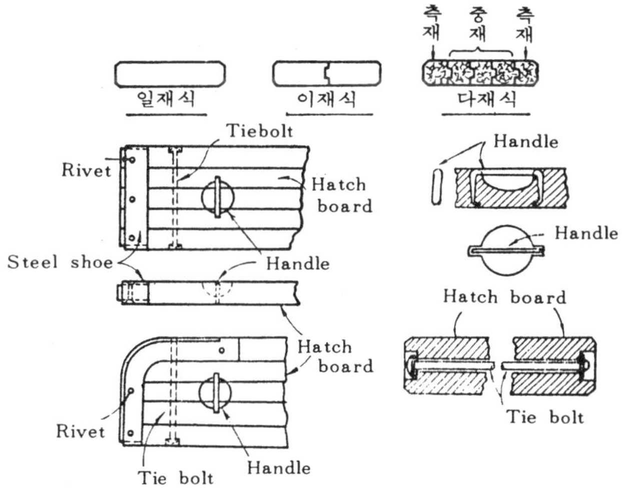

그림 7－61 **Hatch board**

(3) **Hatch board**(그림 7 －61)

Hatch beam의 위에는 Hatch board를 덮는다. 이는 화물의 중량과 파랑의 충격을 감당할 수 있는 충분한 두께를 갖는 양질(良質)의 목재를 사용한다. 이의 양단은 대강판(帶鋼板 ; Steel shoe)으로 둘러서 보호하며 양단 가까이에는 손잡이가 있다.

3. **Hatch 폐쇄장치**(그림 7 －62)

(1) **Hatch tarpaulin**

Hatch board를 깔은 위에 tarpaulin을 두겹 이상으로 덮어서 Hatch를 수밀로 한다.

Tarpaulin은 Hatch cover 라고도 하며, 방수 가공한 Hemp, Cotton, 화학섬유로 만든 범포(帆布)가 사용된다.

(2) **Hatch batten**

Tarpaulin의 둘레를 접어서 끼우고 Hatch batten을 사용해서 Horizontal stiffener의 윗쪽의 Side coaming에 꼭 끼우도록 한다.

(3) **Hatch wedge**

Hatch batten을 coaming에 꼭 끼이도록 고정시키는데 사용한다.

(4) **Hatch cleat**

Hatch wedge를 고정시키는 Hatch cleat를 Horizontal stiffener에 취부한다.

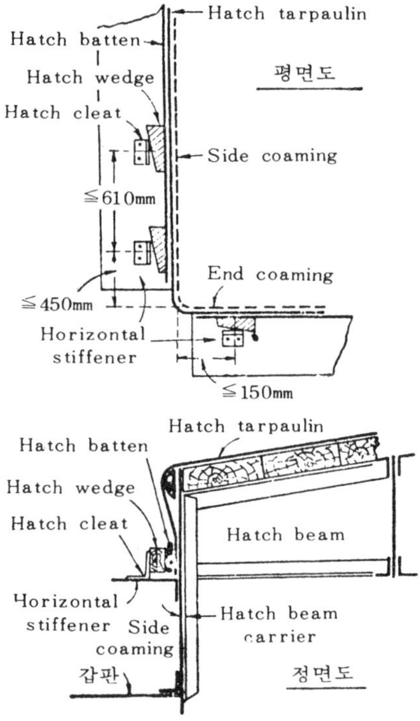

그림 7 －62 **Hatch 폐쇄장치**

(5) **Hatch bar**

Tarpaulin의 주연(周緣)을 고정시킨 다음 상부를 엮어 주는 대강판이다. Hatch bar의 대신으로 Rope나 Net를 쓸때도 있다.

(6) Hatch ring

Hatch cover에 엮는 Rope나 Net를 묶어 주기 위해서 Horizontal stiffener의 위에 설치하는 Ring plate를 말한다.

4. Steel hatch cover

Hatch way를 폐쇄하기 위한 Hatch cover로써 강제(鋼製)의 Cover를 사용한 것을 말한다. 이것은 강판과 Stiffener로 구성된다. 이때, 강판의 두께는 창구(艙口)의 위치와 Stiffener의 심거(心距)에 따라서 결정된다. Stiffener의 촌법은 Stiffener의 길이, 심거와 창구의 위치에 따라서 결정된다. 또한 강판의 주연(周緣)에는 필요에 따라서 Stiffener를 붙인다.

Hatch cover를 취급시에 변형되지 않도록 한다.

폭로갑판상의 Hatch board나 Tarpaulin은 파손되기 쉽고 황천시(荒天時)에 해난(海難)의 원인이 될 때가 많다. 또한 하역시 시간이 많이 걸리고 취급이 복잡하며 위험도 따르는 것으로써 근년에는 Hatch beam과 Hatch cover를 하나로 한 Steel hatch cover를 채용(採用)하는 선박이 많아졌다. 이런 종류의 Hatch cover는 끌어당기는 식, 접는 식으로 개폐하는 것으로서, 이전의 목재의 Hatch cover에 비해서 다음과 같은 이점이 있다.

① 강도의 증가

② 안전도의 증가

③ 개폐시간의 단축

④ 경비의 절감 등이다.

Steel hatch cover에는 여러가지 종류가 있으나 이들 중에서 가장 많이 채용되고 있는 것은 France의 Mac. Gregor 회사의 것으로서, 이것은 개폐의 방식에 의해서 다음과 같이 구분된다.

(1) Mac. Gregor type(그림 7 − 63의 A)

Hatch의 길이 방향으로 Hatch cover가 여러개로 분할되어 있고 Hatch cover의 각부분은 Hatch의 양단이나 일단(一端)에 격납된다. 이의 개폐는 한줄의 Rope에 의해서 신속하게 조작된다. 이것은 모든 형식중에서 가장 많이 채용되는 것이다.

(2) Mege type(그림 7 −63의 B)

이것은 Hinge로 연결된 2매나 수매(數枚)의 Cover로 구성되어 열린 위치에서는 V자 모양을 한다. Cover는 Winch로 간단하게 Rope에 의하여 Hatch의 길이 방향으로 신속히 개폐된다. 조작이 간단하고 격납 Space도 작으므로 상갑판은 물론 Deep tank, 최근의 화물선에서는 선수미의 창구에 이 형식의 것이 많이 채용된다.

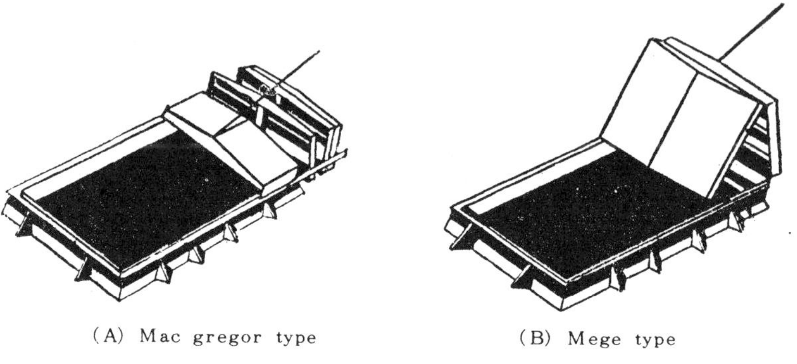

(A) Mac gregor type　　(B) Mege type

그림 7－63 **Steel hatch cover**

(3) **Comarain type**(그림 7－64)

이는 Hatch의 횡방향으로 개폐하고 열린 Cover는 Hatch의 양측에 수평하게 놓인다. 이것은 Winch가 Hatch에 가깝게 장비되어 있을 때에 한정되는 것으로써 Europe연안 항로선(航路船), 석탄운반선에 장비되어 있다.

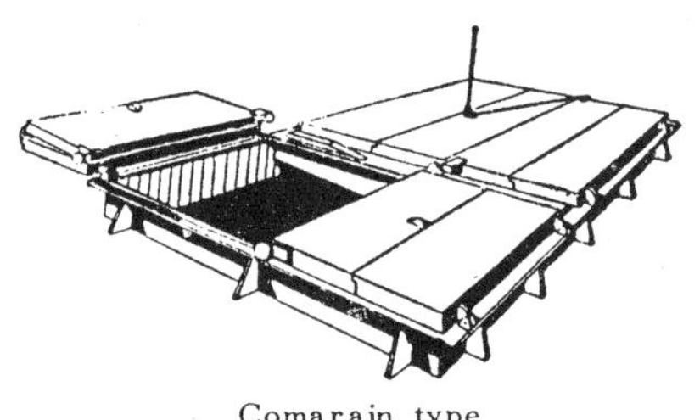

Comarain type

그림 7－64 **Steel hatch cover**

(4) **Side**(End) **rolling type**(그림 7－65)

이것은 2매나 수매의 Cover로 구성되어 Winch로 간단한 Wire rope에 의해서 각 창구 단독으로, 아니면 전창구(全艙口) 동시에 조작된다.

또한, 이것에는 창구의 전후에서 개폐되는 것 즉, End ring식과 좌우에 개폐되는 것 즉, Side ring식의 양형식(兩型式)의 것이 있다.

이 형식은 Coal carrier, Oar carrier 등과 같이 넓은 창구를 갖고 있으며 갑판상에는 높은 장해물(障害物)을 설치하지 않는 선박에 채용된다.

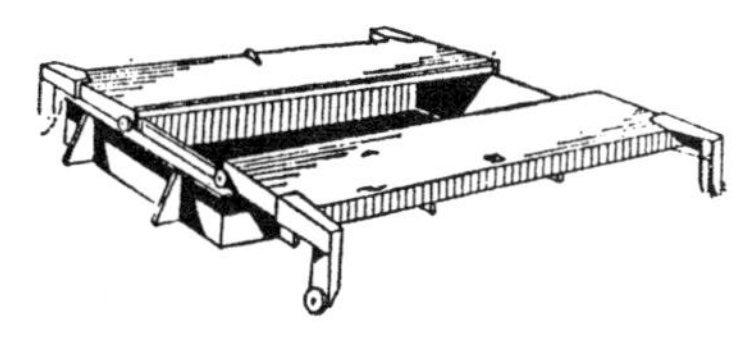

Side rolling type

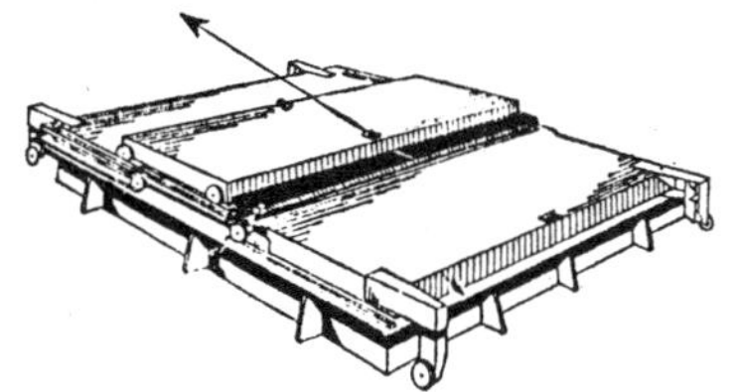

End rolling type

그림 7 －65 **Steel hatch cover**

5. 승강구(昇降口 ; Companion way)

상갑판에서 갑판간으로 통행용으로 설치된 승강구는 일종의 갑판구(甲板口)이다. 이것을 둘러싸는 승강구실(昇降口室)이 설치된다.

이 경우에 있어 상갑판의 폭로부(暴露部) 및 폐쇄장치의 효력이 제 2 급 폐쇄장치의 효력 이상이 되는 선루의 선루갑판의 폭로부에 설치하는 승강구는 강제의 견고한 승강구실(Companion)로 폐위되어야 한다. 또, 승강구실은 강갑판 또는 Beam상의 Tie plate에 고착된다.

승강구실에 설치되는 출입구는 다음과 같은 규정이 있다.

① 문은 견고하고 내외양측(內外兩側)에서 폐쇄정착(閉鎖定着)할 수 있어야 한다.

② 문턱의 갑판상의 높이는 승강구실의 위치에 따라 Hatch의 Coaming의 높이 이상으로 한다.

6. 비상구(非常口 ; Escape scuttle)

갑판하(甲板下)의 거실이나 작업장소에서 비상시에 갑판상으로 탈출하기 위하여 그 갑판에 설치되는 비상구에 대해서는 그것이 폭로갑판상, 제 1 급 및 제 2 급 폐쇄선루내(閉鎖船樓內)의 상갑판상에 설치될 때는 그 구조와 폐쇄장치는 특수한 강제수밀(鋼製水密) Cover를 장치하는 경우를 제외하고는 Hatch의 경우와 같다.

7. Trimming hatchway

Hold 양측의 공간을 메우기 위해서 화물을 적재하든가 사람이 출입하기 위해서 소형의 개구가 폭로갑판상에 설치되는데, 이것을 Trimming hatch-way라 한다.

이들의 개구 및 폐쇄장치에 대해서는 Hatch와 같은 규정이 적용된다. 그러나 소형의 개구에는 그 주위에 낮은 Coaming이 용접 또는 산형강으로 고착되며 강제의 Cover를 Bolt 또는 Butterfly nut로 잠근다. 또, Cover가 Coaming에 닿는 곳에는 Rubber packing을 붙여서 수밀로 한다.

7·17 선루(Superstructure)와 갑판실(Deck house)

1. 상갑판상의 구조물(그림 7-66)

상갑판상의 구조물중에서 선측에서 선측까지 달하며 상부에 갑판을 가지고 그의 갑판까지 외판이 연장되어 있는 것을 선루라 하고 배의 현측에서 현측까지 달하지 않는 것을 갑판실이라 한다.

선루의 측면에는 상갑판하의 외판을 그대로 상방(上方)으로 연장시킨 위치에 외판이 있지만 갑판실의 측면은 선측 보다 내측에 있는 측벽(側壁)으로써, 그의 상부의 갑판은 선측까지 연장되어 있는 것과 갑판실의 측벽까지만 있는 것이 있다.

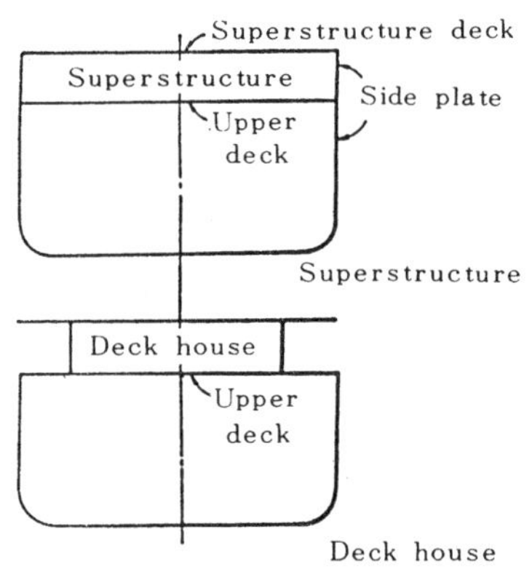

그림 7-66 **Superstructure와 Deck house**

선루는 능파성(凌波性)을 증가시키고 통풍 채광에 편리한 선실을 제공하며 예비 부력을 주고, 또한 선체에 종강력을 증대시키는 것이 목적이다.

갑판실은 선실을 제공하는 것이 주된 목적이며, 상층의 구조물은 모두가 갑판실로 되어 있다.

2. 선루

(1) 선루의 종류

선루는 그의 위치에 따라 다음과 같은 종류가 있다.

① 선수루(Forecastle)

선수단에 있는 선루를 선수루라 한다. 이는 선박에 능파성을 주는 것이 최대의 목적이다. 배에는 선수루를 설치할 것을 요구하고 있다. 그러나 특히 건현(乾舷)이 큰 선박, 선수의 Sheer가 특히 큰 선박에 있어서는 설치하지 않아도 되도록 허가되어 있다. 또한 Oil tanker나 목재운반선에서는 선의 길이의 7%의 길이와 표준 높이 이상의 높이의 선수루를 설치할 것을 요구하고 있다.

표7-3 선루의 표준높이

선루의 종류	선박의 길이(m)	선루의 표준높이(m)
전단격벽에 개구를 갖지 않는 저선미루	30.5 이하	0.91
	76.2	1.22
	112.0 이상	1.83
기타의 선루	76.2 이하	1.83
	122.0 이상	2.29

선박의 길이가 표에 나타난 길이의 중간에 있을 때는 삽간법(插間法)에 의하여 선루의 표준높이를 산정한다.

② 선교루(船橋樓 ; Bridge)

선체의 중앙부 부근에 있는 선루를 Bridge라 말한다. 이것은 Engine room을 보호하고 선실을 제공함과 동시에 예비 부력을 주는 것이 주된 목적이다.

선교루의 길이가 배의 길이의 15% 이상일 때는 이것을 Long bridge라 하여 이의 선루갑판은 강력갑판으로 취급한다. 그러나 Bridge의 길이가 배의 길이의 15% 미만인 때에는 이를 Short bridge라 한다.

③ 선미루(Poop)

선미단에 있는 선루를 Poop라 한다. 이것은 배에 내파성(耐波性)을 줌과 동시에 Steering gear를 보호하는 것이 주된 목적이다. 또한, 선미기관선(船尾機關船)에서는 기관실을 보호한다.

④ 저선루(低船樓)

선루의 높이가 보통의 것보다 낮고 선루내에 상갑판이 연속되지 않은 선루를 저선루라 한다. 이것이 선수부에 있을 때는 저선수루(Sunken fore-castle)라 하며, 선미부에 있을 때는 저선미루(Sunker poop)라 한다. 특히 저선미루를 갖는 선박을 저선미루선(Raised quarter deck vessel)이라 한다.

⑤ 선루와 선형(船型)

선루의 유무와 그의 위치에 따라 여러 가지의 선형이 있다. 이는 이미 제 1 장에서 설명되었고 배의 종류나 크기와 용도에 따라서 여러가지 독특한 선형이 채택되고 있다.

⑥ 선루의 구조

선루는 선체의 주요한 구조의 일부로 생각되는 것으로써 Frame, Beam, Pillar, 외판이나 갑판 등의 구조가 규정되어 있다.

보통의 길이의 선수루, 선미루와 길이가 배의 길이의 15% 이하의 선교루는 큰 응력에 견딜 수 있도록 강력한 구조로 해서 종강도를 갖도록 하고 있다.

Hold내의 격벽의 상부와 선루에 충분한 횡강도를 주기 위해서 필요하다고 인정되는 개소에는 Wed frame이나 부분격벽을 설치해서 보강되어 있다.

3. 선루단(船樓端)

(1) 선루단격벽(船樓端隔壁) (그림 7 -67)

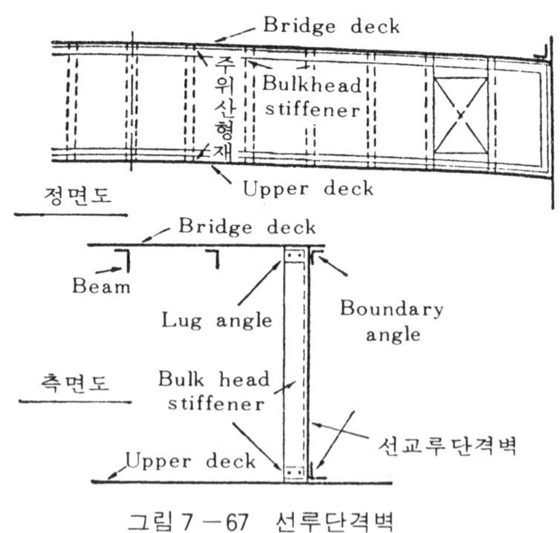

그림 7 -67 선루단격벽

선루에 의해서 배에 내파성(耐波性)과 예비 부력을 주기 위해서는 선루단(Break)에 격벽을 설치하는데, 이것을 선루단격벽(Break bulkhead) 라 한다.

선루단격벽에는 그의 위치에 따라 다음과 같은 종류가 있다.

① 선수루후단에는 선수루후단격벽(Forecastle aft bulkhead)

② 선교루전단에는 선교루전단격벽(Bridge front bulkhead)

③ 선교루후단에는 선교루후단격벽(Bridge aft bulkhead)

④ 선미루전단에는 선미루전단격벽(Poop front bulkhead)

선루단격벽은 선루를 수밀(水密)로 해서 풍우(風雨)와 파랑의 침입을 방지하고 예비 부력을 준다. 내파성에 대해서는 단격벽의 위치에 따라 경중(輕重)이 있으나 선교루전단과 선미루전단은 직접 파(波)의 충격(衝擊)을 받을 염려가 있으므로 견고한 구조로 한다. 또한, 선수루후단과 선교루후단은 조금은 가벼운 구조로 되어 있다.

선루단격벽은 격벽판과 격벽 Stiffener에 의해서 조립된다. 이때, Stiffener의 심거(心距)는 약 760mm 이내로 배치한다. 선교루와 선미루전단격벽의 Stiffener의 양단은 그의 주위를 강갑판에 Welding 하든가 아니면 Lug angle로 고착시킨다. 이와 반대로 선수루와 선교루의 후단격벽의 Stiffener의 양단은 Boundary angle에 겹쳐서 고착하면 된다.

(2) 선루단격벽에 설치하는 개구

선루단격벽에 출입구 등의 개구를 설치할 때는 그 곳에 설치된 폐쇄장치의 구조에 따라 선루의 예비 부력에 대한 유효정도(有效程度)가 다르다. 출입구의 폐쇄장치에는 만재흘수선 규정에 의하면 제 1 급 폐쇄장치와 제 2 급 폐쇄장치가 있으며, 각각 다음의 조건에 적합한 폐쇄장치를 말한다.

(a) 제 1 급 폐쇄장치는 다음 조건에 적합한 것이어야 한다.

① 출입구의 연재(緣材)의 갑판상의 높이가 380mm 이상일 것.

② 강제로써 격벽에 상설적(常設的)으로 견고하게 설치할 것.

③ 구조가 견고하여 개구가 없는 격벽과 동등한 강도를 가지며 폐쇄하면 풍우밀(風雨密)일 것.

④ 격벽이나 폐쇄장치에 상설적으로 취부(取付)된 정착설비(定着設備)를 갖추고 격벽의 양측과 상방(上方)의 갑판에서 폐쇄정착(閉鎖定着) 할 수 있을 것.

(b) 제2급 폐쇄장치는 다음 조건에 적합한 것이어야 한다.

① 견고한 틀을 끼운 것으로 폭은 760㎜ 이하이고 두께는 50㎜ 이상인 견질목재의 Hinged door일 것.

② 격벽에 고착한 구형강(溝形鋼)을 출입구의 양측에 설치하고 여기에 그의 출입구의 전 높이에 걸쳐서 목제의 삽판(揷板)을 끼운 장치 (그림 7-68)

③ 전기(前記)의 2종의 문과 동등한 효력을 가지는 판자문으로 뗄 수있는 것.

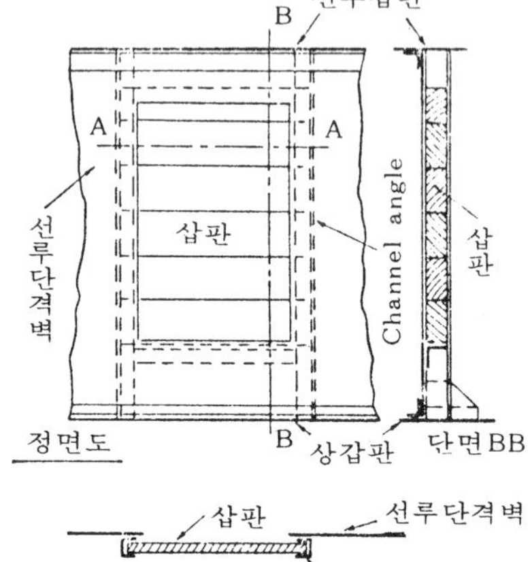

그림 7-68 선루단격벽의 출입구 (揷板裝置)

선루단격벽에 설치된 개구의 폐쇄장치의 종류에 의한 선루에는 다음과 같은 명칭이 있다.

① 제1급 폐쇄선루 : 단격벽에 개구가 없는 선루이거나 폐쇄장치의 효력이 제1급 폐쇄장치의 효력 이상인 선루

② 제2급 폐쇄선루 : 폐쇄장치의 효력이 제1급 폐쇄장치의 효력에는 미치지 못하나 제2급 폐쇄장치의 효력 이상인 선루

③ 폐위(蔽圍)되지 않은 선루(Open superstructure) : 폐쇄장치의 효력이 제2급 폐쇄장치의 효력에는 미치지 못하는 선루이거나 격벽의 강도가 규정보다 약한 선루

기관실구(機關室口)를 폐위하는 보호되지 않는 선루의 전단격벽의 출입구에는 제1급 폐쇄장치를 설치할 것을 요구한다. 기타 선루의 전단격벽에는 될 수 있는 한, 제1급 폐쇄장치를 설치할 것을 요구하고 있다.

4. 선루단의 보강

선루단에서는 선체의 깊이가 급변하여 강도의 불연속을 이루어 손상을 받기 쉬우므로 구조에 급한 변화가 없도록 보강할 필요가 있다.

선교루의 양단과 1/2L ⊠ 사이에 있는 선수루, 선미루의 선루단은 Sheer

strake와 상갑판의 Deck stringer의 두께를 증가하든지 선루외판을 연장하여 비스듬하게 상갑판 Bulwark와 결합시키든지 그 경사부(傾斜部)에 견고한 Girder를 붙이는 등 적당한 고려가 필요하다.

5. 갑판실(Deck house)

갑판실은 선실을 제공하는 것이 주목적이다. 상층의 구조물은 모두 갑판실로 되어 있다.

(1) 갑판실의 배치(그림 7-69)

갑판실은 상갑판상 또는 선루갑판상에 설치되며, 배의 전폭(全幅)에 달하지 않는 가벼운 구조물이다. 차랑갑판선(遮浪甲板船)이나 건현이 큰 여객선에서는 선교루나 선미루를 만들지 않고 그 부분에서 갑판실 구조의 것이 많다. 대형여객선에서는 여러 층의 상층갑판(上層甲板)을 설치하고 그 사이에 갑판실을 설치해서 여객실로 이용한다.

갑판실의 상부 갑판에는 Promenade deck나 Boat deck 등의 여러 갑판이 있지만 보통의 배에서는 Boat deck의 전단상부에는 1층이나 2층의 갑판실이 있어 항해상 필요한 조타실, 해도실, 무선실 등을 설치하고 있다. 이들 중에서 최상층의 조타실이 있는 곳을 Navigation bridge 또는 그냥 Bridge라 한다.

(2) 갑판실의 구조

상갑판상에 있는 갑판실로서 파랑(波浪)의 충격을 받는 곳에는 당연히 선루단격벽에 준한 구조로 해야 되지만 갑판의 위치가 흘수선보다 높아짐에 따라 구조가 가벼워진다.

큰 갑판실의 측벽 및 단벽은 약 9m의 간격으로 부분격벽 또는 특설 Frame을 배치하고 그 사이에도 Stiffener를 배치하여 보강한다. 이때, 부분격벽 및 특설 Frame은 하방(下方)에 격벽이 있는 곳에 설치하는 것이 좋으나 하방에 격벽이 없을 때는 하방의 Frame 또는 Beam을 적당히 보강해야 한다. 또, 큰 갑판실의 전후단 부근에서는 갑판실 위벽(圍壁)을 갑판에 고착하는 산형강의 치수를 증가하거나 갑판하에 종통재나 Pillar를 설치해야 한다.

큰 갑판실의 측벽에 있는 개구의 네 모서리는 모가 없이 둥글게 하고 개구의 상하의 측벽판은 각 개구를 통하여 연속하는 구조로 한다. 또, Life boat의 적재장소에 면하는 갑판실 측벽과 Boat davit를 지지하는 장소의 갑판은 적당히 이를 보강하여야 한다.

6. Expansion joint (그림 7－69)

장대한 갑판실에는 몇군데에 Expantion joint를 설치해서 선체가 굴곡되었을 때, 이것이 작용해서 약한 구조의 갑판실에 손상을 일으키지 않도록 한다.

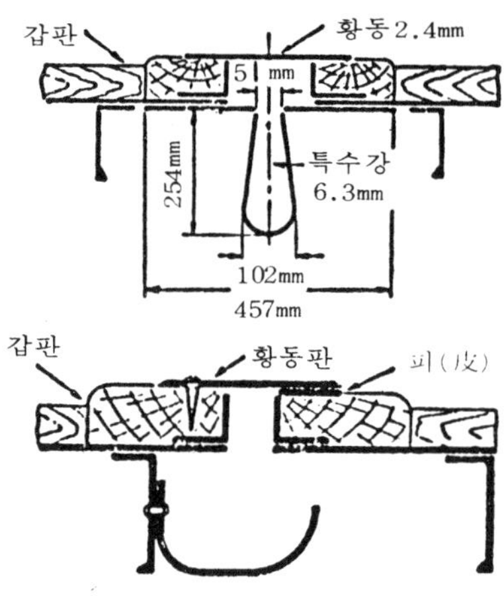

그림 7－69 Expantion joint

第8章
Oil tanker

일반적으로 Tanker라 하면 Oil tanker를 의미 했으나 근년에는 액화석유가스(LPG), 유산(硫酸), 소금, Cement, 광석, 석탄 등을 Hold내에 포장하지 않고 그냥 적하(積荷)하는 배가 조선(造船)된다. 이들은 구조도 근사(近似)하다. 그러므로 유조선을 이들과 구별하기 위해서 Oil tanker라고 해야 한다. 그러나 일반적으로 Tanker라고 하면 이 Oil tanker를 말한다고 생각해도 된다.

이의 구조는 보통선박과는 달리해야 한다. 석유는 온도의 변화에 따른 용적(容積)의 변화가 크고 인화성(引火性)이며 액체이므로 선박의 동요(動搖)에 따라 이동하므로 복원성을 생각해야 하며, 또한 유밀구조(油密構造)로 해야 하는 등의 특수한 성질을 갖기 때문에 특수구조로 할 필요가 있다.

1. 석유 운송의 방법

석유를 그의 원산지에서 시장으로 운반하는 데에는 다음과 같은 방법이 있다.

① Drum통에 넣어서 보통화물선으로 운송하는 방법

② Hold내에 Tank를 설치한 배(Oil tank ship)에 의한 방법

③ 선체를 Oil tank로 구조한 배(Oil tanker)에 의한 방법

그러나 다량을 한꺼번에 운송하기 위해서는 Oil tanker에 의하고 있다.

2. Oil tanker의 종류

(1) 적하방법에 의한 분류

석유류의 운송량의 증가와 함께 그의 제품의 종류가 증가해서 Oil tanker중에서도 특별한 종류의 석유를 전문으로 운송하는 분업이 생겼다.

원유나 연료유 등을 운송하는 것을 Dirty(Oil)tanker라 하며 휘발유나

경유 등을 운송하는 것을 Clean(Oil)tanker라 한다. 이들은 각각 독자적인 기능을 가지고 있다.

Dirty tanker에서는 Oil의 온도가 하강해서 응고하는 것을 방지하기 위해서 이것을 따뜻하게 하는 장치를 한다. Clean tanker에서는 Dirty tanker에 비해서 선체의 유밀(油密)의 정도를 완전하게 한다. 또한 인화점이 65℃ 보다 낮은 Oil을 적재하는 때는 폭발에 대한 안전장치도 완비해야 한다.

(2) 항로에 의한 분류

Oil tanker는 항로(航路)에 따라서 항양형(航洋型), 연안형(沿岸型), Barge형 등이 있다.

① 항양형 tanker(Ocean going tanker)는 원유를 산지에서 운송하는 것으로 대형이다. 원유는 한꺼번에 다량의 화물이 있어 선체가 대형화하는 만큼 경제적이기 때문에 점차 대형화 되어 재화중량(載貨重量) 10만 ton을 넘어 50～60만 ton급의 초대형 tanker도 있다. Tanker는 재화중량에 따라 다음 (표 8 － 1)과 같이 구분되어 불려지고 있다.

② 연안형 tanker(Coastal tanker)는 정유된 석유제품을 연안에 운송하는 Oil tanker이다. 따라서 소형선으로 수100 ton 정도의 것이 많으며, 때로는 1,000톤급의 것도 있다.

③ Oil barge는 항내(港內), 하천(河川) 등의 평수구역(平水區域)에서 석유를 공급하는 Oil tanker로써 소형의 것으로 선체는 Barge형의 것이 많다.

표 8 － 1 Oil tanker의 명칭

Ton형(재화중량톤)	명칭	
10,000이상～ 15,000미만	Standard	tanker
15,000 〃 ～ 20,000 〃	Medium	tanker
20,000 〃 ～ 30,000 〃	Large	tanker
30,000 〃 ～ 40,000 〃	Super	tanker
40,000 〃 ～ 60,000 〃	Giant	tanker
60,000 〃 ～ 80,000 〃	Mammoth	tanker
80,000 〃 ～110,000 〃	Monster	tanker
110,000 〃	Dragon	tanker

3. Oil tanker의 선형

(1) 일반 배치(그림 8－1)

Oil tanker는 일반적으로 선미에 기관실을 배치하고 선수격벽 후방의 구획(區劃)은 일반화물창(一般貨物艙)으로 하고 그의 하방(下方)에 Ballast tank가 있어 Trim을 조정하는데 이용된다. 그의 후방에는 선미의 기관실까지 선창(船艙)이 화물유 Tank로 된다. 이것과 일반화물창과의 사이에는 Cofferdam이 설치되어 화물유의 하역을 위한 Pump room은 중앙부근에 배치된다.

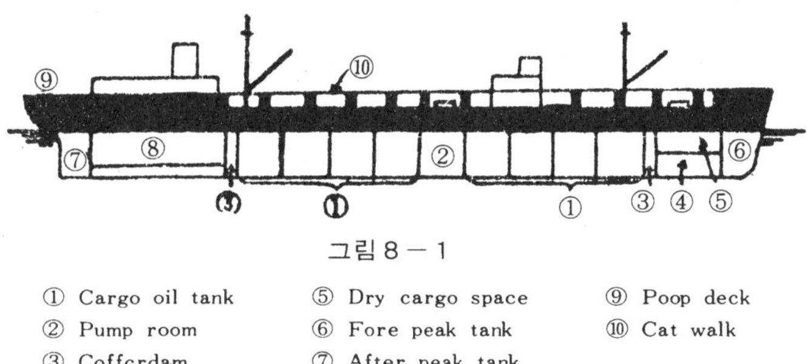

그림 8－1

① Cargo oil tank	⑤ Dry cargo space	⑨ Poop deck
② Pump room	⑥ Fore peak tank	⑩ Cat walk
③ Cofferdam	⑦ After peak tank	
④ Ballast tank	⑧ Engine room	

기관실을 선미에 설치하고 화물유 Tank가 중앙부에 설치되는 이유는 다음과 같다.

① 유밀(油密)의 Shaft tunnel의 필요가 없고 Shaft의 길이도 짧아서 경제적이다.

② 기관실이 중앙에 있는 배에서는 기관실에 의하여 화물유 Tank가 양분(兩分)되므로 적어도 4개의 Cofferdam을 설치해야 하는 데, 기관실이 선미(船尾)에 있으면 2개만 있어도 된다.

③ 화물유를 만재 했을 경우에 Oil tanker는 종강도(縱強度)가 약해지는 상태가 되지만 기관실이 선미에 있으면 Oil tank 전체를 종통하는 격벽이 있으므로 중앙부에서 절단되는 기관중앙의 선박보다 종강도가 크다.

④ 기관실이 선미에 있으면 1개의 Pump room과 여기에 연결되는 Oil pipe만 설치하면 되지만 기관이 중앙에 위치한 배에서는 Oil tank가

양분되므로 2개의 Pump room이 필요하다.

⑤ 기관 중앙의 배에서는 항해시 연돌(煙突)에서 나오는 불꽃이 후방의 Oil tank위에 떨어져 화재의 위험이 많다.

(2) **Cofferdam**

Cargo oil tank의 전후양단(前後兩端)에는 Fuel oil tank나 Engine room 및 일반화물창과 접하는 곳에 유밀구조(油密構造)의 격벽을 2개 접근해서 설치하며, 그 사이를 공간으로 하는 데, 이곳을 방유구획(防油區劃; Cofferdam)이라 한다.

이것은 만약 기름이 샐 경우 이곳에 기름이 고이도록 해서 Pump로 배출하므로써 손해가 외부에 미치는 것을 방지하고 화물유(貨物油)에 화기(火氣)의 접근을 막기 위함이다. 이는 선저(船底)에서 상갑판까지 달하며 그의 길이는 910㎜ 이상이어야 한다. 또한, 이것은 Pump room과 겸용할 수 있기 때문에 Cofferdam을 설치할 위치에 Pump room이 있으면 Cofferdam을 따로 설치할 필요가 없다.

(3) **Pump room**

석유의 하역작업에 이용되는 Pump가 설치된 곳을 Pump room이라 한다.

Main pump room은 보통은 후부(後部)에 위치한다. 그러나 Steam pump를 사용하는 선박에서는 Main pump room을 선체의 중앙부에 위치하므로써 만재시(滿載時)의 Sagging의 경향을 이 Pump room의 부력(浮力)으로 감소시킬 수 있고 또한, 품질이 서로 다른 2종류의 기름을 적재할 때, 이 Pump room에 의해서 격리(隔離)해서 적재할 수 있는 이점이 있다.

Pump room을 기관실 앞에 배치하면 Cofferdam을 겸하므로 Oil tank의 용적이 증가되지만 만재시 Sagging 경향이 심하므로 이 때는 중앙부의 Tank는 비우거나 반정도만 적재하기도 한다.

4. Oil tank의 구조

(1) 하기(夏期) **Tank**형(Summer tank type) (그림 8-2)

Oil tank의 배치로써 가장 오래전부터 채용되었던 형으로서 Oil tank가 중심선 격벽을 가지며 제2갑판과 팽창(膨張) Trunk에 의해서 현측(舷側)에 Summer tank를 만들고 있다.

이 형에서는 제2갑판은 상갑판의 하방(下方) 2.5m의 위치에 있고 Tank내, Cofferdam이나 Pump room을 통해서 선수미에 연속되어 있다.

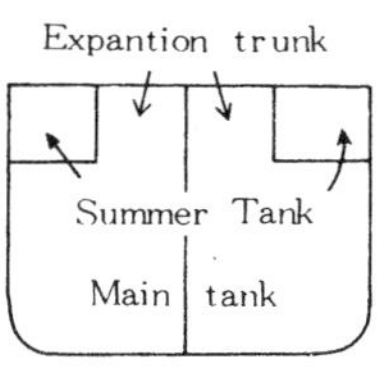

그림 8－2 **Summer tank type**

① 팽창 Trunk(Expansion trunk)

상갑판과 제2갑판 사이에 측벽(側壁)을 설치해서 Oil tank를 Main tank와 Summer tank로 구획(區劃)한다. 이 측벽은 Oil tank, Cofferdam, Pump room을 통해서 선수미(船首尾)에 연속한다. 측벽의 내부는 Main tank의 상부에 해당된다. 이 부분을 Expansion trunk라 한다. 이것은 기름의 팽창에 대한 예비의 공간도 되며 유면(油面)의 횡이동(橫移動)의 범위를 좁게 해서 선체의 복원성(復原性)에 미치는 악영향을 적게 한다. 이팽창 Trunk의 폭은 선폭(船幅)의 60% 이하로 할 것을 원칙으로 한다.

② 화물유 Tank(Cargo oil tank)

Oil tank는 될 수 있는 한, 크게 해서 그의 수(數)를 적게 하면 유밀격벽의 수를 감소시키므로 배관이 절약되지만 Pitching시에 Oil의 이동범위를 작게 하기 위해서는 Tank의 길이에는 제한이 된다. 따라서 Main tank의 길이는 9.25m 이하가 원칙이다. 그러나 Summer tank는 소형이므로 이의 길이는 18.5m 이하로 할 것을 규정하고 있다.

Summer tank는 하기(夏期)의 평온한 때에 경질유를 적재할 경우 이 Summer tank에도 경질유를 적재하거나 아니면 보통의 화물을 적재하여 흘수(吃水)를 크게하여 안전항해를 했기 때문에 생긴 명칭이다. 그러나 현재는 여름과 겨울의 구별 없이 Oil tank로 사용하므로 횡격벽(橫隔壁) 이외에 9.25m를 넘지 않는 간격에 제유격벽(制油隔壁 ; Wash bulkhead)을 설치한다.

③ 중심선격벽(中心線隔壁 ; Center line bulkhead)

Oil tank, Pump room 또는 Cofferdam에는 종통하는 중심선격벽이 설치되어 선저에서 팽창 Trunk의 정부(頂部)까지 달한다. 이 중심선격벽은 Oil tank내에서 유밀로 하는 것이 원칙이다.

(2) 2열종격벽형(二列縱隔壁型 ; Two longitudinal bulkhead type)
(그림 8－3)

Cargo oil tank는 종격벽(縱隔壁)과 횡격벽(橫隔壁)에 의해서 세분되어 안전성과 Trim을 갖게되며 또한, 서로 다른 종류의 Oil을 구분하여 적재할 수 있게 되어 있다. 최근의 대부분의 대형선의 구조는 대부분이 2열종격벽형으로써 Expansion trunk와 Summer trunk는 생략되어 있다.

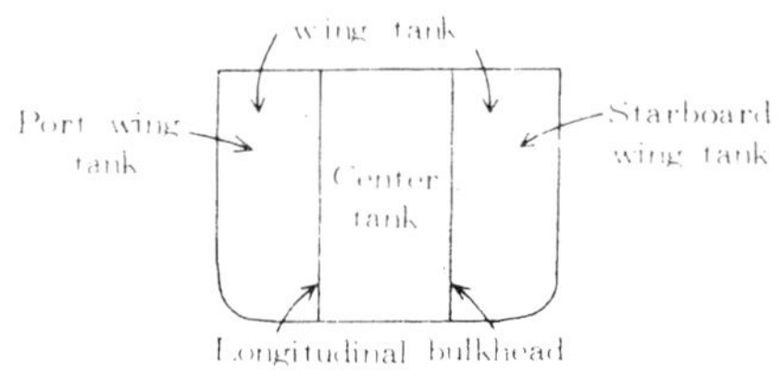

그림 8 − 3 **Two longitudinal bulkhead type**

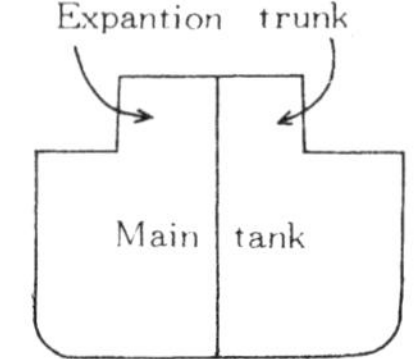

그림 8 − 4 **Trunk type**

(3) **Trunk형**(Trunk type) (그림 8 − 4)

상갑판상에 Oil tank의 Expansion trunk가 화물선의 Hatch way를 연속시킨 것과 같은 모양으로 돌출되어 있어 선수루와 선교루 또는 선미루를 연속하고 있는 것과 같은 형을 Trunk type oil tanker라 한다.

이것의 Expansion trunk는 보로(步路 ; Cat walk)로도 되어 건현(乾舷)이 작은 배에서는 편리하다. 소형선에서는 중심선격벽에 의해서 Oil tank는 양현(兩舷)으로 구분된다. Hatch way는 Trunk의 상면(上面)에 있으므로 별도로 큰 Hatch coaming을 설치할 필요는 없다. 이 형은 소형선에서 많이 채용되고 있다.

5. 선체의 구조양식

Oil tank는 내부 구성재의 배치방법에 따라 다음과 같은 종류가 있다.

(1) 횡식구조(橫式構造 ; Transverse framing system) (그림 8 − 5)

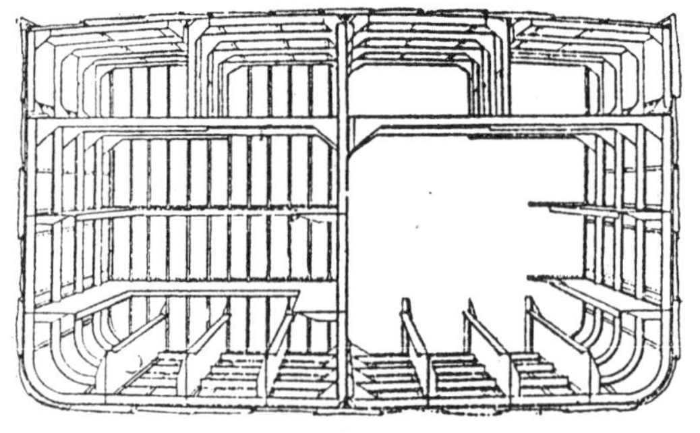

그림 8 − 5 **Transverse framing system**

일반화물선에서 널리 채용되는 것으로 Oil tanker

에서는 소형선에서 채용될 뿐이다. 대형선에서는 종강도가 부족하기 때문에 별로 채용되지 않고 있다.

(2) 종식구조(縱式構造 ; Longitudinal framing system)(그림 8 — 6과 7)

이는 Oil tanker에 가장 합리적인 구조이므로 이것을 채용하는 것이 많다. 또한, 이 종식구조의 일종인 Bracketless system은 Isherwood system 보다 많이 채용되지 않는 형식이다.

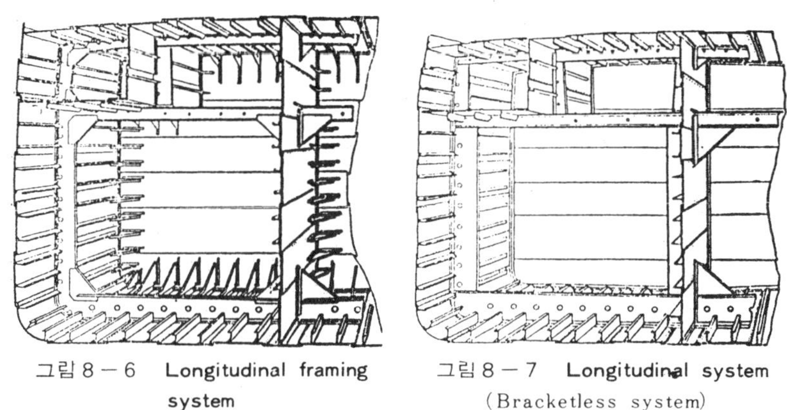

그림 8 — 6 **Longitudinal framing system**

그림 8 — 7 **Longitudinal system** (Bracketless system)

(3) 종횡혼합식구조(縱橫混合式構造 ; Combined system) (그림 8 — 8)

이는 종식과 횡식구조의 장점을 채용한 것으로 근년에 많이 채용되고 있다. 최근에 와서는 Oil tanker의 선체구조의 세가지 양식의 채용에 있어서

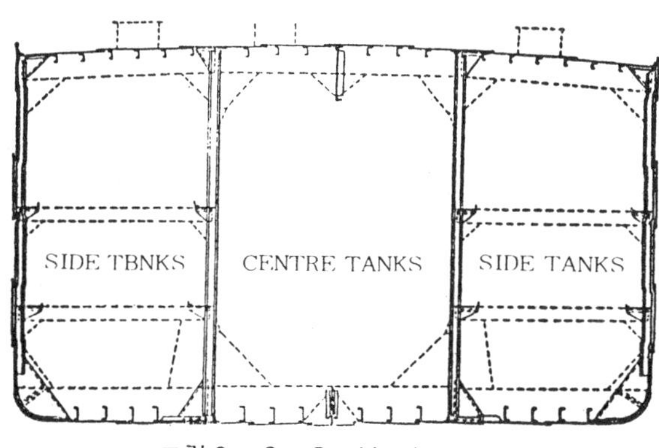

그림 8 — 8 **Combined system**

는 대형선에서는 종식이나 종횡혼합식의 구조가 주가 되며, 초대형 Tanker 에서는 종식구조가 보통이다.

6. 파형격벽(波形隔壁 ; Corrugated bulkhead) (그림 8 - 9)

최근 Oil tanker에서는 유밀의 종 및 횡격벽에는 이 파형격벽을 채용하는 것이 많아 졌다. 종격벽에는 종강력상 횡파형(橫波形)이 이용되며 횡격벽에는 수직파형(垂直波形)이 이용된다. 또, 한쪽은 파형으로 하고 다른 쪽의 격벽은 평판으로 해서 조합시킨 것도 있다.

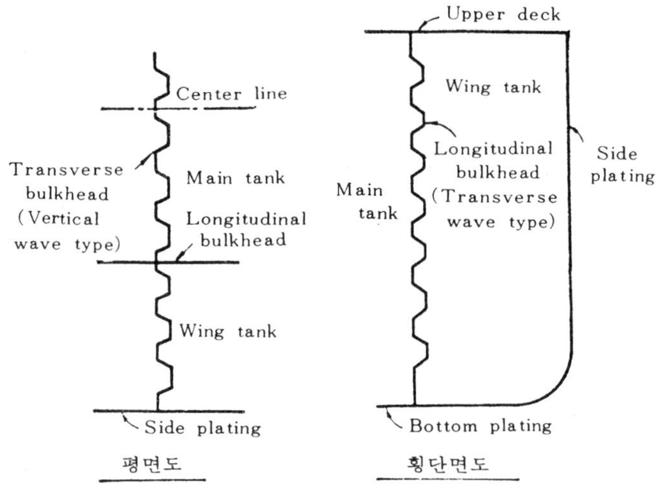

그림 8 - 9 **Corrugated bulkhead**

7. **Oil tank**의 수밀시험(水密試驗)

Oil tank의 수밀을 확인하기 위해서 가능한 한, Pipe나 기타의 부속품을 설치한 후에 각 Tank별로 충수(充水)하여 수밀시험을 한다.

시험압력은 Main tank에 대해서는 Expansion trunk의 최고 위치보다 2.4m, Summer tank에 대해서는 상갑판 이상 2.4m에 상당하는 수고압력(水高壓力)으로 시험한다.

Cofferdam의 수밀시험은 이곳에 충수하여 Hatch 정부(頂部)의 수고압력으로 행한다.

8. 선체의 강도

(1) 종강도(縱強度)

Oil tanker에서는 선미(船尾)에 기관실이 설치되고 중앙부가 Oil tank로 되어 있으므로 공선시(空船時)에는 Hogging moment가 만재시에는 Sagging moment가 특히 커지며 또한, 황천시(荒天時)에는 이 상태가 교호(交互)로 일어나므로 큰 압축력과 인장력 때문에 상갑판과 선저에는 충분한 보강을 하지 않으면 Bending이나 Crack이 생긴다.

특히 중앙부근의 Oil tank에는 가장 큰 영향이 미친다. 이 때문에 선체의 구조양식으로써 종식구조나 종횡혼합식구조가 채용되는 것이다.

(2) 국부강도(局部強度)

공선항해(空船航海)에서는 흘수(吃水)를 조절하기 위해서 일부(一部)의 Oil tank에 Water ballast를 채울 때가 있다. 이런 경우에는 어떤 Tank는 만수(滿水)이고 다른 Tank는 비어 있게 된다. 또한 만재의 경우에서도 일부 Tank는 반재상태(半載狀態)이고 또, 다른 곳은 비어 있기도 하기 때문에 Oil tank의 적부상태(積付狀態)는 반드시 일정하지 않다. 따라서 광범위에 국부응력(局部應力)이 작용한다. 또한, 선체의 동요(動搖)에 의해서 Tank내의 기름이 이동해서 선체에 충격을 주는 것이다.

9. Oil tank의 부식

Gasoline gas나 유황(硫黃)을 포함하는 Oil을 적재하면 Tank내부의 부식이 커진다. 또한, Cargo oil과 Ballast로써 해수(海水)를 교호(交互)로 적재하는 Tank는 부식이 특히 더 커진다. Tank는 Steam이나 뜨거운 물로 세정(洗淨)하기 때문에 그의 온도의 차에 의해서 또한, 적하(積荷)의 온도와 바닷물이나 대기의 온도의 차에 의해서 각부(各部)에 Strain이 생기며 Sweat로 인한 부식이 생긴다.

10. Oil tank 이외의 구조

(1) 선수미부(船首尾部)의 선체

Oil tanker의 중앙부를 차지하는 Oil tank의 부분에 대한 선체의 구조양식에 대해서는 전술한 바와 같이 여러가지 양식이 있었으나 선수미부의 구조는 일반적으로 건조(建造)가 용이한 횡식구조가 채용되고 있다. 따라서

Oil tank의 부분과 선수미부의 선체의 구조양식이 틀릴 때에는 이들 양식이 서로 다른 부분의 접속부에 대해서는 종강력의 급격한 변화가 일어나지 않도록 강력의 연속에 관해서 특별한 주의를 해야 한다.

(2) 유밀창구(油密艙口 ; Oiltight hatchway)

① 배 치

각 Oil tank의 정부(頂部)에는 Tank내의 검사, 청소, 통풍 등을 위해서 Hatch가 설치된다. 이것은 Oiltight구조로 되어 있다.

Hatch의 크기와 수가 필요한 정도를 넘어서 증가하는 것은 적당하지 않다. Hatch의 네 귀퉁이는 둥그스름하게 해야 한다. 2개 이상의 Hatch를 동일한 횡단면에 배치하는 것은 가능한 한, 피해야 한다. Hatch는 직경이 70cm～100cm 정도의 원형이나 타원형의 것이 많다. 소형이므로 갑판의 종통재를 절단하는 경우는 없다.

Hatch의 주위에는 Coaming를 설치하는 데, 이의 높이는 Oil이 넘치는 것을 피하기 위해서는 높게 하는 편이 좋으므로 보통 760mm 이상으로 한다. 두께는 10mm 이상이며 높이가 760mm 이상이고 길이가 125cm를 넘을 때의 Coaming에는 Stiffener를 붙이고 상단은 적당히 보강해야 한다.

② 폐쇄장치(閉鎖裝置)

Hatch cover는 강제로써 12.5mm 이상의 두께로 하고 강판에는 적당하게 Stiffener를 배치하는 구조로 한다. Cover는 Hinge장치에 의해서 개폐할 수 있다. 또한 Hatch cover는 Coaming의 정부에서 Hinge가 달린 Bolt와 Butterfly nut에 의해서 밀폐된다.

Cover의 유밀장치로서는 Coaming의 상단과 Cover가 접하는 곳에는 Packing을 해서 유밀로 하고 있다. 이 경우에 있어서 Packing은 Coaming의 상단에 붙이거나 Cover의 둘레에 붙이는 방법이 있는 데, 전자(前者)는 손상을 받기 쉬우므로 보통 후자(後者)가 많이 채용된다. 또한, Cover는 45°의 각도로 열려 있도록 하기 위해서 Rest rod를 설치한다.

Cover위에는 직경 150mm 이상의 Ullage hole을 설치하는 데, 이것은 Ullage(油面까지의 거리)를 측정하거나 Tank 내부를 들여다 보기 위한 것으로 Ullage port라고도 한다. 여기에도 Hinge가 달린 유밀 Cover가 취부(取付)된다.

Coaming에는 배기장치(排氣裝置)로써 Breather valve를 설치하는 데,

이것을 독립식(Independent system)이라 하며, 몇개의 Tank의 것을 Derrick post 나 Mast까지 Air pipe로 연결해서 그의 선단에 Breather valve를 붙여서 Tank 내의 Gas가 팽창하면 배출하고 수축하면 외부의 공기를 보급하는 식의 것을 Vapor line system이라 한다(그림 8-10).

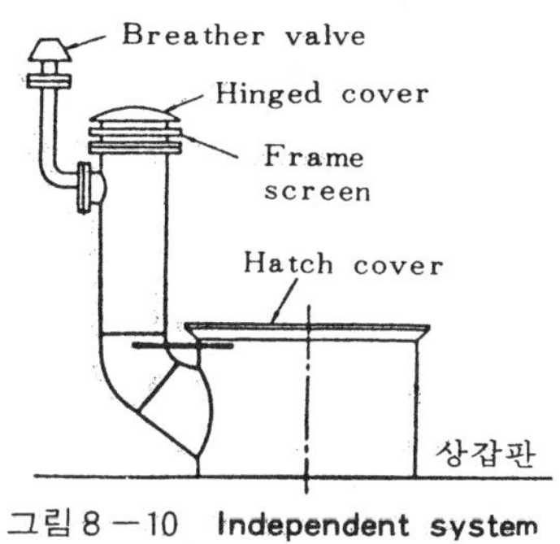

그림 8-10 **Independent system**

이상의 것 이외에 Cover의 개폐방식에 따라서 직사각형의 것으로 높이 약 30cm로서 14~15개의 Butterfly nut로 고정시키고 둘레에 Hand rail이 설치된 것(그림 8-11의 A)과 Coaming의 높이 약 1m이고 Cover는 Dome형이고 이곳에 Ullage port가 있으며 Worm-screw식 개폐장치(開閉裝置)를 한 것이 있는 데, 이것을 Domed hatch cover라 한다(그림 8-11의 B).

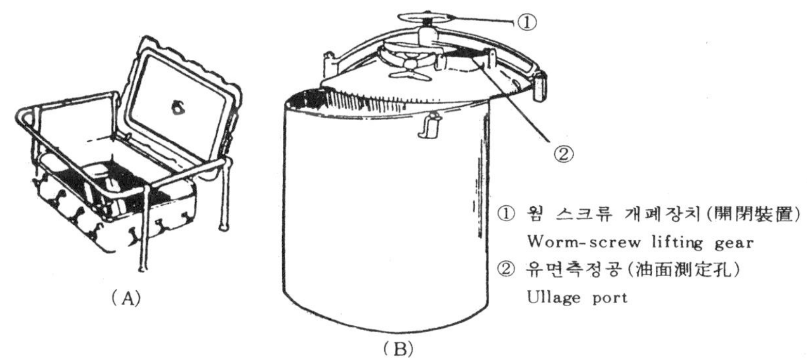

그림 8-11 **Oil tank hatch cover**

③ 선수루(船首樓)

Oil tanker에는 높이가 선루(船樓)의 표준 높이 이상이며 길이가 선체의 길이의 7% 이상의 선수루를 설치할 것을 요구하고 있다. 이는 Oil tanker는 그의 구조의 특수성 즉, Hold의 내부가 격벽으로 세분되어 있고 폭로갑판(暴露甲板)의 Hatch는 소형이며, 강제(鋼製)의 유밀 Cover로서 완전하게 폐쇄되기 때문에 보통의 선박에 비하여 어느 정도는 흘수(吃水)를 증가시켜도 안전하다는 관점에서 Oil tanker에는 깊은 흘수가 인정된다.

이 때문에 내파성(耐波性)을 증가시킬 필요가 있으므로 선수루의 설치가 강제(強制)되고 있는 것이다.

④ 상설보로(常設歩路 ; Cat walk 또는 Flying passage)

Oil tanker의 각 선루 사이에는 선루갑판 높이의 다리가 놓여 있는 데, 이것을 상설보로라 한다. 만재시의 Oil tanker는 흘수가 깊기 때문에 항해중의 상갑판은 늘 파랑(波浪)의 침입으로 통행이 곤난할 때가 많다. 그래서 선루갑판의 높이로 선루 사이에 견고한 발판을 만들고 여기에 안전을 위하여 Hand rail을 설치한 것이다. 이 Cat walk는 선미루와 선교루 또는 선수루와의 사이에 설치할 것을 요구하는 것이다.

이는 가능한 한, 선체중심선에 가깝게 설치해서 파랑에 휩쓸리지 않도록 하며 구조는 그 위에 두께 60mm 이상의 목판을 깔든가 아니면 Checkered plate를 깔고 그의 양측에는 높이 1 m 이상의 Hand rail을 설치한다.

하부(下部)에는 Steam pipe, 청수관, 통기관, Telemotor관, 전선 등을 설치해서 파랑의 충격을 받지 않도록 한다. 이들 Pipe와 Cat walk에는 몇 군데에 Expansion joint를 설치하여 선체의 Hogging과 Sagging에 의한 종방향의 신축(伸縮)에 대비하고 있다.

대형선에서는 5 ~ 6 개소에 설치한다.

⑤ Bulwark

갑판상에 침입한 해수(海水)를 될 수 있는 한, 빨리 배수(排水)하기 위해서 갑판의 폭로부(暴露部)에서는 그 부분의 길이의 1/2 이상을 Open rail로 하든가 아니면 Bulwark를 설치할 때는 여기에 Bulwark면적의 1/4 이상의 Freeing port를 가능한 한, 낮게 설치하고 그 모양은 세장(細長)한 형(形)으로 할 것을 요구한다.

선수부에서의 해수(海水)의 침입을 막기 위하여 선수루에 연속된 현측에는 Well의 길이의 1/2 미만의 Closed bulwark를 설치한다. 또 Trunk의 양단이 선루에 연속할 때는 그 부분의 폭로갑판의 전장(全長)에 Open rail을 설치한다.

⑥ Engine room casing

상갑판상의 Engine room casing은 표준 높이 이상의 높이로 폐위(蔽圍)된 선미루 또는 동일한 높이와 또는 동등한 강력을 가지는 갑판실에 의해서 보호된다.

⑦ Rudder

Rudder stock의 직경 또는 Rudder arm의 촌법은 보통의 배에 대한 규정의 촌법의 10%를 증가한다. 이에 따라서 Rudder의 취부장치(取付裝置) 등의 촌법을 크게 할 것을 요구한다.

第9章
散積貨物船(Bulk Carrier)

1. 산적화물(散積貨物)의 운송

화물을 포장하지 않은 채 산적하는 경우에 이 화물을 산적화물(Bulk cargo)이라 한다. 이런 화물에는 석탄, 광석, 곡물 등이 있다. 이것들을 운반하기 위해서 전용되는 선박을 총칭해서 산적화물선(Bulk carrier, Bulk freighter)이라 한다. 각각의 화물의 종류에 따라서 석탄운반선(Coal carrier), 광석운반선(Ore carrier), 곡물운반선(Grain carrier) 등이 있다.

2. 화물의 특성과 선체

이들 산적화물선의 구조는 각각 화물의 특성에 적합한 것일 것을 요구한다.

(1) 화물의 이동(그림 9－1)

이들 화물의 공통된 특성은 그의 종류에 따라서 다소의 차는 있으나 Hold 용적의 전부를 사용하지 못하고 빈 곳이 남게 된다. 따라서 배가 동요(動搖)하면 화물은 이동한다. 이것은 액체와 달라 복원성이 없어서 위험하다. 특히 곡물에서는 정지각(靜止角 ; Angle of repose)이 비교적 작아서 선체의 횡방향의 작은 경사에 대해서도 이동하기 쉽다.

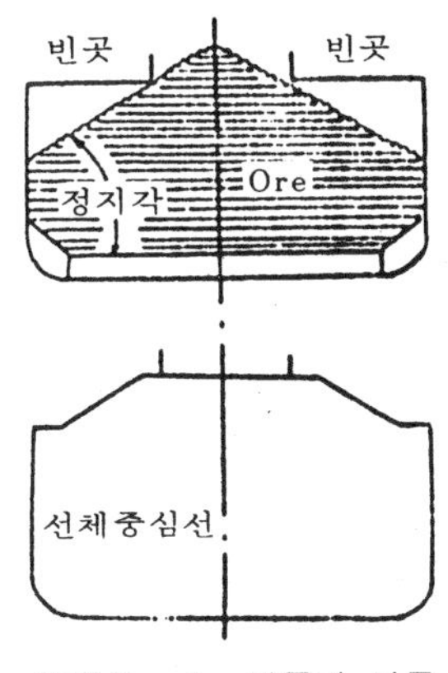

그림 9－1 화물의 이동

산적화물의 정지각은 그의 화물의 종류에 따라 다음과 같다.

곡물은 23°에서 30° 정도이며, 석탄은 27°에서 40° 정도이다. 곡물을 운반하는 배에서는 보통화물선의 경우에는 Hold내에 임시로 Shifting board를 설치한다. 또한, 이에 전용되는 선박에서는 Hold내에 빈 곳이 생길 수 있는 곳에는 미리부터 칸막이를 해서 특수구조선으로 한다. 예를 들면 Self-trimming vessel, Cantilever framed vessel, Arch vessel 등이 채용 된다.

(2) 화물의 비중

비중이 큰 광석을 적재하는 배는 그의 선체를 강고(強固)하게 해야 한다. 철광석의 경우에는 특히 강하게 할 필요가 있다. 특히 화물의 중심이 지나치게 내려가 Rolling 주기가 짧아서 위험하기 때문에 화물의 중심을 높이기 위해서 Double bottom의 높이를 보통배보다 상당히 높게 하는 것이다. 따라서 선체횡단면(船體橫斷面)은 그림 9 - 2과 같이 특수한 형태를 하고 있다.

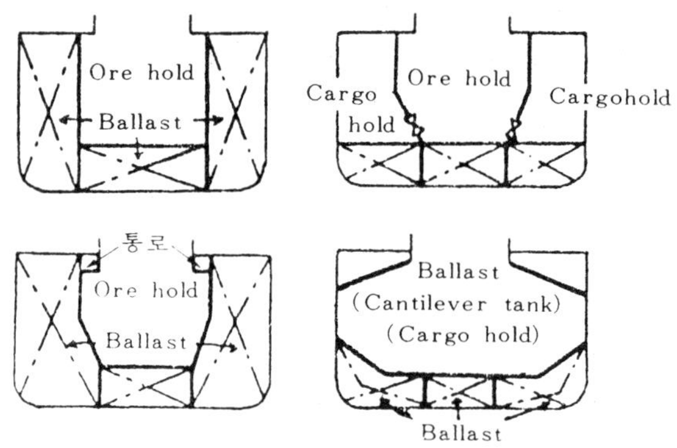

그림 9 - 2 Bulk carrier의 Hold의 횡단면

(3) 선형(船型)

광석, 석탄, 곡물의 운반에 전용되는 구조와 설비를 갖춘 배를 각각 광석전용선, 석탄전용선, 곡물전용선이라 한다. 이것들을 총칭해서 산적화물선이라 한다. 또한, 이들 화물의 어느 것이든지 적재할 것을 생각해서 설계된 선박을 산적화물선이라 할 때도 있다.

산적화물선 중에서 광석운반에 겸용되는 것을 준광석선(準鑛石船)으로 부를 때도 있으나 이것을 광석전용선이라고 하지는 않는다.

(4) 겸용선(兼用船) (그림 9 - 3)

광석전용선으로 Oil tanker를 겸한 것을 Ore and oil carrier라 한다.

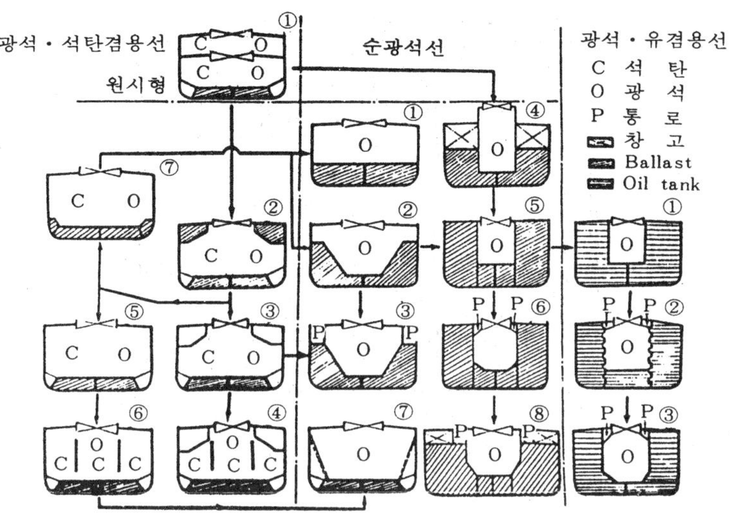

그림9－3 광석선의 중앙단면의 각형식

때로는 Combined carrier라고도 한다.

이것은 중앙에 Ore hold(兼油 Tank)를 설치하고 그의 양측(兩側)과 선저(船底)가 Oil tank로 되어 있다. 또한 광석과 곡물과의 운반을 겸용하는 배도 있다. 이것은 중앙에 Ore hold를 양측에 곡물용 Hold를 설치한 것으로서 Ore and grain carrier라 부른다.

(5) Cement carrier

Cement를 산지에서 공업도시까지 운반하는 배로써 적양하(積揚荷)를 위한 특수장치를 가진다. 하역장치의 배치상 선형(船型)은 선미기관선(船尾機關船)이며 항해속력(航海速力)도 Cememt가 자체선내(自體船内)에서는 풍화(風化)하지 않으므로 그다지 빠르지 않아도 된다. 양하(揚荷)의 방법으로는 진공Tank를 갑판상에 설치해서 흡인(吸引)하는 것과 압축공기(壓縮空氣)를 이용한 Cement pump로 토출(吐出)하는 방법도 있으나 일반적으로는 기계적 Conveyor가 사용된다.

Hold의 구조에는 다음과 같은 2종류가 있다.

① Hopper형(그림 9－4)

이는 45°～50° 정도의 경사를 갖는 Hopper를 선창저부(船艙底部)에 설

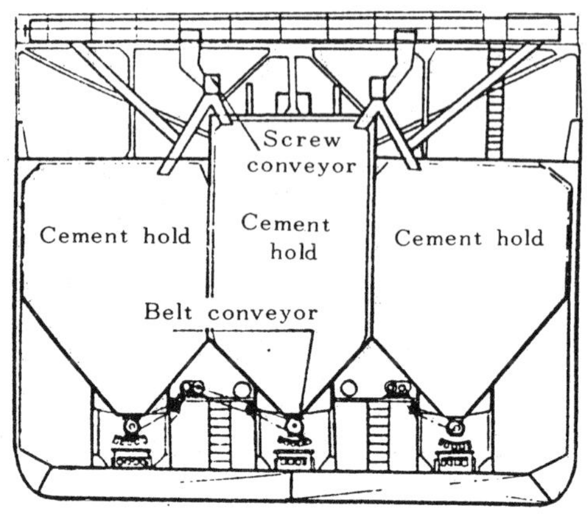

그림 9 — 4 **Hopper type**

치해서 그의 하방(下方)을 선체의 길이 방향에 움직이는 양하용(揚荷用) Draft chain conveyor에 자연적으로 흘러 들어가도록 한다. 이 Hopper 식은 Hold의 용적을 감소시켜 화물의 중심 위치를 높게 하는 결점이 있다.

② Air slider식 (그림 9 — 5)

이는 Hold 하부(下部)에 선체의 횡방향에 Air slider라고 하는 것을 다수 만들어 이것을 선체중심선에 대해서 8°∼10° 경사시켜서 압축공기(壓縮

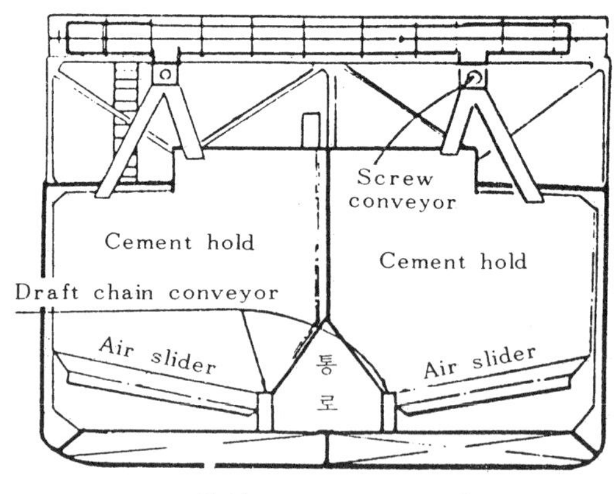

그림 9 — 5 **Air slider식**

空氣)를 Canvas의 밑에서 뿜어내어서 Cement를 흘러가기 쉽게해서 Hold 중앙부를 종통하는 Tunnel의 안에 있는 Conveyor에 보내는 방식이다.

위의 ①②의 경우 적재시에는 Motor에 직결된 축의 회전에 의한 Screw conveyor에 의해서 갑판상으로 보내어진 다음 각 Hold내에 낙하시킨다.

또한, 양륙시(揚陸時)에는 선저를 종주(縱走)하는 Draft chain conveyor에 의해서 Hold전부(前部)의 하역기계실(荷役機械室)에 보내어져서 이곳에서 Pocket elevator로 Tower의 정부(頂部)까지 올려져서 유출(流出)에 의해서 양륙(揚陸)되어 Screw conveyor에 떨어뜨려 여기에서 육상(陸上)에 낙하시킨다(그림 9－6과 7).

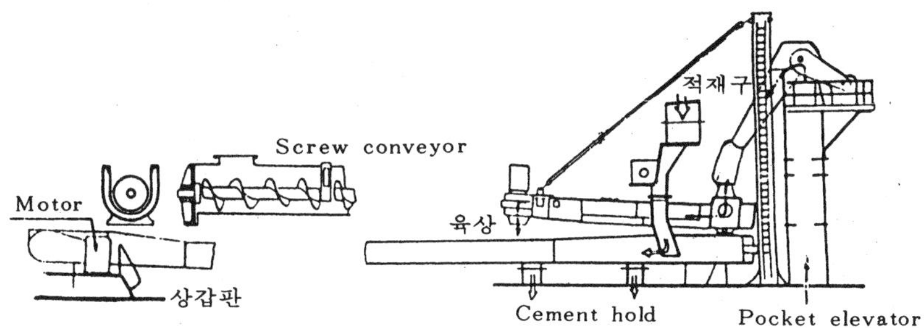

그림 9－6 **Loading과 unloading용 Screw conveyor장치**

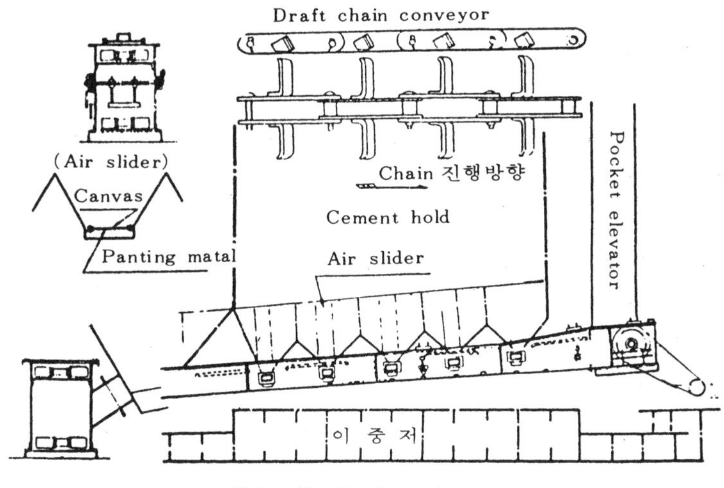

그림 9－7 **Draft chain conveyor**

(6) **Coal carrier**(그림 9 - 8)

석탄의 운반은 일반적으로 보통의 화물선이 사용되지만 하역의 간편과 화물의 손상방지를 위하여 여러 종류의 특수구조를 가진 석탄전용선이 조선(造船)되고 있다.

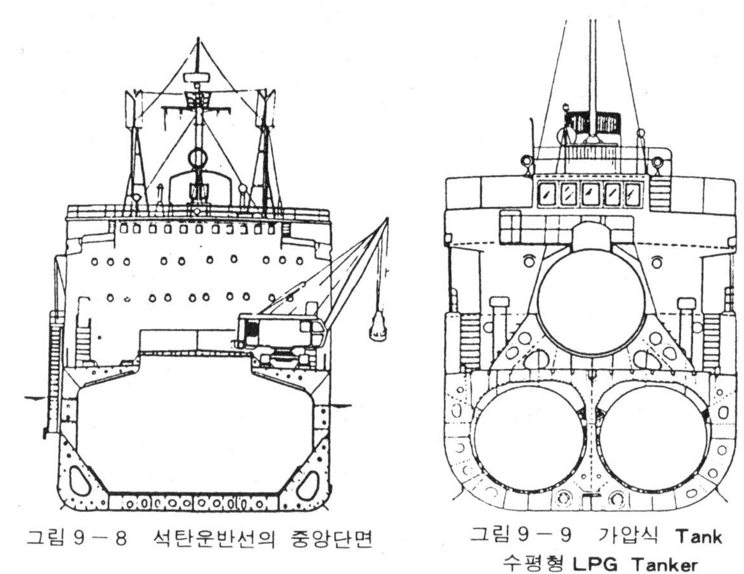

그림 9 - 8 석탄운반선의 중앙단면

그림 9 - 9 가압식 **Tank** 수평형 **LPG Tanker**

(7) 액화 **Gas** 운반선(L. P. G. Tanker)

액화 Gas 운반선에는 압력식(壓力式)과 저온식(低温式)이 있다.

압력식은 고압(高壓)에 견딜 수 있는 원통형 Tank를 선내(船內)에 장비하는 것이며, 저온식은 대기압(大氣壓) 그대로를 냉각장치를 가지고 액화온도 이하로서 수송하는 것으로서 압력식 L. P. G. Tanker에는 고압 Tank의 배치에 따라 수직식(垂直式)과 수평식(水平式)이 있다(그림 9 - 9).

언제나 고압에 견디어야 하기 때문에 중량이 무겁고 중심도 높아져서 고정 Ballast가 아니면 석유혼재(石油混載)를 생각하지 않으면 안된다. 일반적으로 효율(効率)을 좋게하기 위해서 Main tank를 상갑판보다 훨씬 높여서 Tank의 용적을 증가시키고 있는 것으로서 외관상 쉽게 판별된다. 이는 연안용(沿岸用)으로서 많이 건조되고 있다(그림9-10).

이의 하역방법은 육상으로부터의 Pipe를 선내의 Valve에 연결해서 차동

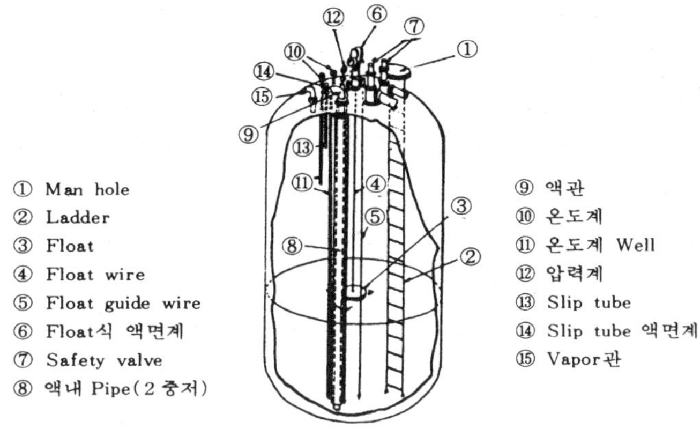

그림 9 − 10 저장 **Tank**의 명칭

압력(差動壓力) Valve를 지나서 중간 Tank에 일단 수축한 다음 이것을 Compressor로 가압(加壓)해서 액화시켜 각 저장 Tank에 격납(格納)한다.

양륙시(揚陸時)에는 Pump를 작동시켜서 중간 Tank의 Gas를 끌면 저장 Tank에서 액화 Gas가 중간 Tank에 일단 이송된다. 그 다음 Pump로서 여과기(濾過器)를 경유해서 육상의 Pipe에 연결된다(그림 9 − 11).

저온식 L. P. G. Tanker는 저온상태에 있어서도 장해가 없는 Chrome·Nickel강을 위시해서 경금속 등으로 Tank를 만들고 그 위에 발포 Polyestel 등의 단열재로 둘러싼 것을 각층(各層)안에 탑재(塔載)하는 것으로서 해상수송용(海上輸送用)으로 대형의 것이 있다.

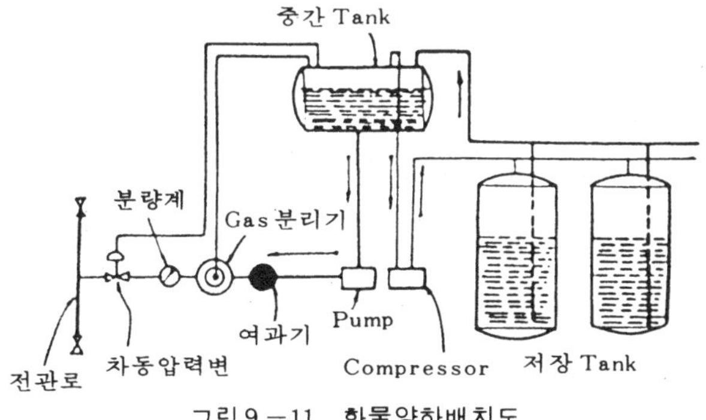

그림 9 − 11 화물양하배치도

(8) 목재운반선(Timber carrier) (그림 9 - 12)

외관상으로는 일반화물선과 틀린점이 없으나 반드시 Winch platform을 가지고 있어야 하며, Derrick post는 Shroud가 없는 형식(型式)을 채용한다. 또한, 현측(舷側)의 Bulwark의 부분에는 목재를 갑판적(甲板積)하기에 편리하게 하기 위해서 Stay를 세웠다.

선체의 구조로는 목재적재시(木材積載時)의 중심상승(重心上昇)을 방지하기 위해서 현측에 Ballast tank를 설치한다. 목재가 한쪽으로 이동하는 것을 방지하기 위해서 Center line pillar식으로 2열 Hatch형을 채용하고 있다.

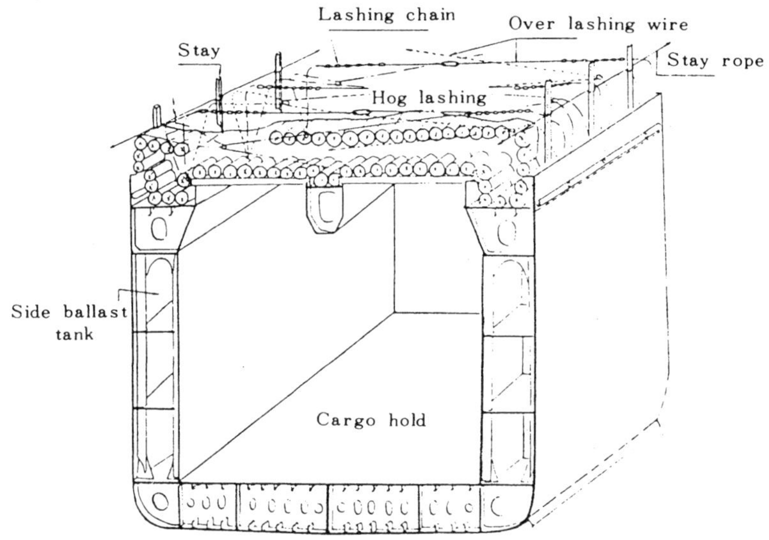

그림 9 - 12 목재운반선의 중앙단면과 갑판적재방법

(9) **Container ship**

Container란 자재의 운반이나 이동에 사용되는 용기(容器)를 말한다. 미국의 표준 치수법으로는 단면이 8′×8′, 길이는 10, 20, 30, 40ft가 있다.

Container ship은 하역의 방법에 의해서 다음의 3종류로 분류할 수 있다.

① 수직, 수평형(Vertical-horizontal type)

Container를 Hatch나 Cargo port에서 선내로 넣은 다음 Crane, Derrick, Elevator 등의 양화장치(揚貨裝置)에 의해서 소정(所定)의 갑판까지 이동시켜 Hook lift나 Roller conveyor를 이용해서 그 갑판의 소정의 위치까지 수평이동해서 격납하는 방식이다.

② Lift on/off type(그림 9 — 13)

선상(船上)이나 안벽(岸壁)의 Crane에 의해서 수평방향의 위치까지는 공중으로 이동시켜서 Container를 수직으로 선내에 이동시켜 그대로 차곡차곡 쌓아서 운반하는 방식이다.

구조방식에는 보통구조와 Cell구조가 있다. 보통의 격벽과 Web frame을 가지는 것과 선내를 Container의 크기에 알맞게 따로 따로 구획(區劃) Guide rail을 설치한 것이 있다. Container전용선은 대개 이 Lift on/off cell구조선이다. 이의 특징은 큰 Hatch way를 가지며, Hold는 방형(方形)의 장대한 형으로 되어 있다. 현측은 2중으로 되어 있어 Wing tank로 되어 있다.

항해중 선체의 동요(動搖)에 의한 Container의 이동을 방지하고 또한, 적재시 편리하게 하기 위해서 Container의 네 모퉁이에 상당하는 위치에는 Guide rail를 설치한다. 이 Angle의 최상단부(最上端部)는 Container의 도입이 쉽도록 나팔 모양으로 넓게 되어 있다. 이것을 Entry guide라 한다. 이와 같이 Guide rail을 취부(取付)하기 때문에 Pillar와 Horizontal girder를 격자 모양으로 구성해서 작게 구분되는 것으로서 이것을 Cell구조라 한다.

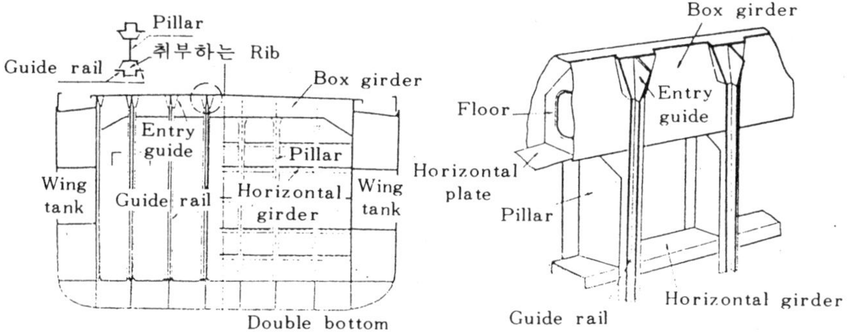

그림 9 — 13 Cell구조

③ Roll on/off type

육상(陸上)으로부터 Ramp(傾斜路)라고 하는 가교(架橋)를 놓아서 현측의 Cargo port, 선수미에 설치된 개폐 가능의 개구(開口)로부터 Container를 반입하는 방식이다.

Hook lift로서 Container를 격납위치(格納位置)까지 운반하는 형(Roll on/off container ship)과 Container에 바퀴가 달린 것(Trailer van)을 선내에 격납하는 형(Roll on/off trainer ship) 등이 있다.

⑽ **Barge운반선 또는 LASH SHIP**

LASH(Lighter Aboard ship의 略)라고 불리우는 것은 미국의 F. Gold man회사의 조선 Consultant에 의해서 개발된 것이다. 이는 400t積 Barge(Piggy-back이라 불리우는 대형 浮Container로서 크기는 19m×4.5m이다)를 73척을 선내에 탑재한다. 이의 탑재용에 500t의 대형Gantry crane을 선미에 설치한 D.W 43,000t급의 속력 20kt의 Barge운반선이다.

어미 거북의 등에 새끼 거북을 태운 것과 같은 신형Container선의 일종이다. 이는 Rider의 건조비가 너무 비싸서 건조량(建造量)은 4척에 그쳤다.

⑾ 도선(渡船 ; Ferry boat)

철도의 발달과 같이 열차도선(列車渡船)과 자동차의 사용의 보급에 따른 자동차도선(自動車渡船)으로 사람은 그에 따라서 부치기로 타고 다니는 것같은 감이 든다. 이는 주된 사용목적에 따라 다음과 같이 2종류로 나누어진다.

① 여객화차도선(旅客貨車渡船)

(그림 9－14)

일명 해협연락선(海峽連絡船), 철도연락선(鐵道連絡船)이라고도 불리워진다.

이는 선미나 선수로부터 철도에서 그대로 연결한 열차를 끌어 들여 이것을 다른 곳까지 그대로 수송한다. 이 열차 갑판상에는 일반여객선과 같은 설비를

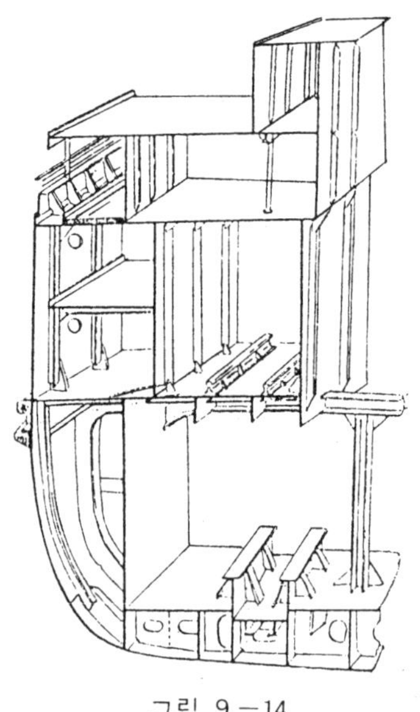

그림 9－14

해서 여객선으로서 운항한다. 근년에는 Schneider propeller를 가진 배도 출현되어 조종성능이 매우 좋은 배도 있다.

② 자동차도선(自動車渡船 ; Car ferry) (그림 9 −15)

도로망의 발달로 자동차운송이 많아져서 선내에 자동차를 탄채로 승선해서 바다를 건너는 사람이 많아졌다. 따라서 전세계적으로 이런 종류의 배가 많이 건조되고 있다. 화차에 물건을 실은 채로 승선하기도 하고 Container의 발달로 이 도선에도 Container를 탑재할 수도 있다.

소형으로서 자동차 탑재량을 증가시킬 목적으로 쌍동형(双胴型)의 도선도 건조되고 있다. 우리 나라에서도 부산에서 제주 사이와 목포에서 제주 사이와 그 외에도 운항되고 있으며, 특히 외양Ferry로서는 만톤급의 호화객선(豪華客船)과 대등한 Car ferry가 출현되었다.

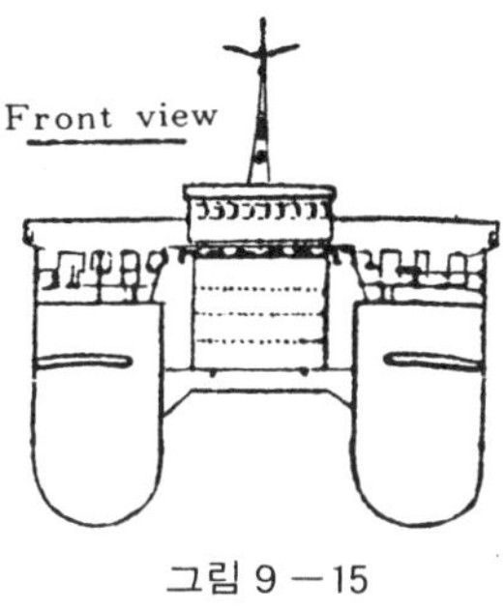

그림 9 −15

(12) 자동차운반선(自動車運搬船 ; Car carrier)

자동차산업에 있어서도 한꺼번에 다량(多量)의 차를 운반하는 것이 이롭기 때문에 이의 요구에 따라 자동차운반선을 만들었다. 특히 수출할 때의 다수의 자동차를 신속하고 안전하게 탑재운항할 수 있는 특수한 전용선이 출현하게 되었다.

第10章
여러 種類의 現代船舶

화물에는 여러가지 종류와 성상(性狀)이 있어 이들을 신속하고 안전하게 운송하기 위해서는 이에 적합한 여러가지 형태의 선박이 진보 발전하게 되었다. 이들을 쉽게 식별할 수 있도록 하기 위해서 대표적인 것을 외관과 중앙부단면을 소개하겠다.

1. 일반화물선(General cargo ship)

정기나 부정기항로에 취항하고 잡화, 강재, 기계류 등을 수송하는 선박이다. Container 등의 전용선의 출현으로 수(數)가 감소되는 현상이다.

다목적선(多目的船)으로 운항되고 있으며 하역은 선자체(船自體)에 장비된 Craine으로 행한다.

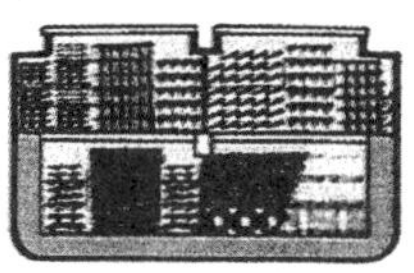

●일반화물선

2. 중량물선(重量物船)

일반화물선으로는 운반할 수 없는 대형건설기계, 대형발전기, 대형차량, 소형선박 등의 무겁고 거대한 화물을 운반하기 위한 선박이다.

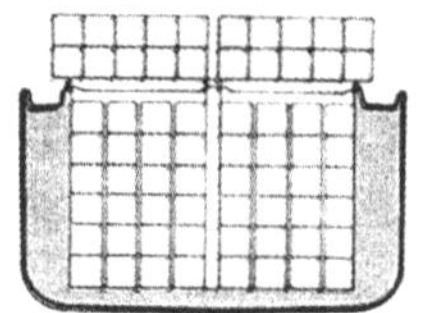

● 重量貨物船

강력한 하역장비를 장비하고 있으며 하역중 선체가 경사하는 것을 방지하기 위해서 양현(兩舷)에 Ballast tank가 있다.

3. Container ship

선체의 수면하(水面下)는 유선형으로 되어 있어 화물선중에서 가장 빠른 선박이다. 화물의 안전성이 높고 기상조건에 관계 없이 하역할 수 있으므로 수송이 신속하다.

종류도 다양하여 Dry container, 냉동 Container, Tank container, Bulk container 등이 있다.

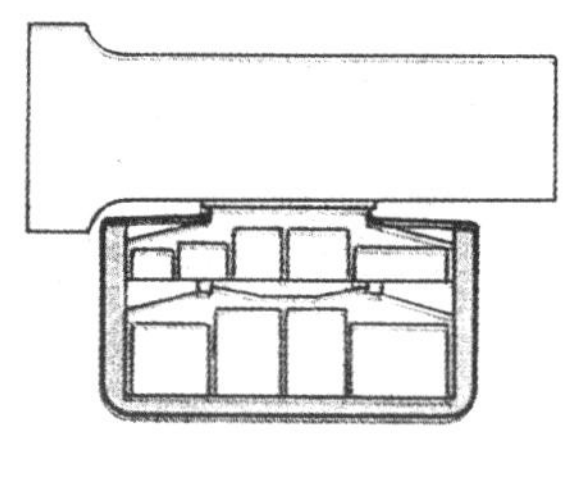

● Container ship

4. Module ship

중량물선의 일종으로 수출하기 전에 Plant건설을 용이하게 하기 위해서

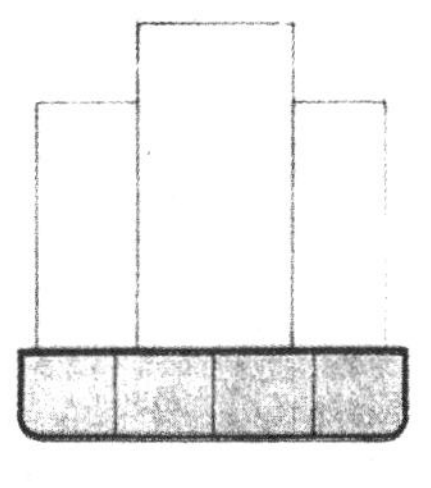

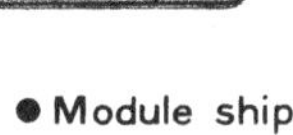

● Module ship

공장에서 몇개의 큰 Module로 나누어 조립되는 Plant를 수송하는 선박이다.

갑판상(甲板上)에만 화물을 적재할 수 있다. 화물적재시에는 Unit dolly 라고 하는 초대형의 수송차를 사용한다.

5. 자동차전용선(自動車專用船)

자동차를 전문으로 운송하는 선박이다. 화물 그 자체가 굴러 들어가 적하되는 것과 자동차는 외형에 비하여 중량이 가벼운 특수화물이기 때문에 갑판의 수가 많다. 수선상(水線上)에 보이는 선체의 크기가 큰 것이 특징이다. 최근에는 13층의 Deck를 갖고 6,500대까지 적재할 수 있는 선박이 출현되었다. 차량의 종류에 따라 선내의 Deck가 상하로 이동되는 방식의 것도 있다.

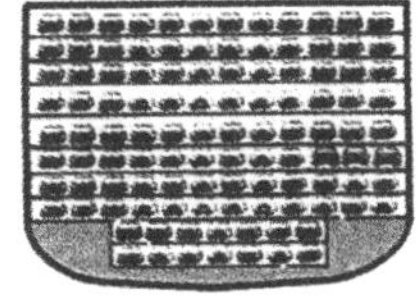

● 自動車專用船

6. 일반살적선(一般撒積船)

곡물, 철광석, 석탄 등 각종 화물을 포장하지 않고 운송하는 선박이다. 가장 일반적인 것은 주로 곡물을 대상으로 설계되어 있다.

항해중 화물의 이동에 의한 전복사고를 방지하기 위해서 양현의 상부에 삼각형의 Ballast tank를 설치하는 등의 안전성에 관한 연구가 되고 있다.

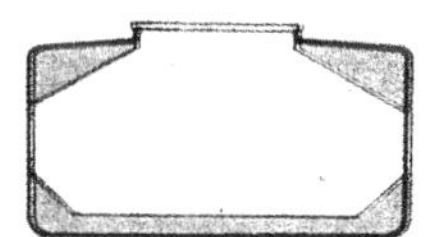

● 一般撒積船

7. 철광석전용선(鐵鑛石專用船)

철광석을 전문으로 운송하는 선박이다. 철광석은 비중이 크기 때문에 양현측(兩舷側)에 공선항해시(空船航海時)에 Ballast를 채우기 위한 Tank를 설치하고 중앙에 높이 적재하므로써 중심을 적당히 유지할 수 있도록 설계되어 있다. 이는 Tanker 다음으로 대형선화(大型船化)되고 있으며 현재 20만톤 이상의 것도 있다.

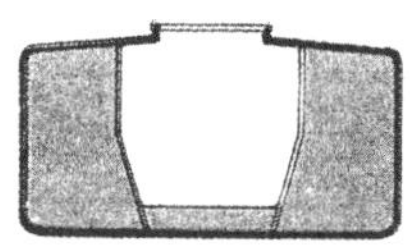

● 鐵鑛石專用船

8. 석탄전용선(石炭專用船)

비중이 비교적 가벼운 석탄을 전문으로 운반하는 선박이다. 화물적재용의 Hold가 크고 Ballast tank가 작은 것이 특징이다. 이것도 점차 대형화되고 있으며 현재 20만톤급도 있다.

광석과 겸용선이 많이 건조되고 있다.

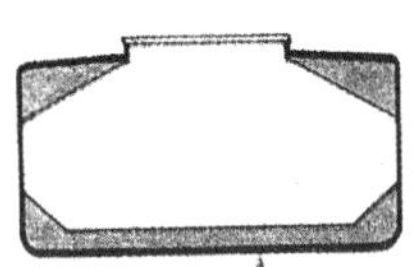

● 石炭專用船

9. 목재전용선(木材專用船)

목재는 길이가 결정되어 있기 때문에 Hold의 길이도 여기에 알맞게 조선되어 진다. 또한 비중이 가벼우므로 갑판상에도 목재를 적재하는 것이 일반적이다.

목재의 산지는 하역설비가 불충분하고 해상이나 하구에서 하역하는 경우가 많으므로 하역설비는 본선에 장비된 Craine 등으로 행한다.

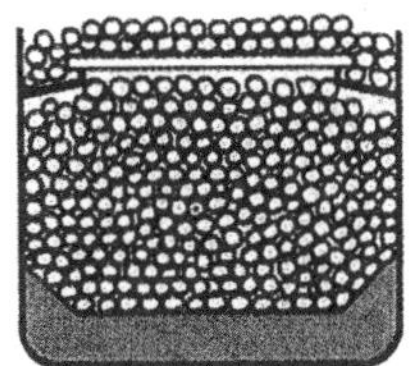

● 木材專用船

10. Chip전용선

제지원료인 Chip를 운송하는 선박이다. Chip란 나무를 잘게 짜른 쪼각으로 비중이 극히 작으나 곡물과 같이 화물이 한쪽으로 쉽게 쏠리는 일이 없으므로 한번에 다량의 화물을 운송할 수 있도록 Hold를 깊고 폭은 넓게 해서 화물용적을 최대한 넓게 하는 선형(船型)이다.

적하(積荷)는 육상에 설치된 공기압송식하역장치(空氣壓送式荷役裝置; Pneumer)에 의해서 행하고 양하(揚荷)는 본선에 장비된 Craine이나 Conveyor로 행한다.

● Chip專用船

11. Tanker

Tank내가 종횡(縱橫)의 벽으로 구분되어 있어 선체가 움직이므로 생기는 원유(原油)의 이동을 방지하므로써, 선체의 Ballance를 유지한다.

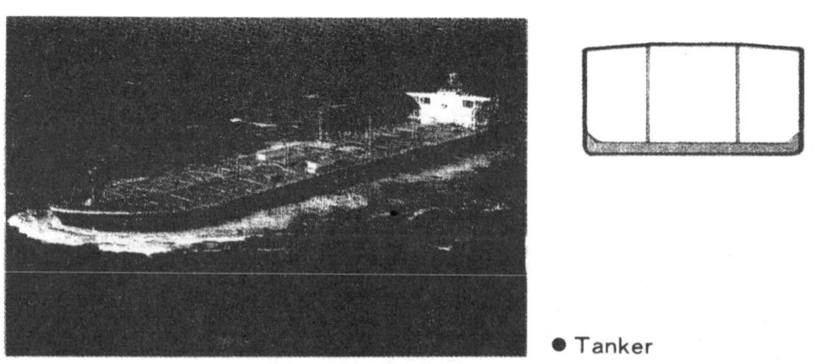

● Tanker

이전에는 Single bottom이였으나 최근에는 사고시에 해상오염을 방지할 목적으로 Double plate나 Double bottom의 것이 많이 신조(新造)되고 있다.

12. 광/유 겸용선(鑛/油兼用船)

두 가지 종류 이상의 화물을 적재할 수 있도록 고안된 것이 겸용선이다.

이는 광석과 원유와 같이 성상이 전연 다른 화물을 어느 것이나 적재하고 수송할 수 있도록 조선된 것으로서 다른 선박에 비하여 강고(強固)한 선체구조로 되어 있다.

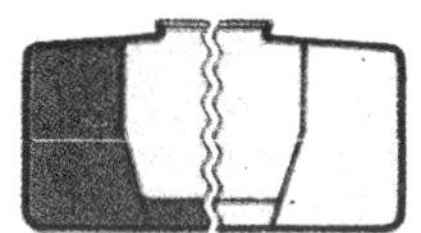

●鑛/油兼用船

13. L.P.G선

Propane, Butane을 액화시켜 수송하는 선박이다. 상온에서 가압(加壓) 액화하는 가압식과 상온에서 온도를 내려 액화하는 냉동식, 양쪽의 절충방

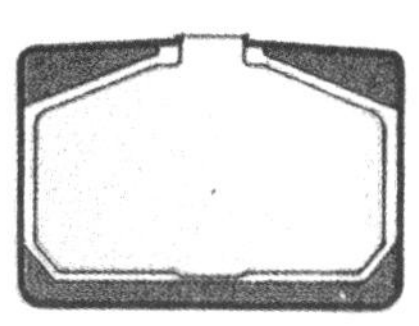

●L.P.G船

식인 가압저온식(加壓低温式)의 세가지 종류가 있다.

가압식은 소형의 연안선에 많이 채용되고 외항선에서는 냉동식이 채용되고 있다. 어느 것이나 상온 상압(常壓)에서 수송하는 선박과는 다르다.

14. L.N.G선

Methane을 주성분으로 하는 액화천연 Gas(LNG)를 전문으로 운송하는 선박이다. −161.5℃라고 하는 초저온(超低温)으로 액화해서 체적(體積)이 1/600로 되는 천연 Gas의 성질을 이용해서 대량수송을 실현했다.

이는 Tank의 재질, 선체를 저온으로부터 보호하기 위한 방안, 기화한 Gas의 처리, 화재 대책 등 고도의 기술이 채용되고 있다. Clean energy인 LNG의 수요의 증가에 따라 장래성이 큰 선박이다.

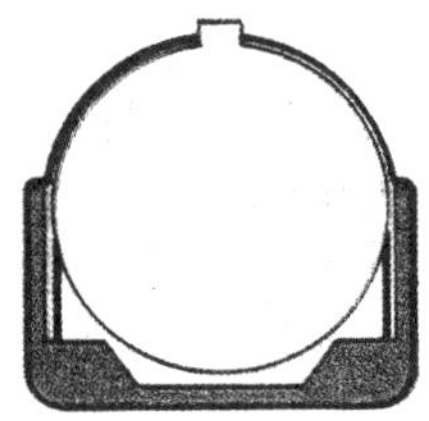

● L. N. G 船

15. 범장화물선(帆裝貨物船)

Computer에 의해서 자동화된 범(帆)을 장비한 "현대의 범선"으로 Energy 절약을 목적으로 최초로 일본에서 개발한 것이다. 주된 추진력은 어디까지나 Engine으로 범(帆)에서 얻어지는 추진

● 帆裝貨物船

력 만큼만 자동적으로 Engine 출력을 작게하므로서 연료의 소비를 적게 한다. 범(帆)을 펴주므로써 Rolling이나 Yawing을 작게 하는 효과도 있어 종래의 선박에 비하여 약 40~50%의 Energy의 절감효과가 있다.

16. 석회석전용선(石灰石專用船)

석회석을 전문으로 운송하는 선박이다. 철강, Cement의 수요의 급증으로 이에 따라 개발된 선으로 일반 살적선(撒積船)과 같은 형(型)과 Self unloader형의 2종류가 있다.

Self unloader는 선자체(船自體)에 Belt conveyor를 설비하고 육상의 Conveyor와 연결시켜 양하역(揚荷役)작업을 하는 방식이다. Hold내는 다수의 Hopper의 구조로 되어 있다. 석회석은 그의 경사를 이용해서 Belt conveyor에 떨어뜨려 육상에 운반된다.

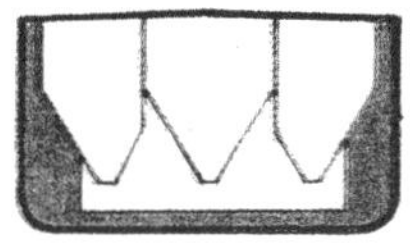

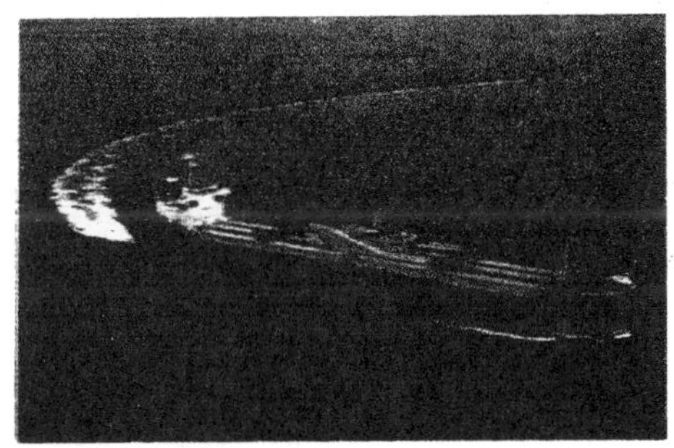

● 石灰石專用船

17. Cement전용선

Cement 공장에서 여러곳의 유통기지(流通基地)에 대량수송을 목적으로 만든 전용선이다. Cement는 포장되지 않은 채 선박으로 운송된다.

유통기지의 Cement silo에 들어간 Cement는 거기에서 포대로 포장되거나 그대로 각 소비지에 운송되거나 한다.

Cement의 수요가 날로 증가함과 같이 이 선박도 수요가 증가 추세에 있다.

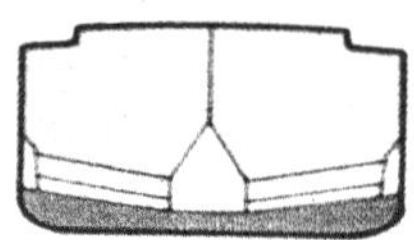

● Cement 專用船

18. Pusher barge(押航艀船)

Pusher barge란 압선(Pusher)에 의해서 항행(航行)하는 즉, 압항방식(押航方式)의 Barge(艀船) 수송의 것이다. 이는 미국의 Mississippi강을 중심으로 발달한 Barge line방식을 참고로 연결방식을 달리 개발한 것이다.

이전에는 Tug boat가 끄는 형식 예항방식(曳航方式)이 대부분이었으나 앞으로는 이 Pusher barge의 개발이 발전되고 있으며, 최근에는 외항에도 취항하고 있으며 수만톤의 대형 Barge도 출현하고 있다.

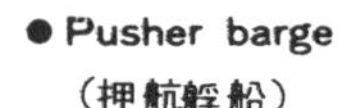

● Pusher barge (押航艀船)

부 록

1. 제외구역
2. 형깊이에서 빼는 값
3. 선박톤수의 측정에 관한 규칙

■부록 1.

제 외 구 역

본항의 ㈎로부터 ㈒까지의 언급된 구역은 제외구역이라 칭하며, 이는 폐위구역의 용적에 포함되지 아니한다.

단, 다음 세가지 조건중 적어도 어느 하나를 충족하는 구역은 폐위구역으로 취급된다.

① 화물 또는 비품을 보관하기 위한 선반 또는 기타의 장치가 설치된 구역

② 개구에 어떠한 폐쇄장치가 설치된 구역

③ 구조상 개구가 폐쇄될 수 있는 구역

㈎ (i) 커어튼판의 깊이가 인접한 갑판 비임의 깊이보다 25밀리미터(1인치) 이상을 초과하지 아니하는 경우를 제외하고, 그 구역의 개구의 선에 있어서 개구의 너비가 갑판너비의 90% 이상인 갑판에서 갑판까지 달하는 단개구의 반대편에 있는 상부구조물내의 구역이 규정은 개구로부터 개구의 선상 갑판너비의 1/2과 동일한 거리에서 개구의 선 또는 면에 평행하게 그은 선과 실제의 단개구 사이의 구역만을 폐위구역으로부터 제외시키는데 적용된다.
(부록 1 의 그림 1 참조)

㈎ (ii) 측판이 수렴되는 경우를 제외하고 어떠한 배치로 인하여 그 구역의 너비가 갑판너비의 90% 미만이 되는 경우에는 개구의 선과 그 구역의 너비가 갑판너비의 90% 이하가 되는 점을 통하여 평행하게 그은 선 사이의 구역만이 폐위구역의 용적으로부터 제외된다.
(부록 1 의 그림 2, 그림 3 및 그림 4 참조)

㈎ (iii) 불워크 또는 오픈레일을 제외하고 완전히 개방된 공간이 어느 두 구역을 분리시키며 ㈎의 (i) 및 (ii)에 의거 그 한쪽 또는 양쪽 구역의 제외가 허용되는 경우에 그 두 구역 사이의 간격이 그 간격의 방향으로 최소 갑판너비의 1/2 미만일 경우에는 그러한 제외가 적용되지 아니한다 (부록 1 의 그림 5 및 그림 6 참조).

(나) 노출된 선측에 있어서 선체의 지지에 필요한 스탠숀 이외에 선체와 어떠한 연결이 없는 해수 및 대기에 노출된 상부갑판 덮개 밑의 구역, 그러한 구역에는 선측에 오픈레일 또는 불워크 및 커어튼판이 설치되거나 또는 스탠숀이 설치될 수 있다. 단, 레일 또는 불워크의 상부와 커어튼판 사이의 거리는 0.75미터(2.5피트) 또는 그 구역의 높이의 1/3중 큰 것 이상이어야 한다 (부록 1 의 그림 7 참조).

(다) 양선측에 달하는 상부구조물내의 구역으로서, 개구의 높이가 0.75미터(2.5피트) 또는 상부구조물 높이의 1/3중 큰 것 이상인 양현에 있는 개구의 대향방향으로의 구역, 그러한 상부구조물내의 개구가 한쪽 선측에만 설치되어 있는 경우에는 폐위구역의 용적에서 제외되는 구역은 그 개구의 방향으로 갑판너비의 1/2을 최대로 하는 개구로부터 선내측으로의 구역에 한한다 (부록 1 의 그림 8 참조).

(라) 상부구조물내의 구역으로서, 덮개가 없는 상부갑판개구 바로 밑의 구역. 단, 그러한 개구는 대기에 노출되어야 하며, 폐위구역으로부터 제외되는 구역은 개구면적의 구역으로 한정된다 (부록 1 의 그림 9 참조).

(마) 대기에 노출되어 있고 그 개구가 갑판으로부터 갑판에 달하며 폐쇄장치를 가지고 있지 아니하는 상부구조물의 주위격벽에 있는 리세스. 단, 내부너비는 입구너비 이하이어야 하며, 그 구조물내의 깊이는 입구너비의 2배 이하이어야 한다 (부록 1 의 그림10 참조).

●부록 1.의 그림

다음 그림에서 D＝제외구역
C＝폐위구역
I＝폐위구역으로 간주되는 구역

사선의 부분은 폐위구역에 포함됨

B＝개구의 위치에 있어서 갑판의 너비
둥근 거널을 가진 선박에 있어서 너비는 그림11에 표시된 방법으로 측정된다.

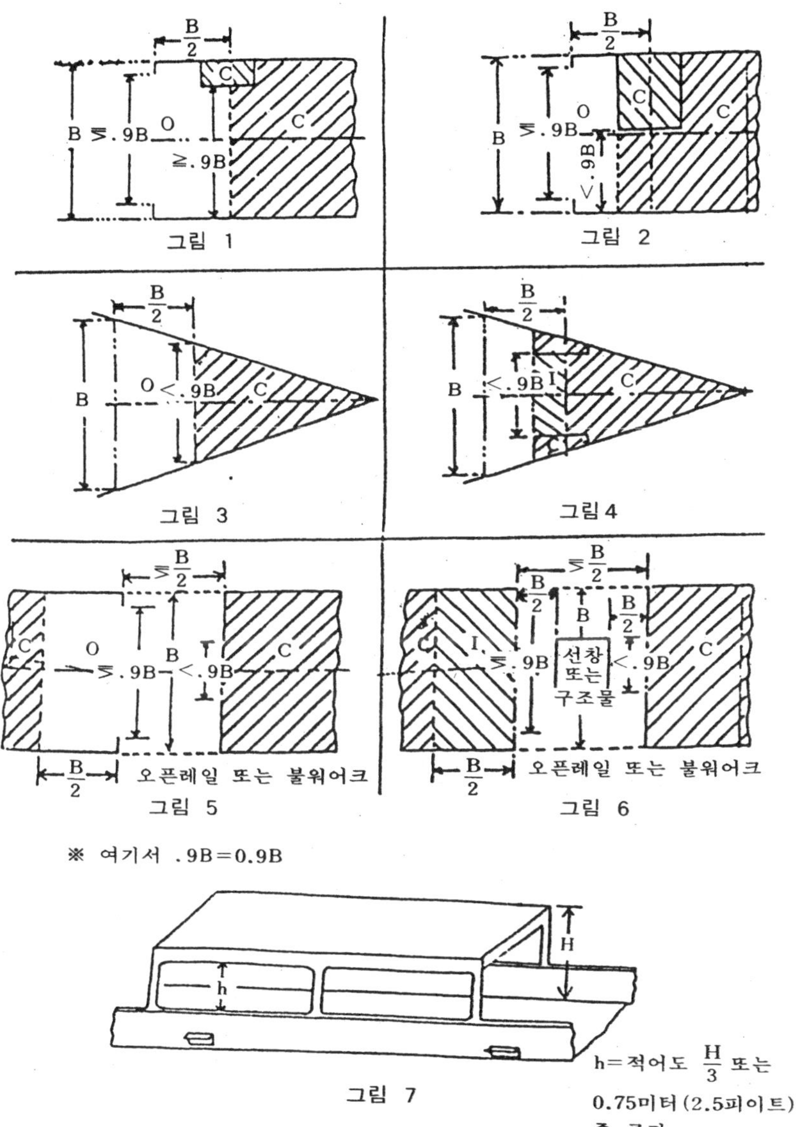

그림 1

그림 2

그림 3

그림 4

그림 5

그림 6

※ 여기서 .9B=0.9B

그림 7

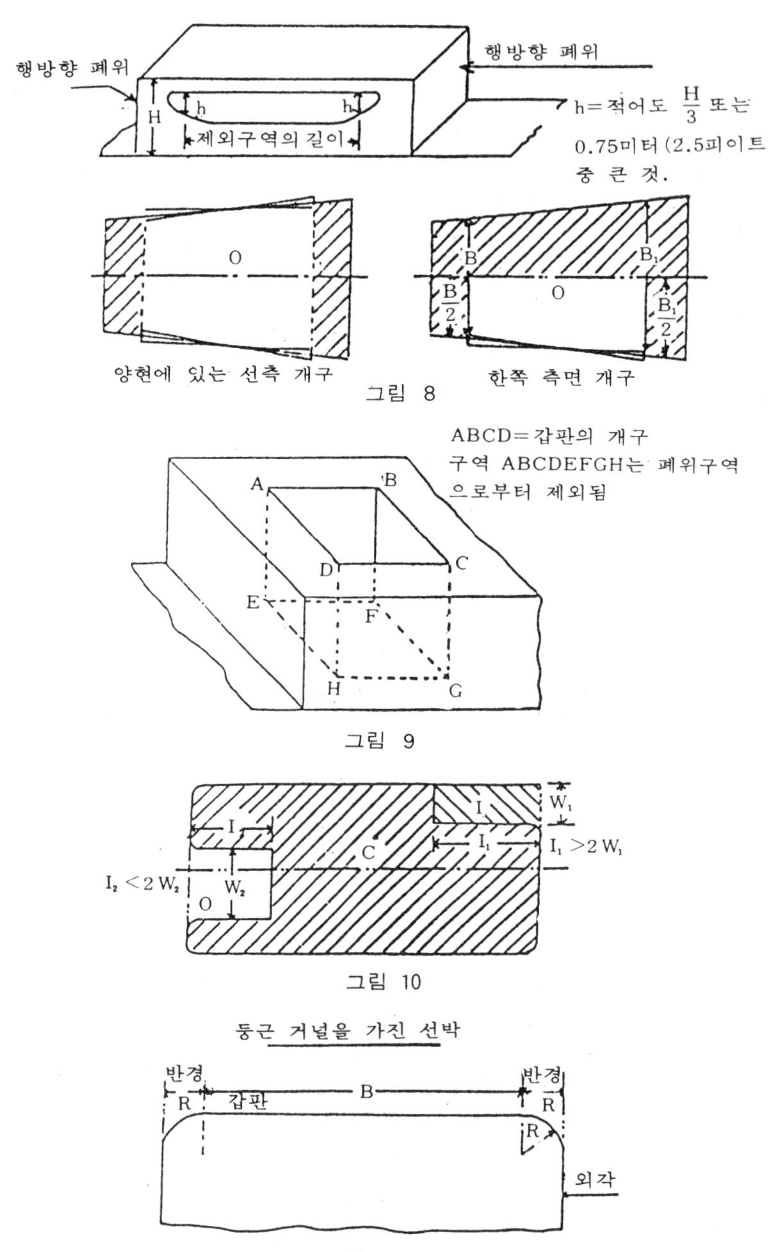

그림 8

그림 9

그림 10

그림 11

■부록 2.

형깊이에서 빼는 값

수선간장 (미터)	수 치	비 고
24이하	0.44	1. 수선간장이 이 표에서 정하는 것의 중간에 있는 경우는 1차보간법에 의하여 산정한 값으로 한다.
30	0.49	
40	0.60	
50	0.74	2. 수선간장이 350미터를 초과하는 선박에 있어서는 다음의 산식에 의하여 산정한 값으로 한다.
60	0.93	8.07+0.018×(LPP−350)
70	1.14	이 경우에 있어서 LPP는 수선간장(미터)
80	1.39	
90	1.68	
100	1.97	
110	2.33	
120	2.69	
130	2.98	
140	3.28	
150	3.57	
160	3.85	
170	4.14	
180	4.42	
190	4.68	
200	4.93	
210	5.18	
220	5.42	
230	5.66	
240	5.88	
250	6.10	
260	6.32	
270	6.53	
280	6.73	
290	6.93	
300	7.13	
310	7.32	
320	7.51	
330	7.71	
340	7.89	
350	8.07	

■부록 3.

선박톤수의 측정에 관한 규칙(발췌)

(1983. 3. 7 교통부령제758호)

제 1 장 총 칙

제 1 조〔정의〕 이 규칙에서 사용하는 용어의 정의는 다음과 같다.

① "폐위장소"라 함은 외판, 구획(가동식인 것을 포함한다), 격벽, 간판 또는 덮개(천막을 제외한다)로 폐위되어 있는 선박안의 모든 장소를 말한다.

② "화물적재장소"라 함은 화물운송에 사용되는 폐위장소안의 장소를 말한다.

③ "기준흘수선"이라 함은 선박의 구분에 따라 각각 다음에 정하는 흘수선을 말한다.

가. 만재흘수선 규정의 적용을 받는 선박(선박의 나목을 제외한다) : 하기 만재흘수선 또는 해수 만재흘수선

나. 선박구획 규정의 적용을 받는 선박 : 최고 구획 만재흘수선

다. 가목 및 나목의 선박외의 선박으로서 선박안전법시행령 제34조의 규정에 의하여 항행상의 조건으로서 흘수선을 지정한 선박 : 당해 흘수선

④ "선박의 길이"라 함은 최소 형깊이의 85퍼센트의 위치에서 계획만재흘수선에 평행한 흘수선 전장의 95퍼센트와 그 흘수 선상의 선수재 전면으로부터 타두재 중심선까지의 거리중 큰 것을 말한다.

⑤ "형깊이"라 함은 목선에 있어서는 용골의 레비트의 밑가장 자리로부터 선측에 있어서의 상갑판 하면까지의 수직거리를 말하고, 기타의 선박에 있어서는 용골의 상면으로부터 선측의 상갑판의 하면까지의 수직거리를 말한다.

⑥ "선박의 너비"라 함은 금속제 외판이 있는 선박에서는 선박의 길이의 중앙에서 늑골 외면간의 최대너비를 말하고, 금속제 외판외의 외판 있는

선박에 있어서는 선박길이의 중앙에서 선체외면간의 최대너비를 말한다.

⑦ "수선간장"이라 함은 계획만재흘수선에서 선수재의 전면으로부터 키가 있는 선박에 있어서는 타두재의 중심선(타주가 있는 선박은 그 후면)까지의 거리를 말하고, 키가 없는 선박은 선미외판까지의 거리를 말한다.

⑧ "전부수선"이라 함은 수선간장의 전단에서의 수선을 말한다.

⑨ "후부수선"이라 함은 수선간장의 후단에서의 수선을 말한다.

⑩ "기선"이라 함은 수선간장 중앙에서 용골(목선에 있어서는 용골의 레비트의 밑 가장자리)의 상면을 통하는 계획만재흘수선에 평행한 선을 말한다.

⑪ "선체주부"라 함은 전부수선으로부터 후부수선까지의 사이에 있는 상갑판하의 선체 부분을 말한다.

⑫ "선체부가부"라 함은 전부수선보다 전방 또는 후부수선보다 후방에 있는 상갑판하의 선체 부분을 말한다.

⑬ "부가물"이라 함은 벌지 기타 상갑판하의 선체외면에 붙어 있는 구조물을 말한다.

⑭ "상부구조물"이라 함은 선루 기타 상갑판상에 설치되어 있는 구조물을 말한다.

제 2 조 〔단위 및 정도〕

1. 길이, 너비, 깊이 및 높이를 측정할 때에는 미터를 단위로 하며, 자리수는 2 자리로 하되, 3 자리는 반올림한다.
2. 두께는 미터를 단위로 하며, 자리수는 3 자리로 하되, 4 자리는 반올림한다.
3. 톤수가 10톤 이상인 경우에 소수점 이하는 버리며, 10톤 미만인 경우에 3 자리 이하는 버린다.

제 3 조 〔용적의 측정〕

폐위장소, 화물적재장소 및 제외장소의 용적은 외판의 내면으로부터 다른 외판의 내면까지(금속제 외판외의 외판에 있어서는 외면으로부터 다른 외판의 외면까지) 또는 구조상의 구획, 격벽, 갑판 또는 덮개의 내면으로부터 다른 덮개의 내면까지 측정한 것으로 한다.

제 4 조〔특수한 구조를 가지는 선박톤수의 측정〕

특수한 구조를 가지는 선박으로서 해운관청이 이 규칙을 적용하는 것이 적합하지 아니하다고 인정하는 것에 대한 선박톤수의 측정은 해운관청이 정하는 바에 의한다.

선체구조학

값 18,000원

저 자 오 정 철
발행인 문 형 진

1986년 7월 3일 제1판 제1쇄 발행
1988년 8월 11일 제1판 제2쇄 발행
1990년 5월 18일 제1판 제3쇄 발행
1994년 2월 10일 제2판 제1쇄 발행
1996년 5월 2일 제2판 제2쇄 발행
1998년 1월 8일 제2판 제3쇄 발행
2003년 1월 7일 제3판 제1쇄 발행
2007년 2월 18일 제3판 제2쇄 발행
2011년 9월 20일 제3판 제3쇄 발행
2015년 3월 2일 제3판 제4쇄 발행
2017년 2월 22일 제3판 제5쇄 발행

판권
검인

발행처 세 진 사
㉾ 02859 서울특별시 성북구 보문로 38 세진빌딩
TEL : 02)922-6371~3, 923-3422 / FAX : 02)927-2462
Homepage : www.sejinbook.com
〈등록. 1976. 9. 21 / 서울 제307-2009-22호〉